Scratch 少儿趣味编程100例

视频教学版

爱编程的魏校长 编著

中国水利水电出版社
www.waterpub.com.cn
· 北京 ·

内 容 提 要

《Scratch 少儿趣味编程100例（视频教学版）》基于Scratch 3.0版本由浅入深地讲解了100个有趣实例的开发过程，通过实例展示了Scratch的编程思维和各类积木的使用方法，是一本少儿学编程的实例视频教程。全书共12章。第1章带领读者认识Scratch 3.0开发核心元素，如图形、文字、交互、声音、动画；第2章详细讲解角色运动积木的各种使用方式；第3章讲解如何使用事件积木；第4章讲解如何控制程序的执行；第5章讲解使用外观积木设置角色的外观特性；第6章讲解如何使用声音积木为程序添加各种音效；第7章讲解如何使用侦测积木判断角色的状态变化；第8章讲解如何使用变量积木处理程序中各种变化的数值；第9章讲解如何使用运算积木解决程序中的数值问题；第10章讲解如何使用自制积木编写复杂的程序；第11章讲解如何使用扩展组件为程序添加更加丰富的功能；第12章通过综合实例讲解复杂程序的开发过程。

《Scratch 少儿趣味编程100例（视频教学版）》通过搭建积木的形式完成各个小程序的开发，具有较强的趣味性和交互性。实例的编排由浅入深，内容有趣，图文并茂，每个实例均配备视频讲解，简单易学，能激发孩子对Scratch编程的兴趣，在探索中学习，在学习中创新，发挥孩子的想象力，搭建自己的有趣的小程序。本书适合初学编程的少年儿童学习，亦适合低龄儿童在家长陪伴下学习，以达到最佳学习效果。本书还可供相关培训机构作为教材使用。本书可以单独使用， 也可与其他Scratch少儿编程图书一起使用。

图书在版编目（CIP）数据

Scratch 少儿趣味编程 100 例 : 视频教学版 / 爱编程的魏校长编著 .— 北京 : 中国水利水电出版社 , 2020.7(2025.3重印).

ISBN 978-7-5170-8582-9

Ⅰ . ① S… Ⅱ . ①爱… Ⅲ . ①程序设计—少儿读物
Ⅳ . ① TP311.1-49

中国版本图书馆 CIP 数据核字 (2020) 第 081823 号

书　　名	Scratch 少儿趣味编程 100 例（视频教学版） Scratch SHAO’ER QUWEI BIANCHENG 100 LI
作　　者	爱编程的魏校长　编著
出版发行	中国水利水电出版社 （北京市海淀区玉渊潭南路 1 号 D 座 100038） 网址：www.waterpub.com.cn E-mail：zhiboshangshu@163.com 电话：（010）62572966-2205/2266/2201（营销中心）
经　　售	北京科水图书销售有限公司 电话：（010）68545874、63202643 全国各地新华书店和相关出版物销售网点
排　　版	北京智博尚书文化传媒有限公司
印　　刷	北京富博印刷有限公司
规　　格	190mm×235mm　16 开本　20 印张　383 千字
版　　次	2020 年 7 月第 1 版　2025年 3 月第12次印刷
印　　数	55001—58000册
定　　价	89.80 元

前 言

人类社会的发展与进步，编程成为未来型人才发展的一项重要技能。2017年，国务院发布的《新一代人工智能发展规划》中提出："中小学阶段设置人工智能相关课程，并逐步推广编程教育。"2018年，教育部出台《中小学综合实践活动课程指导纲要》和《信息技术课程标准》，将编程教育纳入课程改革中。

Scratch是麻省理工学院开发的一种可视化编程语言（Visual Programming Language）。该语言主要是针对8～18岁的儿童和青少年而设计的，用户可以采用搭积木的方式轻松地编写程序，学习编程思维、培养编程能力。

为了满足程序编写需要，Scratch提供了100多个积木。用户只有认识并熟练使用这些积木，了解不同积木的组合方式，才能编写各种功能的程序。为了达到这个目的，用户不仅需要大量练习，还需要接触不同形式的应用场景。本书包含了100个实例，涵盖了Scratch所有的常见积木，实现了丰富多彩的应用。这样，用户就可以通过学习本书真正掌握Scratch的使用。

本书特色

1. 实例众多

学习和掌握一种技能的最简单方式就是多看、多练。本书的100个实例涉及各个方面，不仅可以用来巩固练习，还可以用来开拓思维，引导儿童编写自己感兴趣的程序。除了实例演示教学，本书赠送88道拓展练习题，引导读者拓展思维，举一反三，活学活用。

2. 视频教学

本书配备了100集长达43个小时的教学视频，读者可以扫码看视频，自行下载Scratch软件后，对照视频边学边操作，如同老师在身边手把手教学，学习效率更高。

3. 内容有趣

为了让儿童更愿意阅读，本书实例基于各种生活化的场景，讲述各种有意思、有趣的例子，进而避免各种枯燥的数学求解问题。例如，讲解鱼眼特效积木时，配置的实例是用放大镜观察动物。

4. 知识全面

本书涵盖Scratch的所有积木，并且针对每个积木配置有一个对应实例。通过本书，读者可以学习每个积木的使用，并且掌握该积木和其他积木的组合使用。

5. 由浅入深

由于儿童逻辑思维能力较弱，所以本书的内容由浅入深，逐步讲解。首先讲解最为直观和简单的内容，如角色运动；然后逐步过渡到事件、控制、外观、声音、侦测等复杂内容；最后讲解抽象和枯燥的内容，如变量、运算等，来逐步培养孩子的编程思维、逻辑思维和全局观。

6. 加强交互

培养儿童编程兴趣，重点在于反馈和交互。本书从第1章就通过文字输出、声音播放、动画播放三个积木，引入文字、声音、视频反馈模式。同时，引入了设备交互，让儿童可以直接在运行的程序中进行操作。

本书内容

第1章：来自Scratch的问候。本章包含4个实例，带领读者认识Scratch 3.0开发核心元素，如图形、文字、交互、声音、动画。

第2 章：角色运动。本章包含15个实例，详细讲解如何使用运动积木控制角色的运动方式，如移动、定位、重力效果、旋转等。

第3章：事件。本章包含3个实例，详细讲解如何利用事件积木进行事件处理，如广播消息、接受消息。

第4章：控制。本章包含10个实例，详细讲解如何使用控制积木改变程序的执行方式。

第5章：外观。本章包含16个实例，讲解使用外观积木设置角色的外观特性，如显示/隐藏角色、调整大小、改变颜色等。

第6章：声音。本章包含4个实例，讲解如何使用声音积木为程序添加各种音效，如改变声音的频率、控制音量、监听音量。

第7章：侦测。本章包含15个实例，讲解如何使用侦测积木判断角色的状态变化，如鼠标指针位置的变化、碰到角色等。

第8章：变量。本章包含4个实例，讲解如何使用变量积木处理程序中各种变化的数值，如定义公有变量、私有变量、改变变量的值等。

第9章：运算。本章包含13个实例，讲解如何使用运算积木解决程序中的数值问题，如加减乘除法、四舍五入、字符串操作等。

第10章：自制积木。本章包含1个实例，讲解如何使用自制积木编写复杂的程序。

第11章：扩展组件。本章包含11个实例，讲解如何使用扩展组件为程序添加更加丰富的功能，如画笔组件、文字朗读组件、翻译组件、音乐组件、MaKey MaKey组件。

第12章：综合实例。本章包含4个实例，讲解比较复杂程序的编写方式。

作者介绍

魏春，网名“爱编程的魏校长”，新浪微博著名教育博主，先后供职于电脑报和BNI世界商讯两大传媒集团，担任过软件开发和主编等职务，拥有20多年计算机技术普及与技术图书开发经验，写过大量关于少儿编程和编程学习策略的文章，影响了数万家长的育儿策略，不知不觉成为了拥有50万微博粉丝的技术大V。现创办一家在线技术培训学校，致力于教育培训和少儿编程、算法等产品的开发。

本书读者对象

- 8 ～ 18 岁的儿童和青少年
- 少儿编程指导教师
- 4 ～ 10 岁儿童及其家长
- 对少儿编程感兴趣的各类人员

本书辅助学习资源

用微信“扫一扫”功能扫描下面的二维码，观看本书实例的教学视频，获取本书所有的实例源码和拓展练习题，还可在线交流学习、添加“书僮小睿”定制自己专属的学习计划。

致谢

本书能够顺利出版，是作者、编辑和所有审校人员共同努力的结果，在此表示深深的感谢。同时，祝福所有读者在职场一帆风顺。

编 者

目 录

第1章

来自Scratch的问候

Scratch的积木库拥有丰富的积木。这些积木可以用于控制角色，实现各种功能。本章将讲解最基础的四种功能，分别为文字输出、设备交互、声音播放及动画播放。

扫一扫，看视频

实例1　文字输出：来自小猫的问候

在Scratch中，有一只黄色的小猫。第一次与你相见，它想和你通过对话框打个招呼。在该例子中会使用到以下内容：

- “当▶被点击”积木：当“开始运行程序”按钮▶被点击后，将从该积木开始运行程序。所以，该积木是整个程序的起点。
- “说你好！2秒”积木：该积木可以通过对话框形式显示文字。用户可以设置显示的文字和时间长短，默认显示文字为“你好！”，时长为2秒钟。

下面实现来自小猫的问候。

（1）打开Scratch软件，会有一个名为“角色1”的小猫。在背景窗口中单击“选择一个背景”按钮，进入背景素材库。单击背景Theater，将其设置为当前背景。拖动调整小猫角色1的位置，最终效果如图1.1所示。

（2）选中小猫角色1。单击Scratch界面左上角的“代码”选项卡，进入积木库。在积木分类中，单击“事件”分类，将“当▶被点击”积木拖动到代码区。然后单击“外观”分类，将“说你好！2秒”积木拖动到代码区，并与“当▶被点击”积木连接，如图1.2所示。

图1.1　角色与背景

图1.2　角色1的积木

（3）找到舞台左上角的“开始运行程序”按钮▶，如图1.3所示。单击该按钮，开始运行程序。小猫会通过对话框说“你好！”，并显示2秒，如图1.4所示。

图1.3　单击“开始运行程序”按钮

图1.4　小猫打招呼

实例2　设备交互：和小猫玩耍

扫一扫，看视频

除了通过文字与声音表达自己的心情，小猫还能与你进行交互。在本实例中，当我们用鼠标点击小猫时，小猫会喵喵叫，并且与我们打招呼。在该例子中会使用到以下内容。

“当角色被点击”积木：该积木实现当角色被点击后开始运行与其连接的后续积木。

下面实现和小猫玩耍。

（1）为默认小猫角色 1 添加背景 Theater，并调整小猫的位置，如图 1.5 所示。

图1.5　角色与背景

（2）选中小猫角色 1。在积木分类中，单击“事件”分类，将“当角色被点击”积木拖动到代码区。然后，添加“播放声音喵”积木与“说你好！ 2 秒”积木。最后修改“说你好！ 2 秒”积木的文字内容，将所有积木连接，如图 1.6 所示。

（3）运行程序。当使用鼠标点击小猫后，小猫会喵喵叫，并通过对话框说“不要挠我，我怕痒！”，如图 1.7 所示。

图1.6　小猫角色1的积木

图1.7　与小猫玩耍

扫一扫，看视频

实例3　声音播放：会叫的小猫

在 Scratch 中，小猫不仅会通过文本打招呼，还会通过声音打招呼。在本实例中，小猫将通过喵喵叫的方式，与玩家打招呼。在该例子中会使用到以下内容。

“播放声音喵”积木：该积木可以播放指定的声音，默认为喵声。

下面实现会叫的小猫。

（1）为默认小猫角色 1 添加背景 Theater，并调整小猫的位置，如图 1.8 所示。

（2）选中小猫角色 1，将“当🏴被点击”积木将拖动到代码区；然后，将“说你好！2 秒”积木拖动 3 次；在代码区中，添加了 3 个该积木，并修改其中 2 个积木的文字内容，如图 1.9 所示。

图1.8　角色与背景

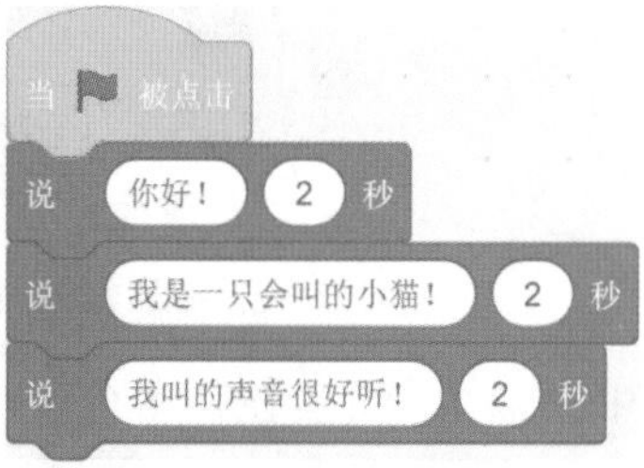

图1.9　添加并修改积木

（3）选中小猫角色 1。在积木分类中，单击“声音”分类，将“播放声音”积木拖动到代码区，并与所有积木进行连接，如图 1.10 所示。

（4）运行程序。小猫在自我介绍完后，会喵喵叫，如图 1.11 所示。想要听到声音，记得打开音响或佩戴耳机。

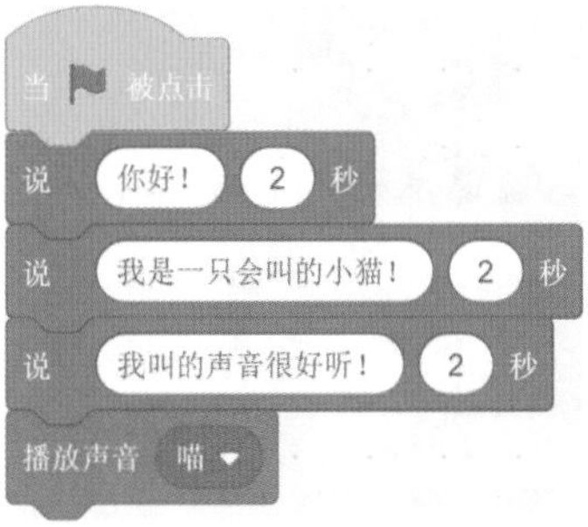

图1.10　小猫角色1的所有积木

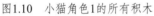

图1.11　小猫自我介绍后会叫

实例4　播放动画：大姐姐说你好！

扫一扫，看视频

Scratch 可以通过造型切换实现动画的播放。在本实例中，角色 Abby 会以不同的造型与玩家打招呼。在该例子中会使用到以下内容。

- “思考嗯……2 秒”积木：该积木用对话框显示思考的内容。
- “换成造型 2 造型”积木：该积木用于将角色切换为指定造型。

下面实现大姐姐说你好！

（1）在角色窗口中，单击“选择一个角色”按钮，进入角色素材库。单击角色 Abby，将其添加到背景 Theater 中，删除小猫角色 1，并调整位置，如图 1.12 所示。

（2）为角色 Abby 添加积木，实现 Abby 说一句话后切换一个造型，从而实现动画播放效果，如图 1.13 所示。

（3）运行程序。首先，Abby 会说“你好！”，并等待 2 秒；然后，切换为 abby-b 做思考状态，如图 1.14 所示；接着，Abby 会介绍自己的名字，并切换造型为 abby-a；最后，Abby 说“很高兴见到你！”，切换为造型 abby-c，如图 1.15 所示。

图1.12　角色与背景

图1.13　Abby的积木

图1.14　切换为造型abby-b

图1.15　切换为造型abby-c

第2章

角色运动

运动会让程序变得更加有趣。相对于静止的物体，运动的物体会更加吸引人的目光。让Scratch中的角色动起来，会让程序变得更加有趣。Scratch提供了多个与运动相关的积木，包括位置的直接改变、通过时间控制位置改变、朝向、旋转四大类。本章将通过多个实例讲解这些积木的应用。

扫一扫，看视频

实例5　移动：夜晚的森林

本实例实现了夜晚的森林中，一只饿了的狗熊和猫头鹰、虫子之间的对话。在实例中，需要在鼠标点击狗熊进行移动，猫头鹰与虫子会自动移动。在该例子中会使用到以下内容。

- “移动 10 步”积木：该积木会使角色以朝向的方向移动指定步数，默认为 10 步。
- 使用“说你好！ 2 秒”积木实现暂停效果：删除该积木中的“说你好！”，可以实现暂停功能。

下面实现夜晚的森林。

（1）将狗熊角色 Bear-walking、猫头鹰角色 Owl、虫子角色 Beetle 导入背景 Woods 中。在角色窗口中，依次调整三个角色的大小为 50。其中，虫子角色 Beetle 的旋转角度为 1°，如图 2.1 所示。

图2.1　角色与背景

（2）为角色 Bear-walking 添加一组积木，如图 2.2 所示。该组积木实现点击狗熊后，狗熊移动并输出对话框。

（3）为角色 Beetle 添加第 1 组积木，如图 2.3 所示。实现虫子不断向上移动并发出声音的效果，并巧用“说你好！ 2 秒”积木实现暂停。

（4）为角色 Beetle 添加第 2 组积木，实现点击虫子弹出对话框消息，如图 2.4 所示。

（5）为角色 Owl 添加第 1 组积木，如图 2.5 所示。实现猫头鹰的移动、动画切换、输出提示信息等效果。

图2.2 Bear-walking的积木

图2.3 Beetle第1组积木

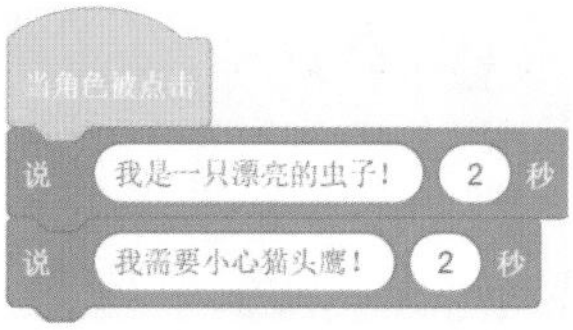

图2.4 Beetle第2组积木

图2.5 Owl添加第1组积木

（6）为角色 Owl 添加第 2 组积木，实现点击猫头鹰反馈输出对话框消息与叫声，如图 2.6 所示。

图2.6 Owl添加第2组积木

（7）运行程序。虫子会发出声音，猫头鹰会提示玩家点击狗熊让狗熊移动，如图 2.7 所示。点击狗熊后，狗熊开始移动。点击猫头鹰和虫子会弹出对话框，如图 2.8 所示。

点击狗熊它会走噢!

图2.7　提示点击狗熊

我在树上，狗熊抓不到我!
我需要小心猫头鹰!
哪里有吃的呢?

图2.8　狗熊移动、虫子与猫头鹰对话

实例6　指定时间滑行到随机位置：收集爱心

本实例实现一个收集爱心的游戏。在本实例中，爱心会从桶中移动到随机位置，需要用户点击对应爱心，将其收集到桶中。在该例子中会使用到以下内容。

“在 1 秒内滑行到随机位置”积木：该积木可以让角色在指定时间中滑行到随机的位置。其中，默认时间为 1 秒；默认位置选项为“随机位置”，备用选项为“鼠标指针”。

下面实现收集爱心。

（1）将铁桶角色 Takeout 与五个爱心角色 Heart、Heart2、Heart3、Heart4、Heart5 添加到背景 Blue Sky 中，并调整位置，如图 2.9 所示。

扫一扫，看视频

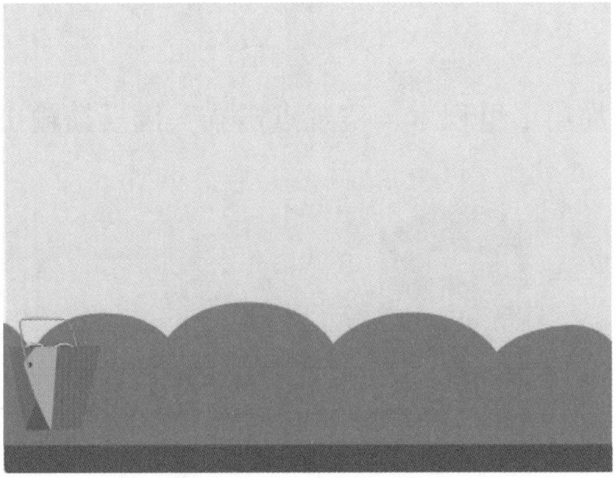

图2.9　角色与背景

（2）为爱心角色 Heart 添加第 1 组积木，实现当程序开始时爱心匀速滑动到随机位置，如图 2.10 所示。

（3）为爱心角色 Heart 添加第 2 组积木，如图 2.11 所示。实现点击爱心后，爱心平滑移动到铁桶所在的位置。

图2.10 爱心的第1组积木

图2.11 爱心的第2组积木

（4）为其他四个爱心角色 Heart2、Heart3、Heart4、Heart5 也添加这两组积木。

（5）运行程序后，伴随着悦耳的声音，爱心平滑移动到随机位置，如图 2.12 所示。点击爱心角色，对应的爱心回到铁桶中，如图 2.13 所示。

图2.12 爱心平滑移动到随机位置

图2.13 爱心平滑移动到铁桶

实例7 指定时间滑行到指定位置：一杆进洞的高尔夫球

本实例实现一个高尔夫球的游戏。在实例中，高尔夫球会出现在初始位置，然后点击高尔夫球，它就会滚落到洞中。在该例子中会使用到以下内容。

扫一扫，看视频

“在 1 秒内滑行到 x:0 y:0”积木：该积木可以让角色在指定时间中滑行到特定坐标位置。其中，默认时间为 1 秒，默认坐标为 (x:0,y:0)。

下面实现一杆进洞的高尔夫球。

（1）选择背景 Jurassic。在该背景的背景绘制窗口中，依次使用矩形工具□与圆工具○

绘制一个小型高尔夫草坪，如图 2.14 所示。

（2）添加球角色 Ball，并在造型界面修改颜色为白色，添加到背景 Jurassic 中，如图 2.15 所示。

图2.14　在背景Jurassic中绘制高尔夫草坪

图2.15　添加高尔夫球到背景

（3）为高尔夫球角色添加第 1 组积木，用于指定高尔夫球的位置，如图 2.16 所示。

（4）为高尔夫球角色添加第 2 组积木，如图 2.17 所示。该组积木实现点击高尔夫球后，高尔夫球滚动到洞中。

（5）运行程序。当点击高尔夫球时，高尔夫球会向洞口滚动，如图 2.18 所示。

图2.16　第1组动作

图2.17　第2组动作

图2.18　高尔夫球移动

扫一扫，看视频

实例8　出现在固定位置：给字母排序

本实例实现给字母排序的功能。在实例中，用户需要依次点击角色，然后角色就会出现到指定位置，从而实现排序。在该例子中会使用到以下内容。

“移到 x:0 y:0”积木：该积木可以通过坐标让角色移动到指定位置，默认坐标为 (x:0,y:0)。

下面实现给字母排序。

（1）绘制一个角色底座 1。依次单击“选择一个角色”按钮 | “绘制”按钮，进入造型界面。选择矩形工具，绘制一个正方形。在角色窗口中，右击底座 1，在弹出的菜单中选择“复制”命令，复制出一个底座，并命名为底座 2。以此方式，依次复制出底座 3 与底座 4，如图 2.19 所示。

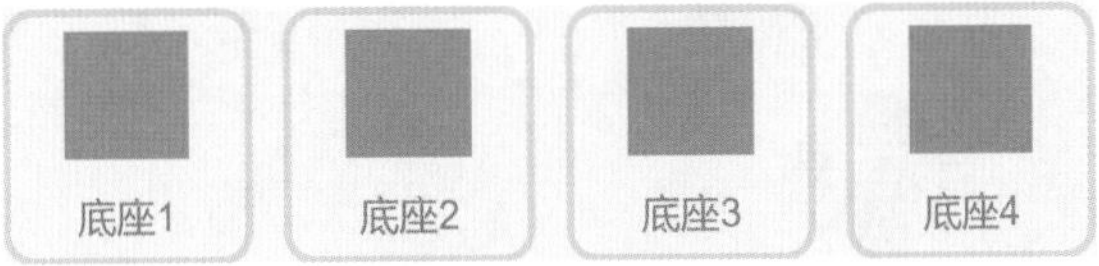

图2.19 绘制底座

（2）将四个底座角色、字母角色 Block-A、Block-B、Block-C、Block-D 以及女老师角色 Dani 添加到背景 Blue Sky 2 中并调整角色位置，如图 2.20 所示。

（3）为女老师角色添加积木，实现通过对话框提示游戏规则，如图 2.21 所示。

图2.20 添加角色与背景

图2.21 添加积木

（4）为角色 Block-A 添加积木，如图 2.22 所示。实现点击字母 A，字母 A 移动到指定位置。依次为角色 Block-B、Block-C、Block-D 添加积木，如图 2.23 ~ 2.25 所示。

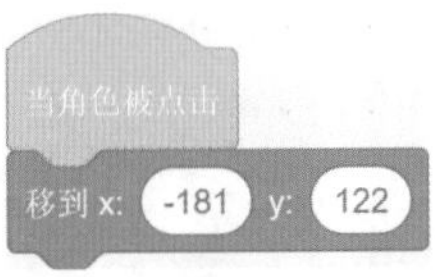

图2.22 角色Block-A的积木

图2.23 角色Block-B的积木

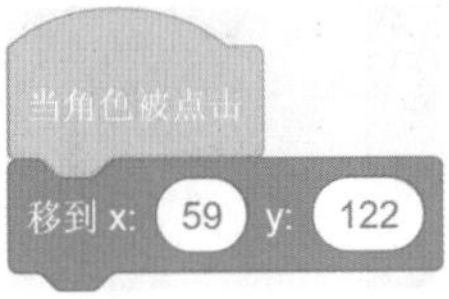

图2.24 角色Block-C的积木

图2.25 角色Block-D的积木

（5）运行程序。女老师说出提示信息，玩家依次点击字母 A、B、C、D，字母会依次移动到底座中，如图 2.26 所示。

图2.26　字母移动到指定位置

实例9　x坐标增加指定值与使用坐标定位：Jaime领奖

本实例实现登台领奖的场景。在实例中，Jaime 会登台领奖。当点击 Jaime 时，Jaime 会走下领奖台。在该例子中会使用到以下内容。

- “将 x 坐标增加 10”积木：该积木可以让角色的 x 轴的值增加 10 个像素，默认为 10。
- “将 x 坐标设为 10”积木：该积木可以设置角色 x 轴的位置，默认值为 10。
- “将 y 坐标设为 10”积木：该积木可以设置角色 y 轴的位置，默认值为 10。

下面实现 Jaime 领奖的动作。

（1）将领奖人角色 Jaime 与主持人角色 Dee 添加到场景 Spotlight 中，如图 2.27 所示。

（2）为主持人角色 Dee 添加积木，如图 2.28 所示。实现主持颁奖，以及播放掌声与背景音乐。

扫一扫，看视频

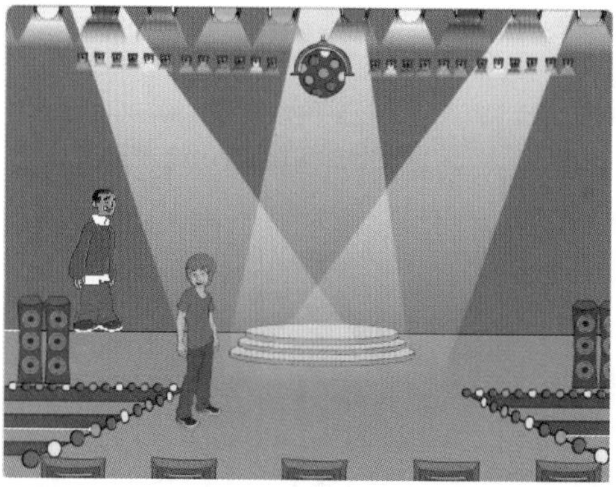

图2.27　角色与场景

图2.28　角色Dee的积木

（3）为领奖人角色 Jaime 添加第 1 组积木，如图 2.29 所示。实现开始程序后，Jaime 走上领奖台。

（4）为领奖人角色 Jaime 添加第 2 组积木，如图 2.30 所示。实现点击角色 Jaime 后，Jaime 走下领奖台。

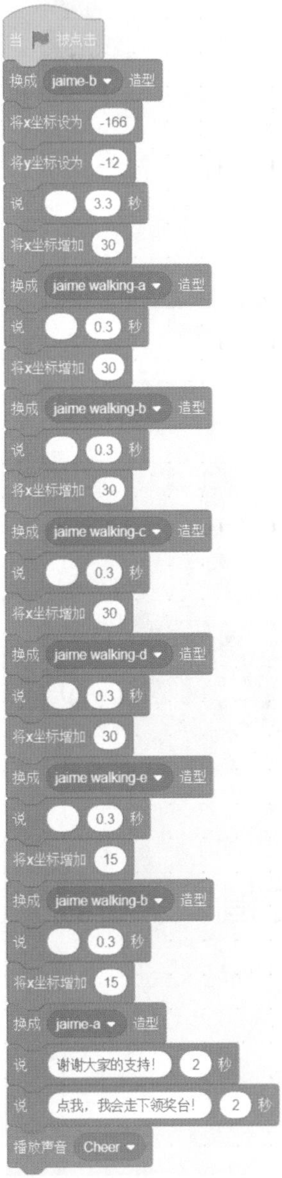

图2.29 Jaime的第1组积木

图2.30 Jaime的第2组积木

（5）运行程序，主持人会请 Jaime 上台领奖。伴随着掌声与背景音乐，Jaime 走上领奖台，如图 2.31 所示。当点击 Jaime 后，Jaime 走下领奖台，如图 2.32 所示。

图2.31　Jaime走上领奖台

图2.32　Jaime走下领奖台

扫一扫，看视频

实例10　y坐标增加指定值：太空城火箭发射

本实例实现太空发射火箭的场景。在实例中外星人会倒计时发出发射火箭命令，然后火箭点火升空。在该例子中会使用到以下内容。

"将 y 坐标增加 10"积木：该积木可以让角色的 y 轴的值增加指定的值，默认为 10。

下面实现太空城火箭发射的效果。

（1）将火箭角色 Rocketship、发射台角色 Buildings 与 Button3 以及外星人角色 Giga 添

加到场景 Space City 2 中，调整位置后如图 2.33 所示。

图2.33 角色与场景

（2）火箭在飞行时，需要添加声音 Space Noise，如图 2.34 所示。

图2.34 默认Space Noise

（3）由于声音时间只有 2.67 秒，时间过短，所以需要单击“复制”按钮，然后单击“粘贴”按钮。这样，声音时间会显示为 5.35 秒，再重复粘贴一次声音为 10.69 秒，长度大于 10 秒即可，如图 2.35 所示。

图2.35 两次复制后声音长度变为10.69

（4）为外星人角色 Giga 添加积木，实现对话框输出倒计时以及发射命令，如图 2.36 所示。

（5）为火箭角色 Rocketship 添加积木，实现火箭点火升空，如图 2.37 所示。

图2.36　为外星人角色Giga添加积木

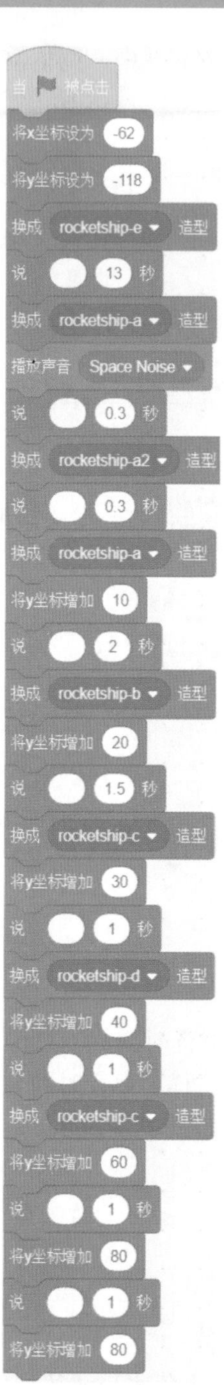

图2.37　为火箭角色Rocketship添加积木

（6）运行程序，火星人开始倒计时，如图 2.38 所示。当下达点火命令后，火箭开始升空，如图 2.39 所示。

图2.38 倒计时

图2.39 火箭升空

实例11 跳跃：小小舞蹈家

扫一扫，看视频

跳跃是游戏中很常见的一种动作。本实例实现芭蕾舞中的跳跃动作。当点击该舞蹈家时，她会跳跃。在该例子中会使用到以下内容。

“将 y 坐标增加 10”积木：利用该积木数值的设置，即正数向上移动与负数向下移动，可以模拟角色向上跳跃并回落的过程，从而实现跳跃的效果。

下面实现芭蕾舞蹈家跳跃的动作。

（1）将舞蹈家角色 Ballerina 添加到场景 Theater 2 中，调整位置后如图 2.40 所示。

图2.40 角色与场景

（2）为舞蹈家角色 Ballerina 添加第 1 组动作，实现输出提示信息，如图 2.41 所示。

（3）为舞蹈家角色 Ballerina 添加第 2 组动作，实现点击跳跃的效果，如图 2.42 所示。

图2.41 舞蹈家角色Ballerina第1组积木

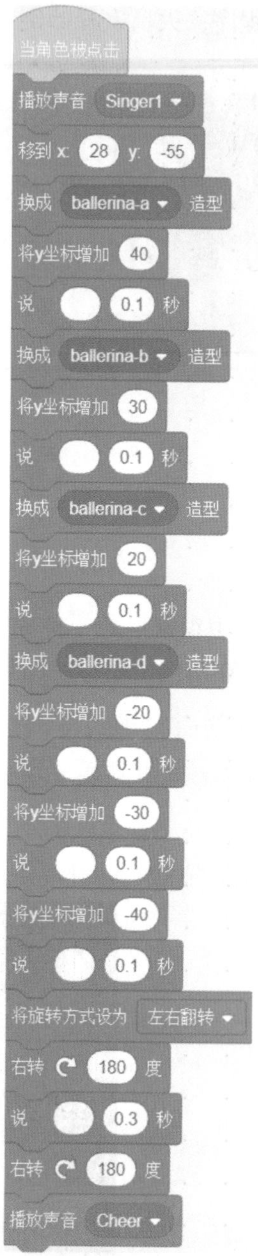

图2.42 舞蹈家角色Ballerina第2组积木

（4）运行程序，对话框输出提示信息，如图 2.43 所示。点击舞蹈家，舞蹈家会伴随着歌声跳舞，如图 2.44 所示。

图2.43 输出提示信息

图2.44 跳起来的舞蹈家

扫一扫，看视频

实例12 重力：受伤的狮鹫

由于地球引力的影响，在地球上的所有物体都会都到重力约束。本实例实现狮鹫掉落的场景。在实例中，有一只受伤的狮鹫正飞向山顶。当点击狮鹫时，触动它的伤口，狮鹫疼痛难忍，受重力影响从山顶掉落。在该例子中会使用到以下内容。

“将 y 坐标增加 10”积木：该积木的值设置为负数时，可以让角色向下运动，在此实例中用于模拟重力。

下面实现受伤的狮鹫向下掉落的动作。

（1）在 Fish 的造型中，右击 Griffin-a 造型，单击“复制”命令，复制出一个新造型 Griffin-a2。在 Griffin-a2 中，使用橡皮擦工具将狮鹫做成受伤的造型，如图 2.45 所示。

（2）将狮鹫角色 Griffin 添加到场景 Jurassic 中，设置 Griffin 的大小为 30，调整位置如图 2.46 所示。

图2.45 受伤的狮鹫造型

图2.46 角色与场景

（3）为狮鹫角色 Griffin 添加第 1 组积木，实现让狮鹫飞到山顶，如图 2.47 所示。

（4）为狮鹫角色 Griffin 添加第 2 组积木，实现点击狮鹫，狮鹫开始下坠，如图 2.48 所示。

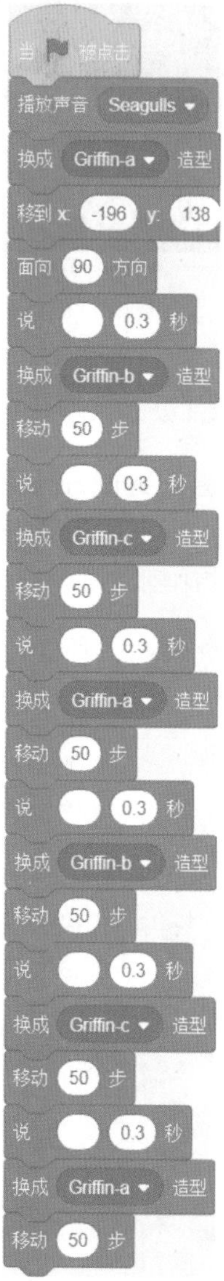

图2.47　狮鹫第1组积木

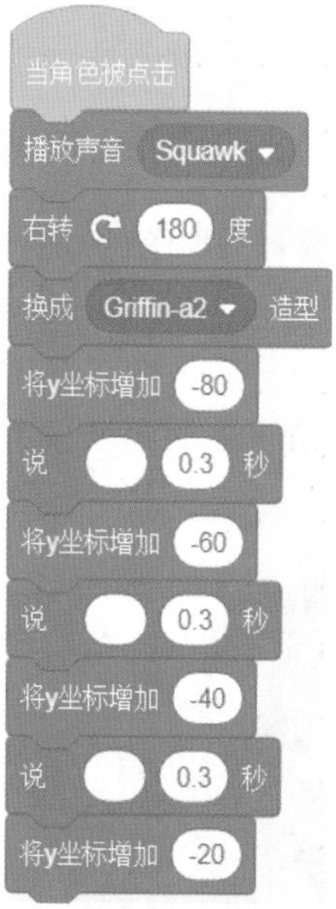

图2.48　狮鹫第2组积木

（5）运行程序，狮鹫会飞到山顶，如图 2.49 所示。当点击狮鹫时，狮鹫会向下坠落，如图 2.50 所示。

图2.49 狮鹫在山顶

图2.50 狮鹫坠落

实例13 出现在随机位置：抓不住的蝴蝶

扫一扫，看视频

本实例实现一个抓蝴蝶的游戏。在本实例中，蝴蝶会出现在随机位置，用户可以点击鼠标尝试捕捉它。在该例子中会使用到以下内容。

“移到随机位置”积木：该积木可以让角色移动到随机的位置，默认选项为“随机位置”，备用选项为“鼠标指针”。

下面实现抓蝴蝶游戏。

（1）将蝴蝶角色 Butterfly 2 添加到背景 Woods And Bench 中并调整位置，如图 2.51 所示。

（2）为蝴蝶角色添加积木，如图 2.52 所示。该组积木实现当点击蝴蝶时，蝴蝶位置随机改变。

图2.51 角色与背景

图2.52 添加的积木

（3）运行程序，当点击蝴蝶时，蝴蝶会随机出现在背景中的任意位置，如图 2.53 所示。

图2.53　随机移动的蝴蝶

扫一扫，看视频

实例14　设置旋转方式：折返跑的企鹅

本实例实现一只企鹅折返跑的效果。在实例中点击企鹅，企鹅就会做一次折返跑。在该例子中会使用到以下内容。

“将旋转方式设为左右翻转”积木：该积木可以让角色从任意翻转的方式转换为左右翻转或不可翻转。默认选项为“左右翻转”，备用选项包括“不可翻转”和“任意翻转”。

下面实现企鹅折返跑的效果。

（1）将企鹅角色 Penguin 添加到场景 Winter 中并调整位置，如图 2.54 所示。

（2）为企鹅角色 Penguin 添加第 1 组积木，实现企鹅位置的初始化，如图 2.55 所示。

（3）为企鹅角色 Penguin 添加第 2 组积木，如图 2.56 所示。该组积木实现点击企鹅，企鹅开始一次折返跑。

图2.54　角色与场景

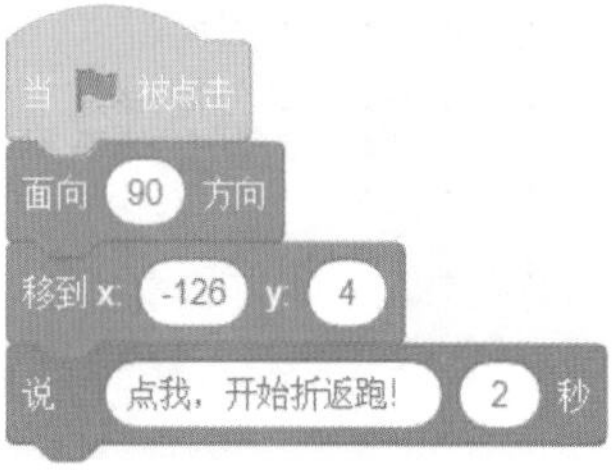

图2.55　第1组积木

（4）运行程序，企鹅会展示提示信息，如图 2.57 所示。点击企鹅，企鹅开始折返跑，如图 2.58 所示。

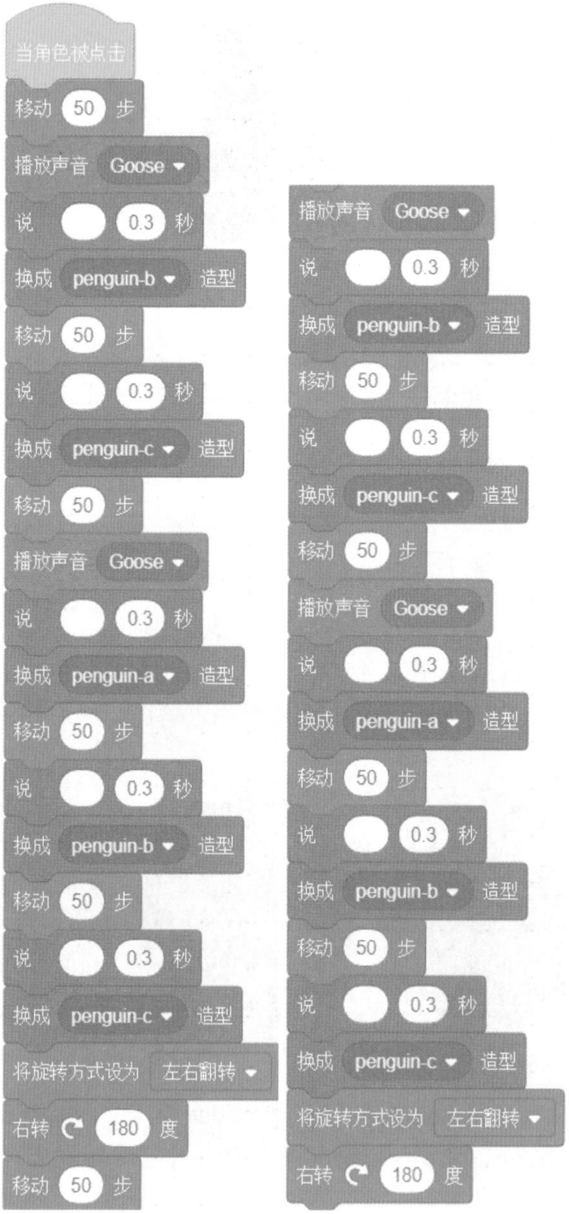

（a）　　（b）

图2.56　第2组积木

图2.57　企鹅展示提示信息

图2.58　企鹅开始折返跑

扫一扫，看视频

实例15　向左旋转指定度数：旋转的太阳

本实例实现一个太阳旋转的例子。在实例中，鼠标点击角色后，角色进行旋转。在该例子中会使用到以下内容。

“左转 15 度”积木：该积木可以向左旋转指定的角度，默认为 15 度。

下面实现转动的太阳。

（1）为了更好地识别太阳是否在旋转，需要对内置太阳角色 Sun 进行修改。在太阳的造型界面中，使用圆工具○为太阳画两个镜片与一张嘴巴，然后使用线段工具／画出眼镜框，如图 2.59 所示。

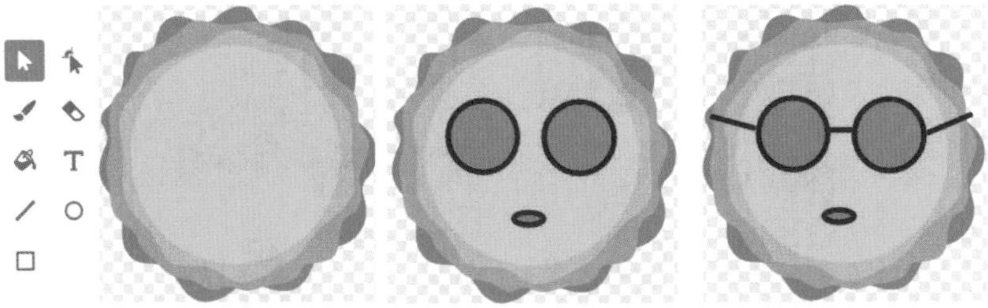
图2.59　自定义角色的造型

（2）将修改后的太阳角色 Sun 放在蓝天背景 Blue Sky 中，如图 2.60 所示。

（3）添加积木如图 2.61 所示。实现点击太阳，太阳旋转发出声音并输出旋转角度的效果。

图2.60 已有背景与太阳

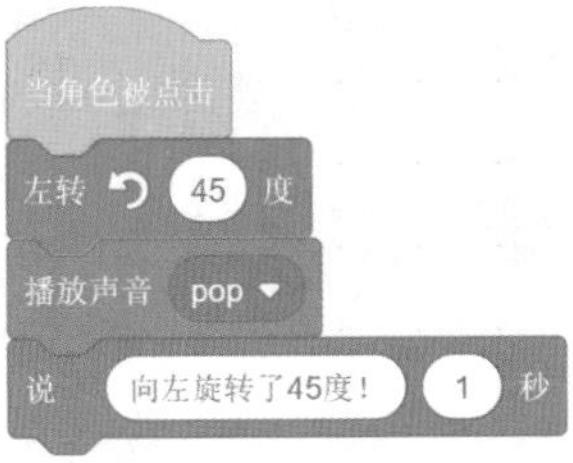

图2.61 添加的积木

（4）运行程序，运行效果如图 2.62 所示。每次点击太阳，太阳会逆时针旋转 45 度。

图2.62 逆时针旋转

实例16 移动与旋转：地球公转

扫一扫，看视频

本实例实现一个地球围绕太阳公转的例子。在实例中，用鼠标点击地球角色时，地球就开始发生旋转与位移，形成地球公转。在该例子中会使用到以下内容。

- “左转 15 度”积木：该积木可以向左旋转指定的角度，默认为 15 度。
- “移动”与“旋转”的衔接：在移动与旋转两个功能衔接时要确定是先旋转还是先移动。

下面实现地球围绕太阳公转的效果。

（1）添加太阳角色 Sun 与地球角色 Earth 到背景 Stars2 中。在 Earth 角色面板中设置大

小属性为 30，并调整两个角色的位置，如图 2.63 所示。

（2）为角色 Earth 添加积木，实现地球围绕太阳公转，如图 2.64 所示。

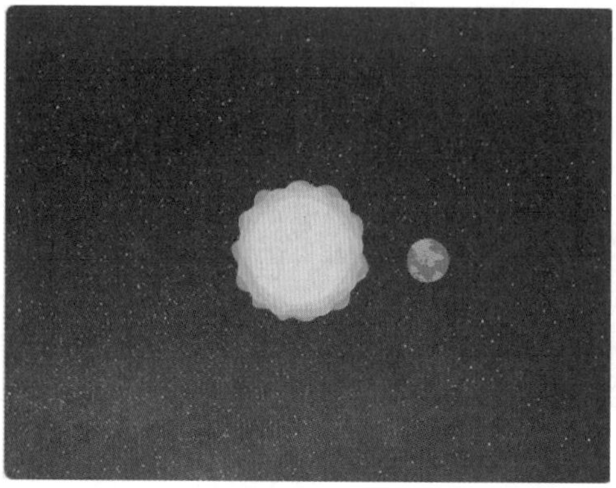

图2.63　角色与背景

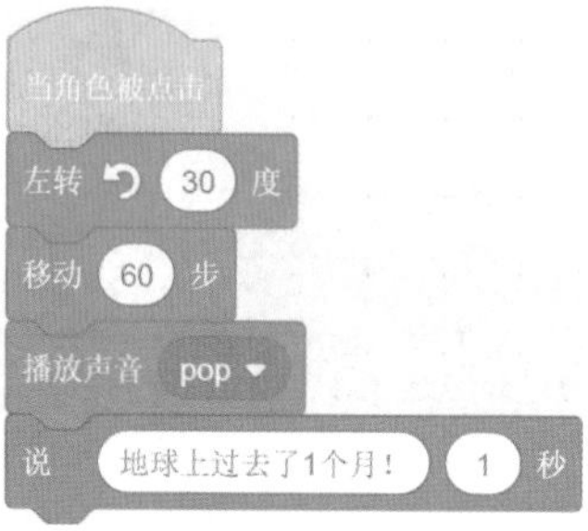
当角色被点击
左转 30 度
移动 60 步
播放声音 pop
说 地球上过去了1个月！ 1 秒

图2.64　添加的积木

（3）运行程序。点击地球一次，地球都会围绕太阳移动 60 步并逆时针旋转 30 度，如图 2.65 所示。当点击 12 次后，地球会完成一次公转。

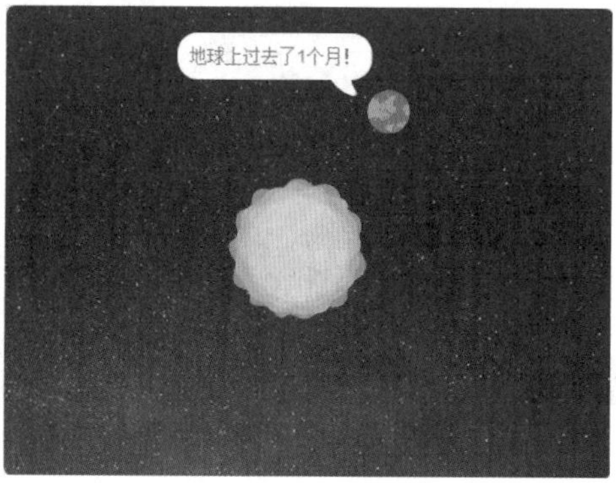
地球上过去了1个月！

图2.65　地球公转

扫一扫，看视频

实例17　面向指定方向：小汽车上高架桥

本实例实现一辆汽车上高架桥的效果。在实例中，汽车使用面向指定方向的方式实现转弯效果。在该例子中会使用到以下内容。

“面向 90 方向”积木：该积木可以让角色面向指定方向，默认为 90 度，即朝向正右方。

下面实现小汽车上高架桥的效果。

（1）选择背景 Night City With Street。在该背景的背景绘制窗口中，使用选择工具框选取整条道路，然后点击“复制”按钮，复制出一条新的道路，并将新道路移动到指定位置。然后，使用矩形工具■画两个桥墩，最后再复制一条道路，调整好角度与大小后放置到指定位置，形成上高架桥的道路。最终效果如图 2.66 所示。

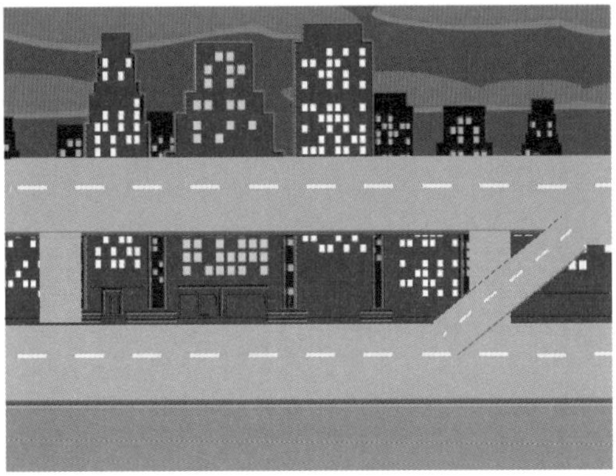

图2.66　高架桥背景

（2）添加一个角色 convertible 2，并在造型界面中复制一个新的造型，命名为 convertible 3。然后，使用选择工具，向左拉动整个造型，形成相反方向的角色，如图 2.67 所示。

图2.67　造型convertible 3形成过程

（3）将角色 convertible 2 添加到修改后的场景 Night City With Street 中，如图 2.68 所示。

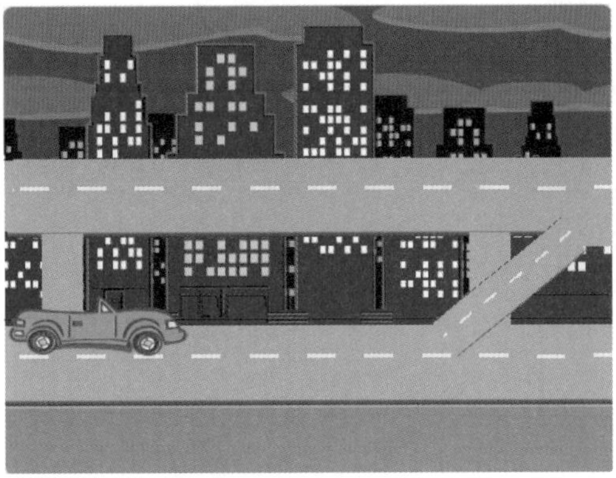

图2.68　角色与场景

（4）为角色 convertible 2 添加积木，如图 2.69 所示。实现小汽车上高架桥的效果。

图2.69　添加的积木

（5）运行程序，小汽车会伴随着音乐向高架桥行驶，如图 2.70 所示。

图2.70 上桥的小汽车

扫一扫，看视频

实例18 面向指针或角色：吃虫子的小鸡

本实例实现一个小鸡吃虫子的效果。在实例中，当点击小鸡时，小鸡会发现草地中的虫子，然后吃掉虫子。在该例子中会使用到以下内容。

“面向鼠标指针”积木：该积木可以让角色面向鼠标指针或角色。默认为“鼠标指针”。

下面实现吃虫子的小鸡的效果。

（1）将小鸡角色 chick 与虫子角色 Grasshopper 添加到场景 Forest2 中，如图 2.71 所示。

图2.71 角色与场景

（2）为虫子角色 Grasshopper 添加积木，实现让虫子 3 秒钟在一个地方出现并伴随叫声，如图 2.72 所示。

（3）为角色 chick 添加第 1 组积木，实现初始化小鸡的位置与朝向，如图 2.73 所示。

（4）为角色 chick 添加第 2 组积木，如图 2.74 所示。该组积木实现点击小鸡，小鸡朝向虫子然后移动到虫子旁边，并吃掉虫子。

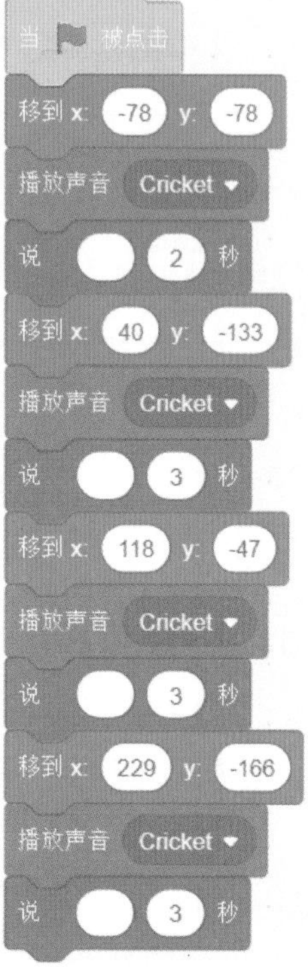

图2.72　Grasshopper的积木

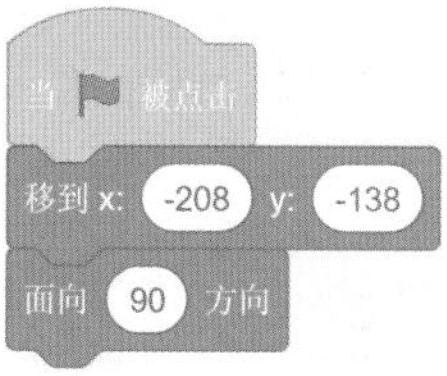

图2.73　第1组积木

图2.74　第2组积木

（5）运行程序。虫子会发出叫声。点击小鸡，小鸡朝向虫子，然后移动到虫子旁边，吃掉虫子，如图 2.75 所示。

图2.75　小鸡吃虫子

扫一扫，看视频

实例19 碰到边缘就反弹：熟透的苹果

本实例实现秋天苹果熟透后挂在树上的场景。在实例中，树上挂着三个红苹果。当点击苹果时，苹果就会掉落。在该例子中会使用到以下内容。

“碰到边缘就反弹”积木：该积木可以让角色碰到舞台边缘时自动反弹，可以避免角色超出舞台范围。

下面实现熟透的苹果掉落的效果。

（1）将人物角色 jaime 与三个苹果角色 apple、apple2 与 apple3 添加到场景 Jungle 中，并调整位置，如图 2.76 所示。

（2）为角色 jaime 添加积木，实现用对话框输出提示信息，如图 2.77 所示。

图2.76 角色与场景

图2.77 添加的积木

（3）为第 1 个苹果角色 apple 添加第 1 组积木，实现初始化 apple 的位置与角度，如图 2.78 所示。

（4）为第 2 个苹果角色 apple2 添加第 1 组积木，实现初始化 apple2 的位置与角色，如图 2.79 所示。

（5）为第 3 个苹果角色 apple3 添加第 1 组积木，实现初始化 apple3 的位置与角度，如图 2.80 所示。

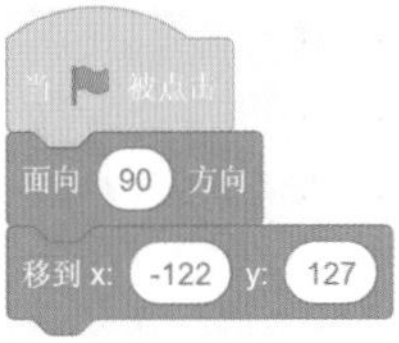

图2.78 apple第1组积木

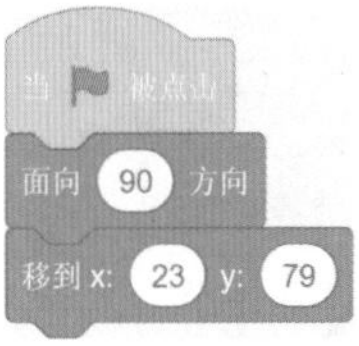

图2.79 apple2第1组积木

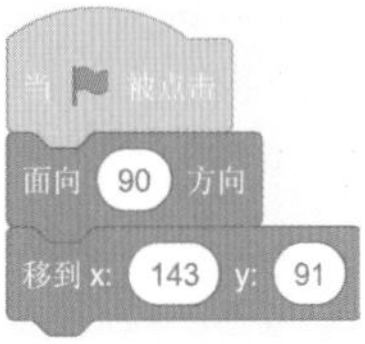

图2.80 apple3第1组积木

（6）为三个苹果角色 apple、apple2、apple3 添加第 2 组积木，如图 2.81 所示。该组动作实现点击对应的苹果，对应的苹果就会掉落的效果。

图2.81　三个苹果第2组积木

注意：apple、apple2、apple3的第1组积木的“移到x:y:”积木的值不同，但是第2组积木完全相同。

（7）运行程序。jaime 会提示如何操作，如图 2.82 所示。当点击苹果时，苹果会掉落，当碰到边界时会反弹，停留在场景内，避免落在场景之外，如图 2.83 所示。

图2.82 输出提示信息

图2.83 苹果掉落并反弹

第3章

事　件

当一个事情发生后，人们会将这个事情作为消息进行传递。这里的事情就是事件，发生了某个事情就是发生了某个事件，事件发生后紧跟着的就是对应的处理。Scratch提供的事件积木包括键盘事件、广播事件和克隆事件等。本章将通过多个实例讲解这些积木的使用。

实例20 键盘控制角色：快乐足球

扫一扫，看视频

传球是足球运动中最基础的操作。本实例实现足球运动中最常见的传球技能。本实例有两个运动员，当按下键盘的向左、向右键时，他们将互相传球。在该例子中会使用到以下内容。

“当按下空格键”积木：该积木可以获取到键盘上指定按键按下的消息。默认按键选项为“空格键”；备用按键包括四大类，分别为字母 a ~ z 的 26 按键选项、数字 0 ~ 9 的十个按键、四个方向键选项以及任意按键。

下面实现快乐足球。

（1）选择女足球运动员角色 Jordyn 的 jordyn-a 造型与 jordyn-b 造型，将它们的旋转中心调整至脚下，如图 3.1 和图 3.2 所示。

图3.1 jordyn-a造型

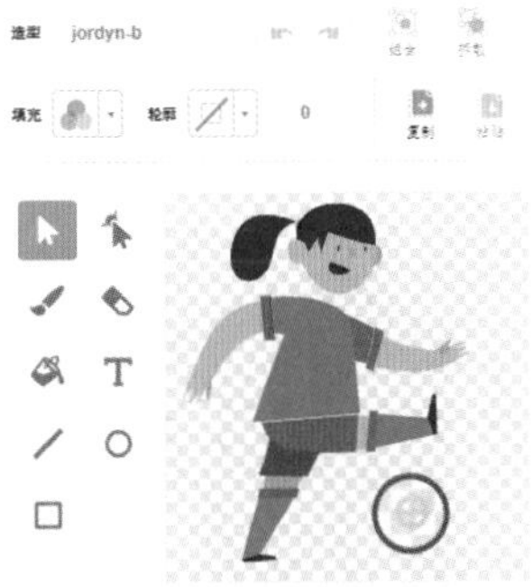

图3.2 jordyn-b造型

（2）选择男足球运动员角色 Ben 的 ben-a 造型与 ben-b 造型，将旋转中心调整至脚下，如图 3.3 和图 3.4 所示。

图3.3 ben-a造型

图3.4 ben-b造型

（3）将女足球运动员角色 Jordyn、男足球运动员角色 Ben 以及足球角色 Soccer Ball 添加到场景 Soccer 2 中，设置三个角色的大小均为 80。调整后的位置如图 3.5 所示。

图3.5　角色与场景

（4）为女足球运动员角色 Jordyn 添加积木，实现按下向右键，向右传球，如图 3.6 所示。

（5）为男足球运动员角色 Ben 添加积木，实现按下向左键，向左传球，如图 3.7 所示。

图3.6　向右传球

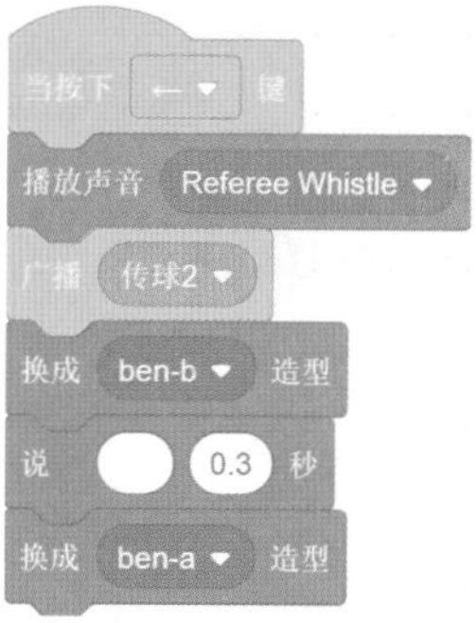

图3.7　向左传球

（6）为足球角色 Soccer Ball 添加第 1 组积木，如图 3.8 所示。该组积木实现当接收到传球 1 消息时，足球平滑移动到男足球运动员角色 Ben 的脚下。

（7）为足球角色 Soccer Ball 添加第 2 组积木，如图 3.9 所示。该组积木实现当接收到传球 2 消息时，足球平滑移动到女足球运动员角色 Jordyn 的脚下。

图3.8　第1组积木

图3.9　第2组积木

（8）运行程序，当按下向右键时，足球会移动到男足球运动员脚下，如图 3.10 所示。当按下向左键时，足球会移动到女足球运动员脚下，如图 3.11 所示。

图3.10　足球移动到男足球运动员脚下

图3.11　足球移动到女足球运动员脚下

实例21　广播消息与接收消息：识别地图上的方位

在地图中，默认方位为上北下南、左西右东。本实例实现当点击对应方位时，箭头指向对应方位，并进行输出，通过发送广播与接收广播让多个角色之间实现联动的效果。在该例子中会使用到以下内容。

扫一扫，看视频

- “广播消息 1”积木：该积木会广播指定的消息，默认为消息 1，备用选项为新消息。可以通过新消息自定义要广播的消息。
- “当接收到消息 1”积木：该积木可以接收指定消息，默认为消息 1。可以通过下拉菜单选择要接收的自定义消息。

下面实现识别地图上的方位。

（1）依次单击“选择一个角色”按钮 |“绘制”按钮，进入造型界面。选择矩形工具，绘制一个正方形白色底座。然后，使用输入工具输入汉字“东”，制作角色东。然后依次绘制西、南、北三个角色，如图 3.12 所示。

图3.12　绘制四个角色

（2）添加箭头角色 Arrow1，并调整旋转轴位于箭头底部，如图 3.13 所示。

（3）依次添加箭头角色 Arrow1、角色东、角色南、角色西、角色北到场景 Xy-grid 中，调整位置如图 3.14 所示。

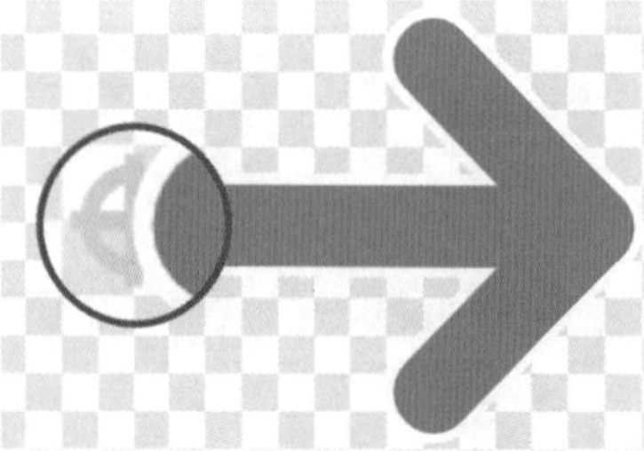

图3.13　调整角色Arrow1

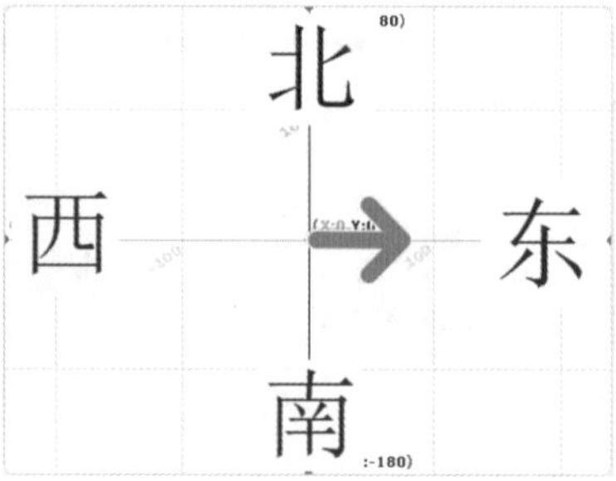

图3.14　添加角色与背景图片

（4）为角色东添加积木，实现点击角色东时发送消息东，如图 3.15 所示。

（5）依次为角色西、角色南、角色北添加积木，如图 3.16 ~图 3.18 所示。

图3.15　为角色东添加积木

图3.16　为角色西添加积木

图3.17　为角色南添加积木

图3.18　为角色北添加积木

（6）为箭头添加积木，实现面向指定角度，如图 3.19 所示。

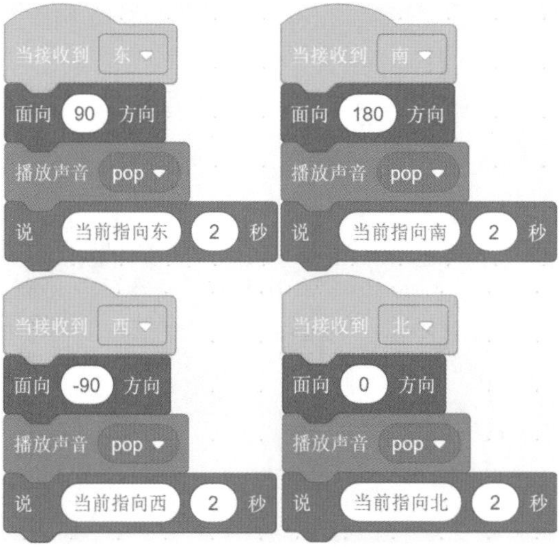

图3.19　添加积木

（7）运行程序，单击角色东，箭头会转向东并输出当前指向东，如图 3.20 所示。

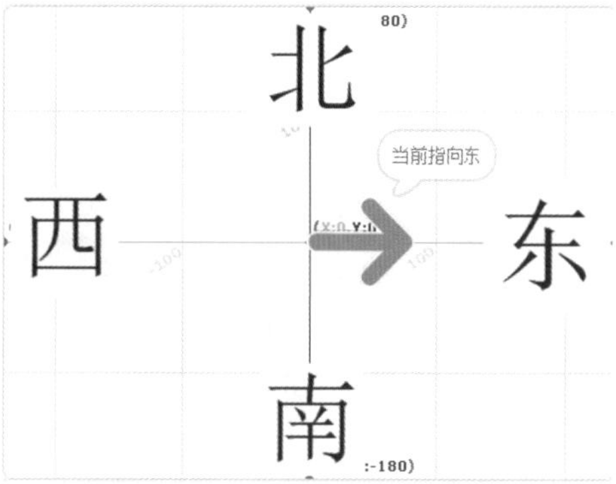

图3.20 点击角色东时提示指向东

扫一扫，看视频

实例22 广播并等待：漂亮的3分球

篮球运动中，如果站在 3 分线以外进行投篮并投中，则得 3 分。本实例演示身残自坚的轮椅篮球运动员投篮动作。点击运动员，该运动员会完成一次漂亮的 3 分投篮。本实例通过发送广播并等待积木，完成运动员与篮球之间的联动。在该例子中会使用到以下内容。

“广播消息 1 并等待”积木：该积木会广播指定的消息，然后等待。默认为“消息 1”，备用选项为“新消息”。我们可以通过新消息自定义要广播的消息。该积木的等待时间由“当接收到消息 1 积木”所在的积木组执行花费的时间决定。例如，“广播消息 1 并等待”积木发送广播后，当“接收到消息 1”积木所在积木组需要花费 5 秒，那么，“广播消息 1 并等待”积木等待的时间就是 5 秒，如图 3.21 所示。

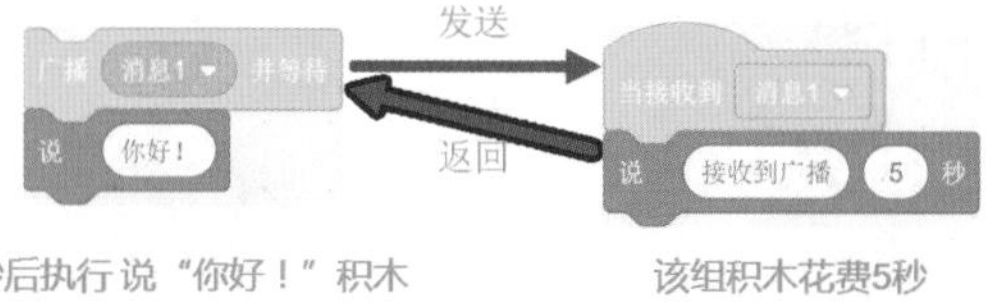

图3.21 等待时间为5秒

下面实现漂亮的 3 分球。

（1）将篮球运动角色 Andie 与篮球角色 Basketball 添加到场景 Basketball 1 中。在篮球运动角色 Andie 的造型界面中，选择造型为 andie-c。将篮球角色 Basketball 的大小设置为 60，并调整位置，如图 3.22 所示。

注意： 篮球角色Basketball会与篮球运动员andie-c造型中的篮球重合。

（2）为篮球运动角色 Andie 添加第 1 组积木，实现准备投篮与输出操作提示的效果，如图 3.23 所示。

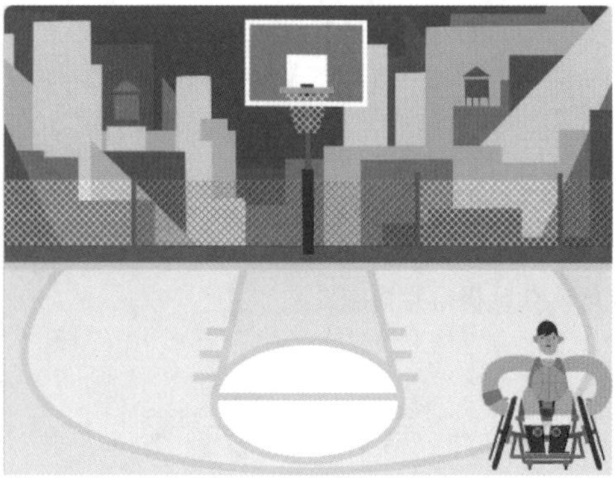

图3.22　角色与场景

图3.23　角色Andie的第1组积木

（3）为篮球运动角色 Andie 添加第 2 组积木，如图 3.24 所示。该组积木实现按下键盘上的 d 键投篮并欢呼的效果。

（4）为篮球角色 Basketball 添加第 1 组积木，初始化篮球的位置，如图 3.25 所示。

图3.24　角色Andie的第2组积木

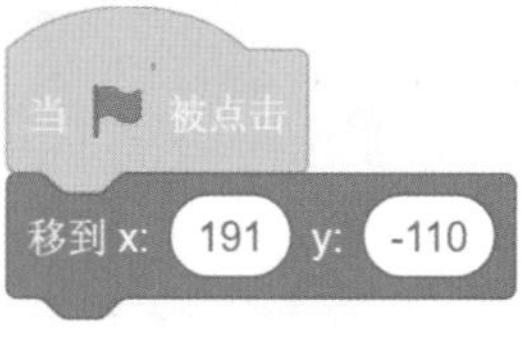

图3.25　角色Basketball的第1组积木

（5）为篮球角色 Basketball 添加第 2 组积木，实现在接收到“消息 1”后为准备投篮状态做出移动效果，如图 3.26 所示。

（6）为篮球角色 Basketball 添加第 3 组积木，实现在接收到消息“投篮”后，篮球飞向篮筐并落地，如图 3.27 所示。

图3.26 角色Basketball的第2组积木

图3.27 角色Basketball的第3组积木

（7）运行程序，运动员做出准备投篮动作，如图 3.28 所示。按下 d 键篮球投出，如图 3.29 所示。

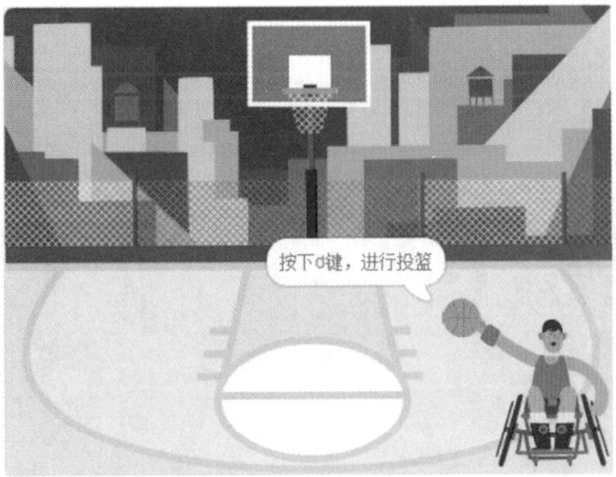

图3.28 投篮准备

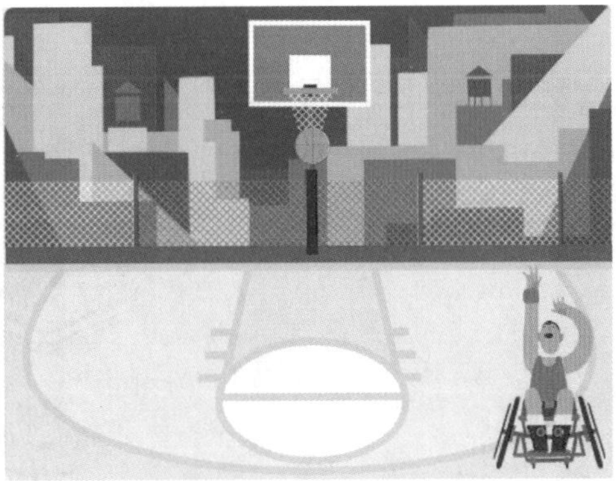

图3.29 按下d键投篮

第4章

控　制

在遇到事情时，通过正确的方式就可以控制事情发展的走向。例如，早睡早起就能使一天的精神十分充足，做事情效率高，注意力集中。Scratch提供多种与控制相关的积木，如等待、分支选择、重复执行等。本章将通过多个实例讲解这些积木的使用方法。

实例23　等待1秒：收费站

扫一扫，看视频

本实例实现一个汽车路过收费站缴费的场景。在实例中，小车遇到收费站自动停止，在交费后，点击小车，小车驶出收费站。在该例子中会使用到以下内容。

“等待 1 秒”积木：该积木可以让当前脚本等待指定时间暂不运行，默认为 1 秒。

下面实现收费站的场景。

（1）选择船桨角色 Paddle。在造型界面中使用“填充”与“轮廓”选项，将 Paddle 的颜色修改为黄色，并将旋转轴心设置在 Paddle 的底端，形成一个收费杆，如图 4.1 所示。

（2）将修改后的收费杆角色 Paddle、汽车角色 Convertible 以及收费员角色 Abby 添加到场景 Colorful City 中，并调整位置，如图 4.2 所示。

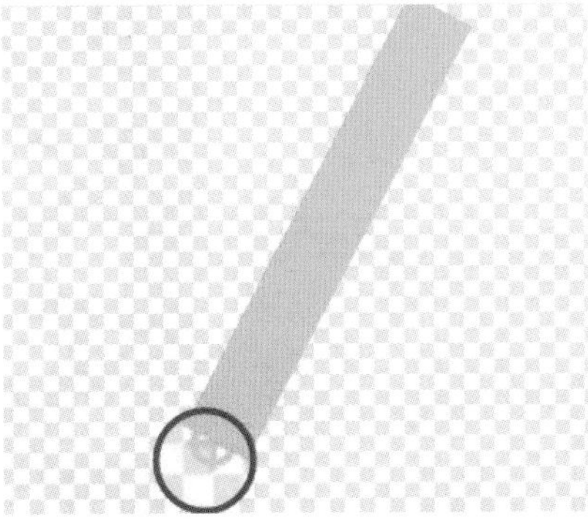

图4.1　修改角色Paddle

图4.2　角色与场景

（3）为收费员角色 Abby 添加积木，如图 4.3 所示。该组积木实现提示缴费，确认缴费成功的效果。

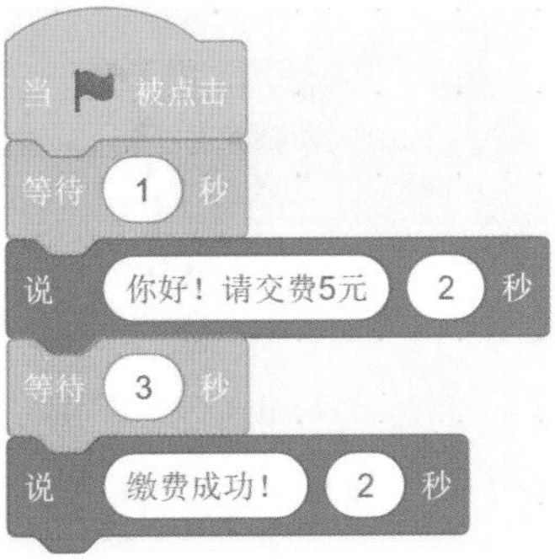

图4.3　为角色Abby添加的积木

（4）为汽车角色 Convertible 添加第 1 组积木，实现汽车行驶到收费杆前，如图 4.4 所示。

（5）为汽车角色 Convertible 添加第 2 组积木，如图 4.5 所示。该组积木实现点击汽车时汽车驶出收费站的效果。

（6）为栏杆角色 Paddle 添加积木，实现缴费成功后抬起收费杆的效果，如图 4.6 所示。

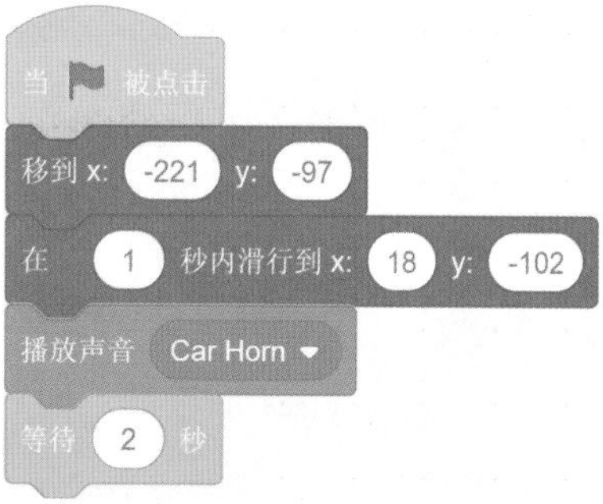

图4.4　角色Convertible的第1组积木

图4.5　角色Convertible的第2组积木

图4.6　角色Paddle的积木

（7）运行程序，小汽车会行驶到收费杆前，按下喇叭，提示收费员，如图 4.7 所示。缴费成功后，收费杆抬起。点击小汽车，小汽车驶离收费站，如图 4.8 所示。

图4.7 行驶到收费杆前

图4.8 小汽车驶离收费站

实例24 等待要求：神奇的磁铁

扫一扫，看视频

磁铁分为南北两极。北极用 N 表示，一般使用红色标记；南极用 S 表示，一般使用蓝色标记。磁铁与磁铁之间存在同极相斥、异极相吸的物理现象。本实例将演示磁铁的这个物理现象。在实例中，当磁铁的南极与北极相碰时，会出现相吸的现象；当南极与南极或北极与北极相碰时，会出现相斥现象。在该例子中会使用到以下内容。

- “颜色▢碰到▢”积木：该积木会检查某个颜色是否撞到其他颜色。如果发生碰撞，会告诉程序“颜色发生碰撞”的信息。这个信息只有程序能看到，我们是看不到的。
- “等待◇”积木：该积木菱形部分可以添加要求。当角色达到要求后，会继续执行；否则，会一直等待。例如，只有车装满后，车才会开走。装满就是车要等待的要求。
- “鼠标的 x 坐标”积木：该积木可以存放鼠标位置的 x 坐标值。
- ( )+( )积木：该积木可以让两个数值或数值类的积木进行相加，并告诉程序计算结果。

下面实现神奇的磁铁。

（1）绘制一个磁铁。依次单击“选择一个角色”按钮 |“绘制”按钮 进入造型界面。选择矩形工具□，绘制两个矩形，并调整颜色与位置。修改该角色名为 s-n，如图 4.9 所示。

（2）在角色窗口右击磁铁角色 s-n，单击“复制”命令，复制出一个新的角色，命名为“相吸 s-n”，如图 4.10 所示。然后，重复该动作，再复制一个磁铁，命名为“相斥 n-s”。在角色“相斥 s-n”的造型界面，使用选择工具，将该角色旋转 180 度，如图 4.11 所示。

S
N

图4.9　角色s-n

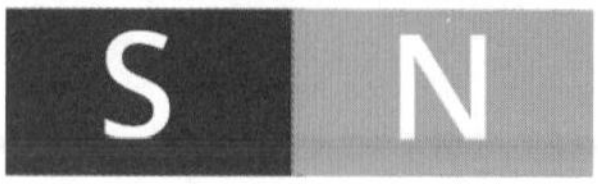
S
N

图4.10　角色“相吸s-n”

N
S

图4.11　角色“相斥n-s”

（3）将三个磁铁角色 s-n、“相吸 s-n”、“相斥 n-s”添加到场景 Blue Sky 2 中，如图 4.12 所示。

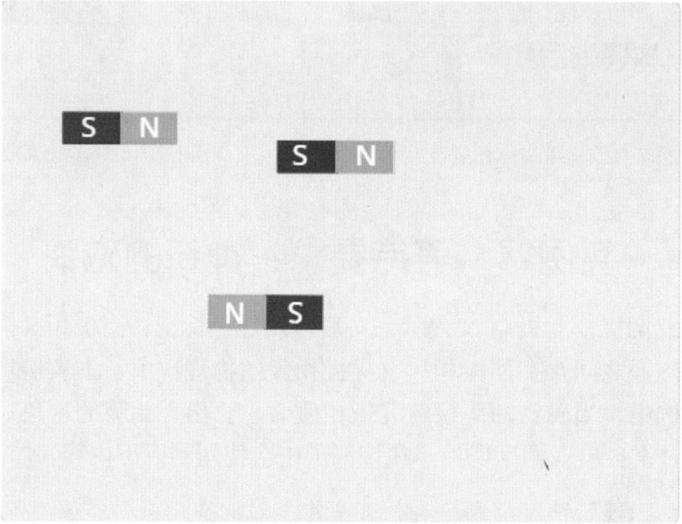
S
N
S
N
N
S

图4.12　角色与场景

（4）为角色 s-n 添加积木，实现跟随鼠标移动的效果，如图 4.13 所示。

（5）为角色“相吸 s-n”添加第 1 组积木，实现初始化该角色的位置，如图 4.14 所示。

（6）为角色“相吸 n-s”添加第 2 组积木，实现当蓝色碰到红色时，出现相吸的效果，如图 4.15 所示。

当 被点击
重复执行
移到 鼠标指针

图4.13　角色s-n的积木

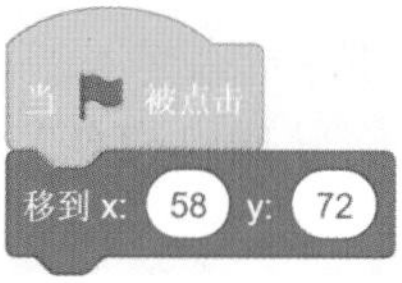
当 被点击
移到 x: 58 y: 72

图4.14　角色“相吸s-n”的第1组积木

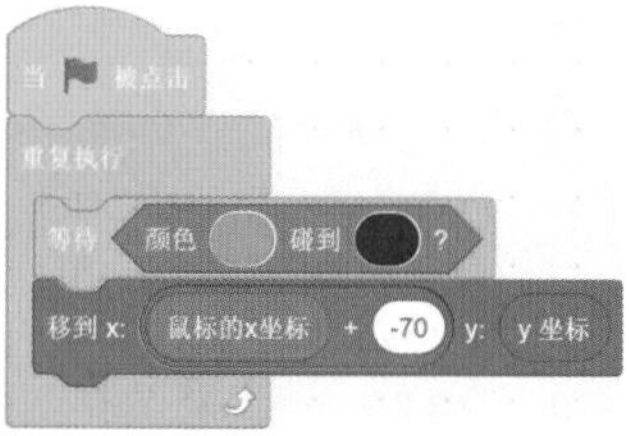
当 被点击
重复执行
等待 颜色 碰到 ?
移到 x: 鼠标的x坐标 + -70 y: y 坐标

图4.15　角色“相吸s-n”的第2组积木

（7）为角色“相吸 s-n”添加第 3 组积木，实现当红色碰到蓝色时，出现相吸的效果，如图 4.16 所示。

（8）为角色“相斥 n-s”添加第 1 组积木，实现初始化该角色的位置，如图 4.17 所示。

（9）为角色“相斥 n-s”添加第 2 组积木，实现当蓝色碰到蓝色时，出现相斥的效果，如图 4.18 所示。

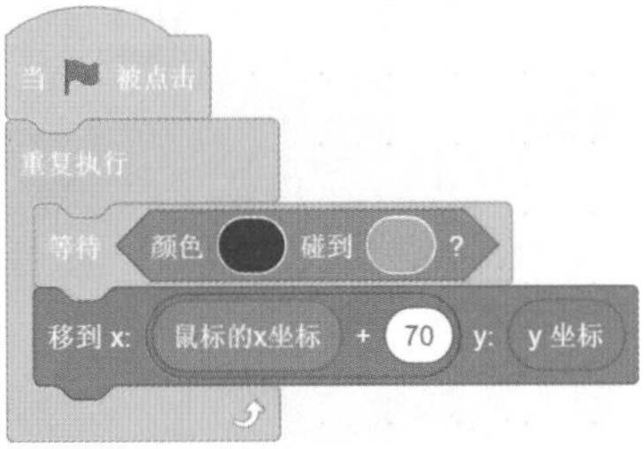
当 被点击
重复执行
等待 颜色 碰到 ?
移到 x: 鼠标的x坐标 + 70 y: y 坐标

图4.16 角色“相吸s-n”的第3组积木图

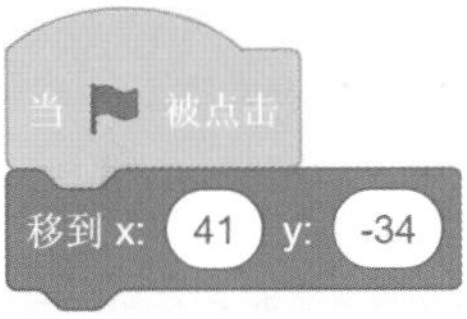
当 被点击
移到 x: 41 y: -34

4.17 角色“相斥n-s”的第1组积木

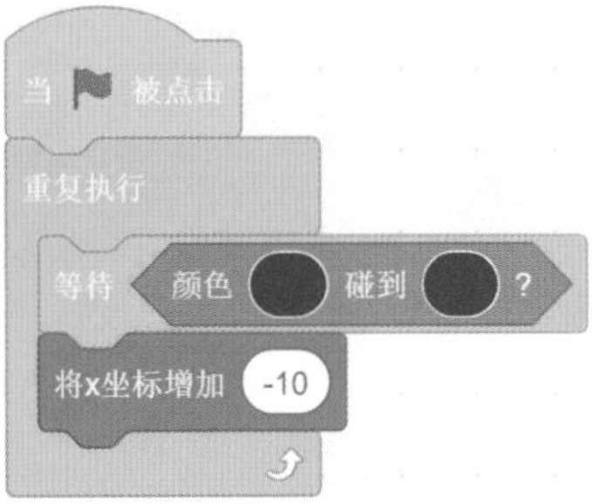
当 被点击
重复执行
等待 颜色 碰到 ?
将x坐标增加 -10

图4.18 角色“相斥n-s”的第2组积木

（10）为角色“相斥 n-s”添加第 3 组积木，实现当红色碰到红色时，出现相斥的效果，如图 4.19 所示。

（11）运行程序，角色 s-n 会跟随鼠标移动，如图 4.20 所示。当角色 s-n 的红色碰到角色“相吸 s-n”的蓝色或角色 s-n 的蓝色碰到角色“相吸 s-n”红色时，角色“相吸 s-n”会与角色 s-n 相吸，如图 4.21 所示。当角色 s-n 的红色碰到角色“相斥 n-s”的红色或角色 n-s 的蓝色碰到角色“相斥 n-s”的蓝色时，角色“相吸 s-n”会被角色n-s推开，如图4.22所示。

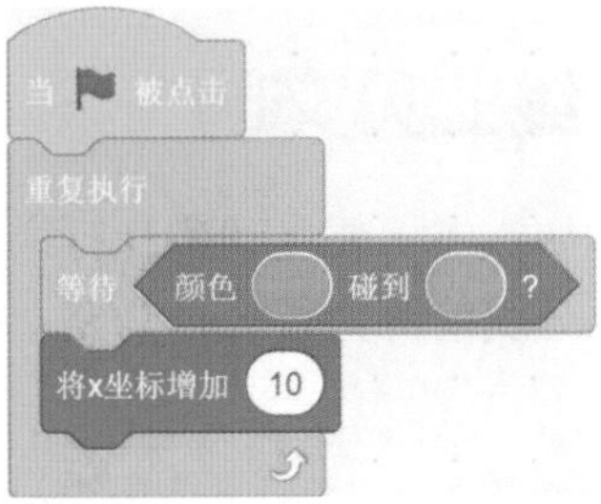
当 被点击
重复执行
等待 颜色 碰到 ?
将x坐标增加 10

图4.19 角色“相斥s-n”的第3组积木

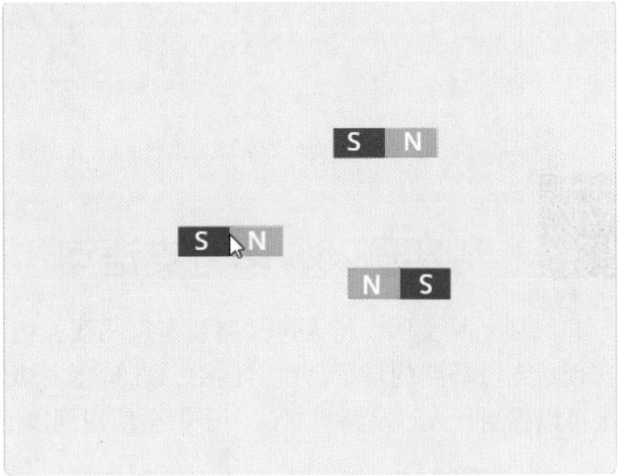
S N
S N
N S

图4.20 角色s-n跟随鼠标移动

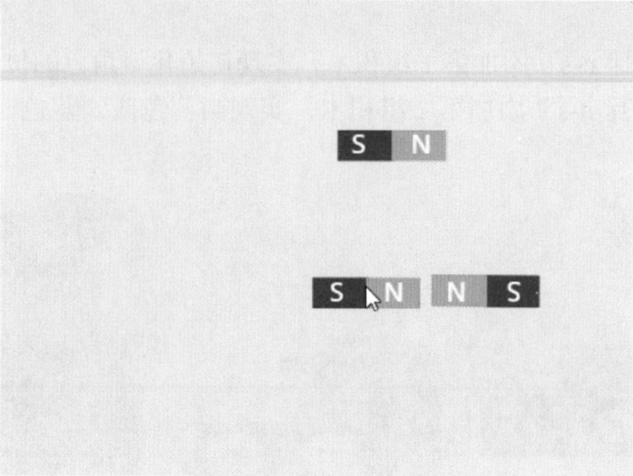

图4.21　角色n-s推开角色“相斥n-s”

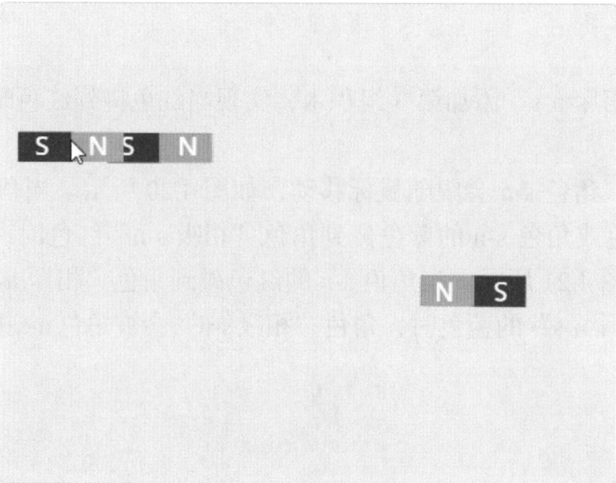

图4.22　角色s-n吸住角色“相吸s-n”

扫一扫，看视频

实例25　多分支语句：斑马线上见文明

斑马线上见文明，行人过马路要走斑马线，机动车（如汽车）要主动避让行人。本实例实现行人过马路的场景。在实例中，汽车会主动停在斑马线前等待行人过马路，按下向下键可以控制行人过马路。在该例子中会使用到以下内容。

- “如果　那么，否则”积木：该积木菱形部分可以添加要求。当角色达到要求后，会执行“那么”范围内的所有积木；如果角色没有达到要求，会执行“否则”范围

内的所有积木。例如，如果年满 18 岁，“那么”属于成人，“否则”属于未成年人。

- “○<50”积木：该积木椭圆形部分可以添加一个数字或数字类型的积木，可以判断添加的数字或积木的值是否小于默认值 50。默认值 50 可以修改。
- “y 坐标”积木：该积木用于存放当前角色的 y 轴坐标值，也就是角色的垂直方向的位置。

下面实现斑马线上见文明。

（1）将汽车角色 Convertible 与行人角色 Ben 添加到背景 Urban2 中，设置汽车的大小为 200，方向为 96。调整位置后如图 4.23 所示。

图4.23　角色与背景

（2）为汽车角色 Convertible 添加第 1 组积木，实现汽车移动到斑马线前等待行人过马路，并广播“消息 1”，如图 4.24 所示。

（3）为汽车角色 Convertible 添加第 2 组积木，如图 4.25 所示。该组积木实现接收到“消息 2”后驾驶汽车正常通过斑马线。

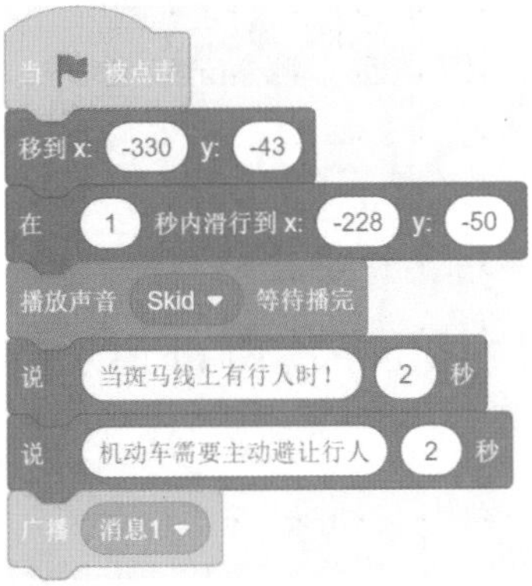

图4.24　Convertible的第1组积木

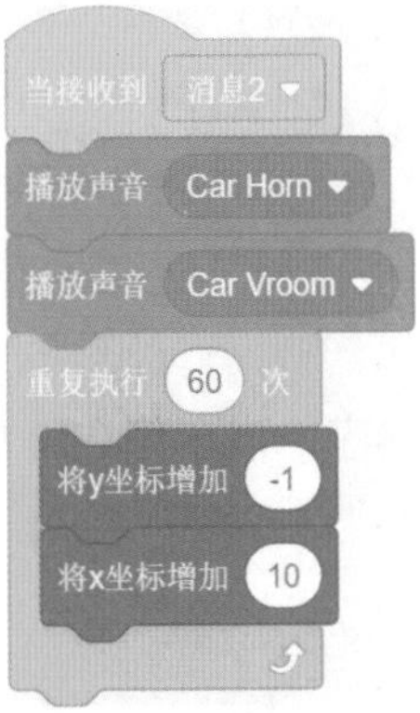

图4.25　Convertible的第2组积木

（4）为行人角色 Ben 添加第 1 组积木，实现初始化位置并等待，如图 4.26 所示。

（5）为行人角色 Ben 添加第 2 组积木，用于接收到“消息 1”后展示提示信息，如图 4.27 所示。

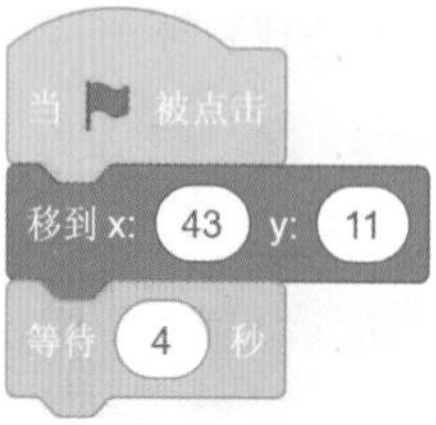
当 被点击
移到 x: 43 y: 11
等待 4 秒

图4.26　Ben的第1组积木

当接收到 消息1
说 按向下键，过马路！ 2 秒

图4.27　Ben的第2组积木

（6）为行人角色 Ben 添加第 3 组积木，实现按向下方向键行人过马路，并同时不断判断行人的位置是否已经安全通过马路，如果通过了马路，广播“消息 2”，如图 4.28 所示。

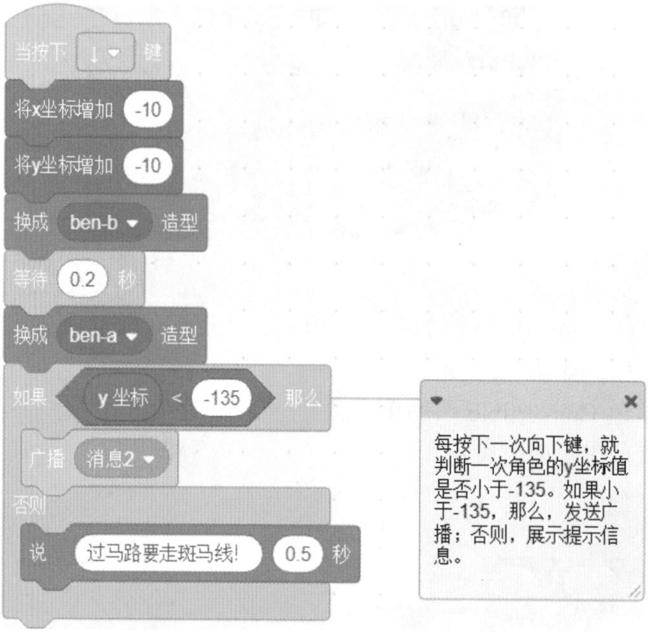
当按下 ↓ 键
将x坐标增加 -10
将y坐标增加 -10
换成 ben-b 造型
等待 0.2 秒
换成 ben-a 造型
如果 y 坐标 < -135 那么
广播 消息2
否则
说 过马路要走斑马线! 0.5 秒
每按下一次向下键，就判断一次角色的y坐标值是否小于-135。如果小于-135，那么，发送广播；否则，展示提示信息。

图4.28　Ben的第3组积木

（7）运行程序，汽车停在斑马线前，如图 4.29 所示。按下向下的方向键，实现行人过马路，如图 4.30 所示。

机动车需要主动避让行人

图4.29 汽车避让行人

过马路要走斑马线！

图4.30 行人通过斑马线过马路

实例26 判断语句：不要坐陌生人的车

扫一扫，看视频

在生活中，一定要有必要的安全常识，不要乘坐陌生人的车。本实例演示拒绝乘坐陌生人的车的场景。在实例中可以通过向右的方向键控制汽车的移动，然后展示陌生人与小女孩的对话。在该例子中会使用到以下内容。

- “如果◆那么”积木：该积木菱形部分可以添加要求。当角色达到要求后，会执行该积木范围内的所有积木。例如，如果年满 6 岁，就可以上小学。这里的“年满 6 岁”就是条件。
- “○=50”积木：该积木椭圆形部分可以添加一个数字或数字类型的积木，可以判断添加的数字或积木的值是否与默认值 50 相等，默认值 50 可以修改。
- “x 坐标”积木：该积木用于存放当前角色的 x 坐标值，也就是角色的水平方向的位置。

下面实现不要坐陌生人的车的场景。

（1）为汽车角色 Convertible 2 添加一个驾驶员。首先，在角色 Ben 的造型中，使用选择工具选中 Ben 的头部，单击“复制”命令。然后，在汽车角色 Convertible 2 的造型界面中，单击“粘贴”命令，并使用选择工具修改 Ben 头部的大小和位置。然后，单击“放到后面”命令，如图 4.31 所示。最后，删除角色 Ben。

图4.31 拥有驾驶员的汽车

（2）将修改后的汽车角色 Convertible 2 与小女孩角色 Fairy 添加到场景 Night City With Street2 中。设置小女孩角色 Fairy 大小为 30，并调整位置，如图 4.32 所示。

图4.32　角色与场景

（3）为汽车角色 Convertible 2 添加第 1 组积木，实现初始化位置与播放背景音效，如图 4.33 所示。

（4）为汽车角色 Convertible 2 添加第 2 组积木，实现按下向右键播放背景音乐的效果，如图 4.34 所示。

图4.33　Convertible 2的第1组积木

图4.34　Convertible 2的第2组积木

（5）为汽车角色 Convertible 2 添加第 3 组积木，实现控制汽车移动、交谈以及驶离的效果，如图 4.35 所示。

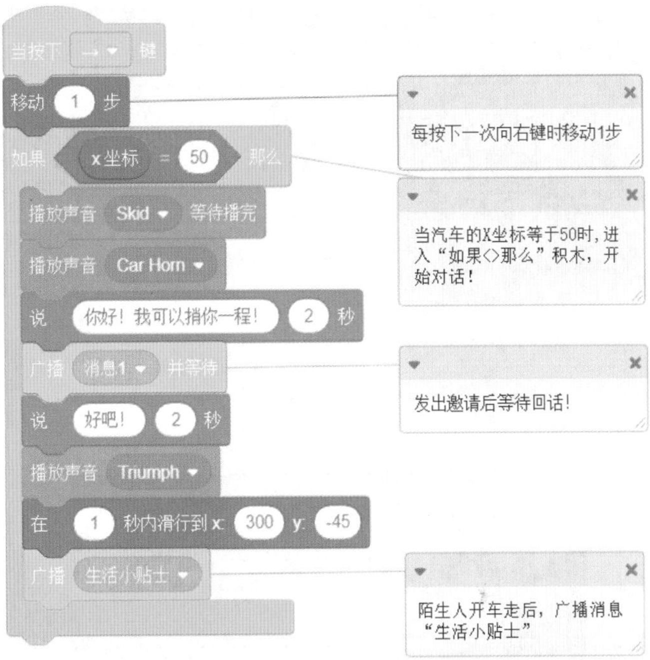
当按下 → 键
移动 1 步
如果 x坐标 = 50 那么
播放声音 Skid 等待播完
播放声音 Car Horn
说 你好！我可以捎你一程！ 2 秒
广播 消息1 并等待
说 好吧！ 2 秒
播放声音 Triumph
在 1 秒内滑行到 x: 300 y: -45
广播 生活小贴士
每按下一次向右键时移动1步
当汽车的X坐标等于50时，进入“如果<>那么”积木，开始对话！
发出邀请后等待回话！
陌生人开车走后，广播消息“生活小贴士”

图4.35　Convertible 2的第3组积木

（6）为小女孩角色 Fairy 添加第 1 组积木，实现对话角色搭乘陌生人的车，如图 4.36 所示。

（7）为小女孩角色 Fairy 添加第 2 组积木，实现温馨提示，如图 4.37 所示。

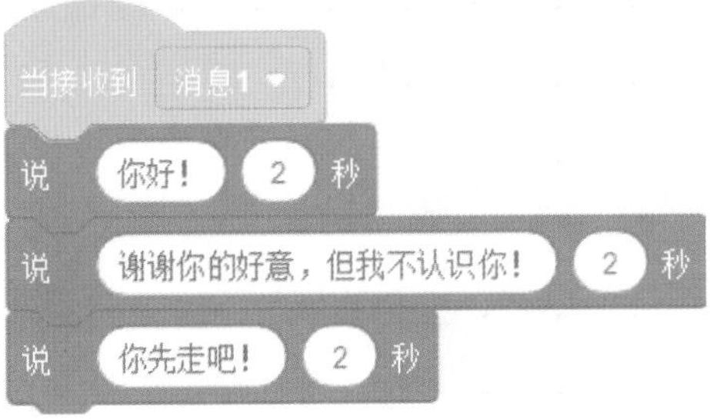
当接收到 消息1
说 你好！ 2 秒
说 谢谢你的好意，但我不认识你！ 2 秒
说 你先走吧！ 2 秒

图4.36　Fairy的第1组积木

当接收到 生活小贴士
说 出门在外，千万不要坐陌生人的车！ 5 秒

图4.37　Fairy的第2组积木

（8）运行程序，当按下方向右键时，汽车会向右移动，如图 4.38 所示。当汽车移动到小女孩身边时开始交谈，如图 4.39 所示。当小女孩拒绝坐车后，汽车驶离，显示提示信息，如图 4.40 所示。

图4.38　汽车移动

你好！

图4.39　发生交谈

出门在外，千万不要坐陌生人的车！

图4.40　生活小贴士

扫一扫，看视频

实例27　重复执行：青蛙变王子

本实例实现青蛙变王子。在实例中，需要你拾取魔法师的魔法棒，然后点击青蛙，将青蛙变为王子。在该例子中会使用到以下内容。

“重复执行”积木：该积木可以让其范围内的脚本不断重复执行。

下面实现青蛙变王子的游戏。

（1）将青蛙角色 Wizard-toad、魔法棒角色 Wand 以及魔法师角色 Wizard 添加到场景 Woods 中，设置青蛙角色 Wizard-toad 的大小为 50，然后调整所有角色的位置，如图 4.41 所示。

图4.41 角色与场景

（2）为青蛙添加王子造型。在 Wizard-toad 的造型中，右击 wizard-toad-a 造型，单击“复制”命令，复制出一个新造型 wizard-toad-a2。在 wizard-toad-a2 中，删除所有内容。然后，在角色窗口中添加一个王子角色 Prince，并复制该角色。选中青蛙角色的 wizard-toad-a2 造型，单击“粘贴”命令，这样 wizard-toad-a 造型就会显示为王子，如图 4.42 所示。最后，删除王子角色 Prince。

（3）为青蛙角色 Wizard-toad 添加第 1 组积木，实现青蛙移动并求救的效果，如图 4.43 所示。

图4.42 为青蛙添加王子造型

图4.43 Wizard-toad的第1组积木

（4）为青蛙角色 Wizard-toad 添加第 2 组积木，如图 4.44 所示。该组积木实现当青蛙被点击后切换为王子造型并道谢。

（5）为魔法师角色 Wizard 添加积木，通过对话提示玩家使用魔法棒，如图 4.45 所示。

图4.44　Wizard-toad的第2组积木

图4.45　Wizard的积木

（6）为魔法棒角色 Wand 添加第 1 组积木，实现设置魔法棒初始位置，如图 4.46 所示。

（7）为魔法棒角色 Wand 添加第 2 组积木，实现点击魔法棒，魔法棒跟随鼠标移动，如图 4.47 所示。

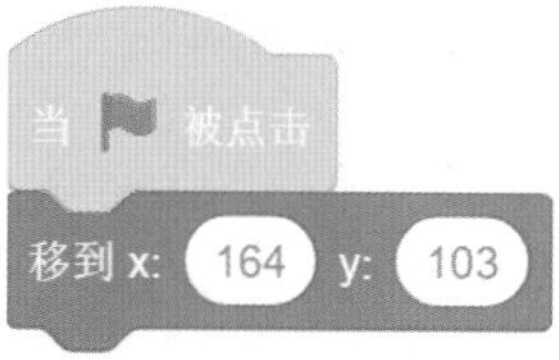

图4.46　Wand的第1组积木

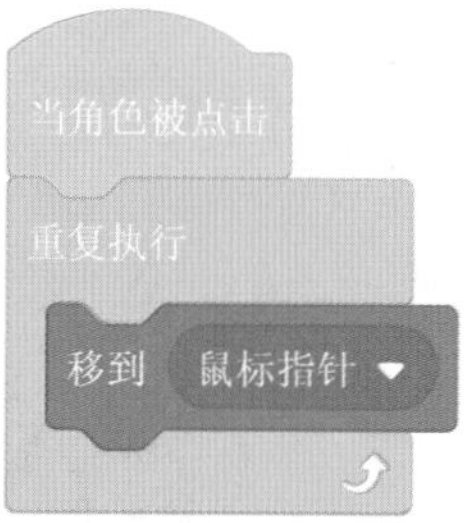

图4.47　Wand的第2组积木

（8）运行程序。青蛙会一边蹦一边求助，魔法师会通过对话框展示提示信息，如图 4.48 所示。玩家需要拾取魔法棒，然后点击青蛙，青蛙变成王子，如图 4.49 所示。

拿起魔法棒！点击青蛙
谁能帮帮我！

图4.48 青蛙求救于魔法师的提示

快点拯救他吧！
谢谢你拯救我！

图4.49 王子得救

实例28 重复执行指定次数：捕鱼达人

扫一扫，看视频

本实例实现捕鱼游戏。在本实例中，鱼会随机出现。当点击到鱼时，鱼切换为自定义造型表示被捉到。在该例子中会使用到以下内容。

“重复执行 10 次”积木：该积木可以其范围内的脚本重复执行指定次数，默认为 10 次。

下面实现抓住小猫的游戏。

（1）在 Fish 的造型中，右击 fish-a 造型，单击“复制”命令，复制出一个新造型 fish-a2。在 fish-a2 中，删除所有内容，然后使用矩形工具□与文本工具T绘制一个造型，如图 4.50 所示。

（2）将鱼角色 Fish 添加到场景 Underwater 1 中，并调整位置，如图 4.51 所示。

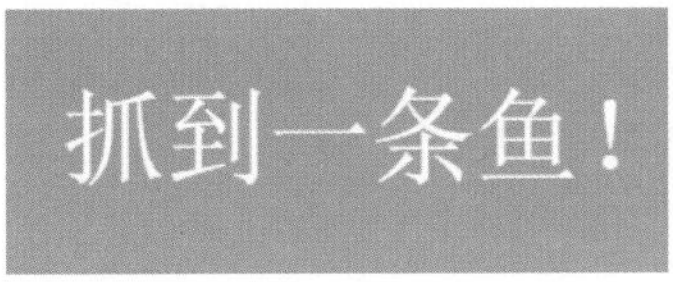
抓到一条鱼！

图4.50 自定义造型

图4.51 角色与场景

（3）为鱼角色 Fish 添加第 1 组积木，实现鱼出现在随机位置，如图 4.52 所示。

（4）为鱼角色 Fish 添加第 2 组积木，如图 4.53 所示。该组积木实现点击鱼，鱼会切换造型。

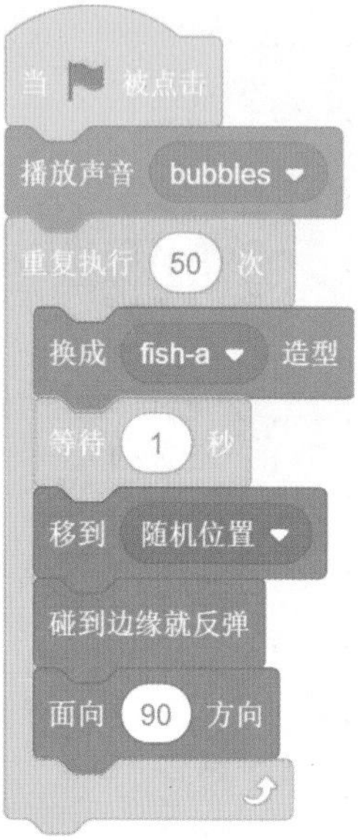

图4.52　Fish的第1组积木

图4.53　Fish的第2组积木

（5）运行程序，鱼会出现在随机位置，如图 4.54 所示。当点中鱼时，鱼会切换造型表示被抓到，如图 4.55 所示。

图4.54　鱼出现在随机位置

图4.55　鱼切换造型

实例29 重复循环直到：幸运大转盘

扫一扫，看视频

很多商场中经常会举办幸运大转盘的抽奖活动。本实例将实现一个简单的大转盘抽奖活动。当点击转盘时，将开始抽奖；按下空格键就可以查看抽奖结果。在该例子中会使用到以下内容。

- “重复执行直到◆”积木：该积木会重复执行其范围内的所有积木，直到满足要求后停止循环。
- ◆与◆积木：该积木的两个菱形部分可以添加两个要求。该积木可以判断添加的这两个要求是否全部达到。如果达到要求，则告诉程序要求达到。
- “◯>50”积木：该积木椭圆形部分可以添加一个数字或数字类型的积木，用于判断添加的数字或积木的值是否大于默认值50。其中，默认值50是可以修改的。

下面实现幸运大转盘抽奖活动。

（1）在大转盘角色Sun的造型界面中，使用线段工具／、圆形工具○与文本工具T绘制一个大转盘，如图4.56所示。

（2）将大转盘角色Sun、箭头角色Arrow1、活动举办人员角色Singer1以及转盘支架角色Paddle添加到背景Urban中，并调整位置，如图4.57所示。

图4.56 大转盘角色Sun

图4.57 角色与背景

（3）为大转盘角色Sun添加积木，实现点击转盘开始抽奖，按下空格键显示抽奖结果，如图4.58所示。

（4）为活动举办人员角色Singer1添加积木，用于显示玩法，如图4.59所示。

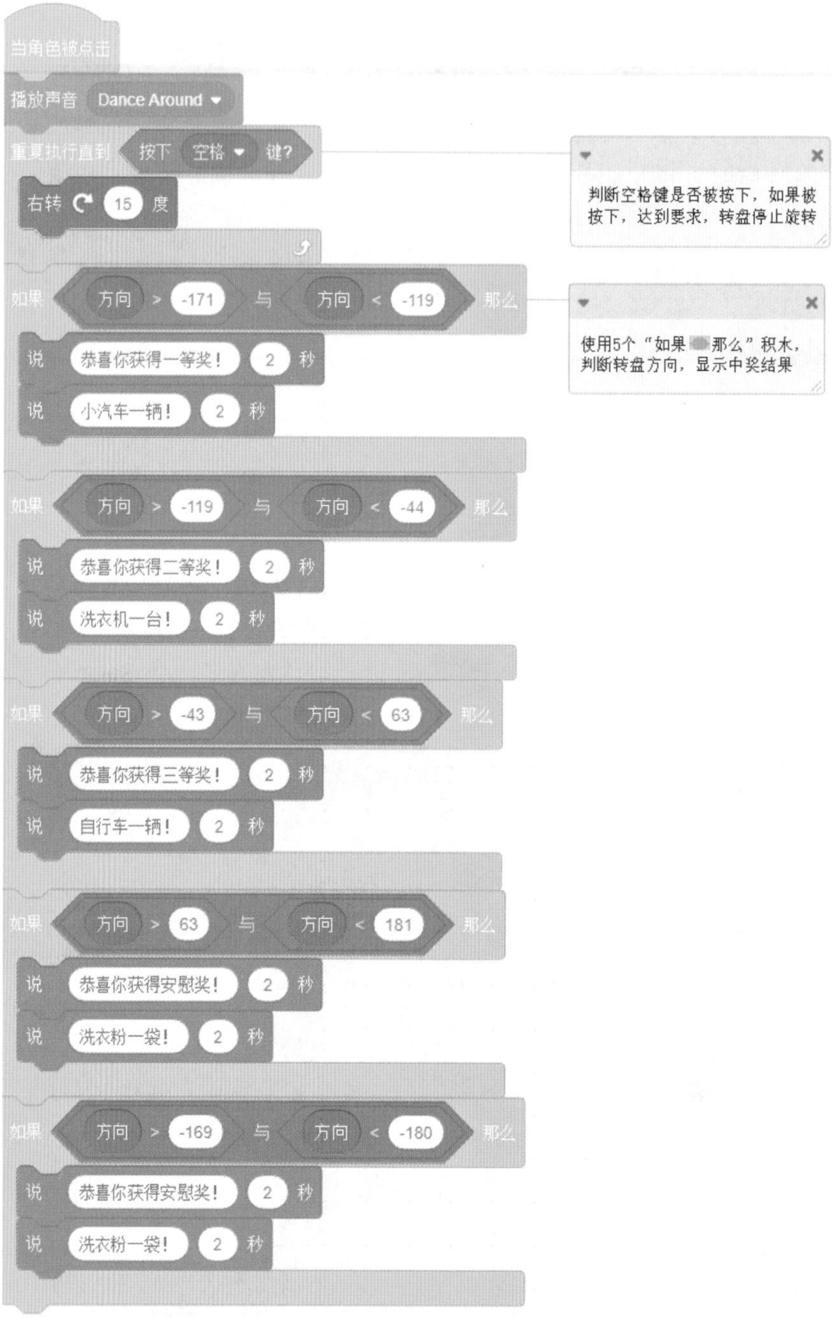

当角色被点击
播放声音 Dance Around
重复执行直到 按下 空格 键?
右转 15 度
判断空格键是否被按下，如果被按下，达到要求，转盘停止旋转
如果 方向 > -171 与 方向 < -119 那么
说 恭喜你获得一等奖！ 2 秒
说 小汽车一辆！ 2 秒
使用5个“如果 那么”积木，判断转盘方向，显示中奖结果
如果 方向 > -119 与 方向 < -44 那么
说 恭喜你获得二等奖！ 2 秒
说 洗衣机一台！ 2 秒
如果 方向 > -43 与 方向 < 63 那么
说 恭喜你获得三等奖！ 2 秒
说 自行车一辆！ 2 秒
如果 方向 > 63 与 方向 < 181 那么
说 恭喜你获得安慰奖！ 2 秒
说 洗衣粉一袋！ 2 秒
如果 方向 > -169 与 方向 < -180 那么
说 恭喜你获得安慰奖！ 2 秒
说 洗衣粉一袋！ 2 秒

图4.58　Sun的积木

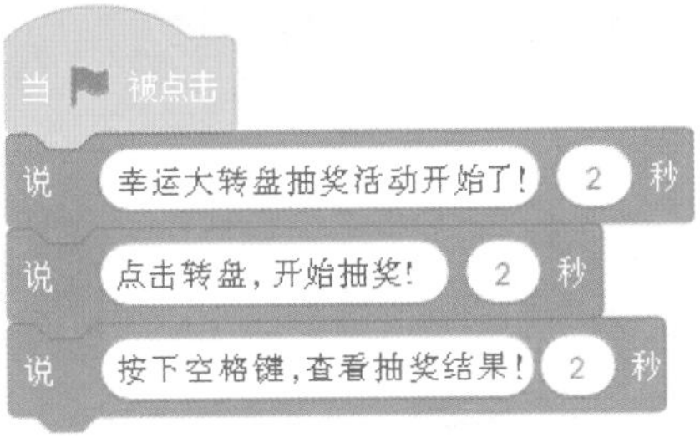
当 被点击
说 幸运大转盘抽奖活动开始了! 2 秒
说 点击转盘，开始抽奖! 2 秒
说 按下空格键，查看抽奖结果! 2 秒

图4.59 Singer1的积木

（5）运行程序，活动举办人员通过对话框提示玩法，如图 4.60 所示。当点击转盘时，转盘开始转动；当按下空格键时，显示抽奖结果，如图 4.61 所示。

幸运大转盘抽奖活动开始了!

图4.60 提示抽奖玩法

恭喜你获得二等奖!

图4.61 显示抽奖结果

实例30 重复执行与分支语句：走动的钟表

扫一扫，看视频

钟表的秒针旋转 360 度就是 1 分钟，分针旋转 360 度就是 1 个小时，时针旋转 360 度就是 12 个小时。本实例将实现一个走动的钟表。通过重复执行与分支语句，将秒针、分针、时针形成串联。在该例子中会使用到以下内容。

“重复执行”积木与“如果 那么”积木混用：重复执行与分支语句混合使用可以在实现大量重复的前提下，按要求跳出重复执行。

下面实现走动的钟表。

（1）选择角色 Sun，在其造型界面中使用圆形工具绘制一个表盘中心点，并复制 Earth 与 Planet2 的造型作为表盘背景，如图 4.62 所示。

（2）基于角色 Line 制作一个秒针。添加角色 Line 后，使用变形工具将其修改为上窄下宽的造型，并使用选择工具将其旋转轴心调整至尾端，如图 4.63 所示。

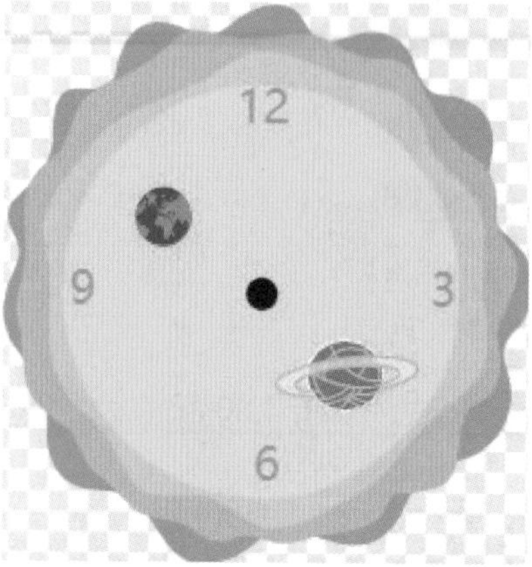

图4.62　自定义表盘

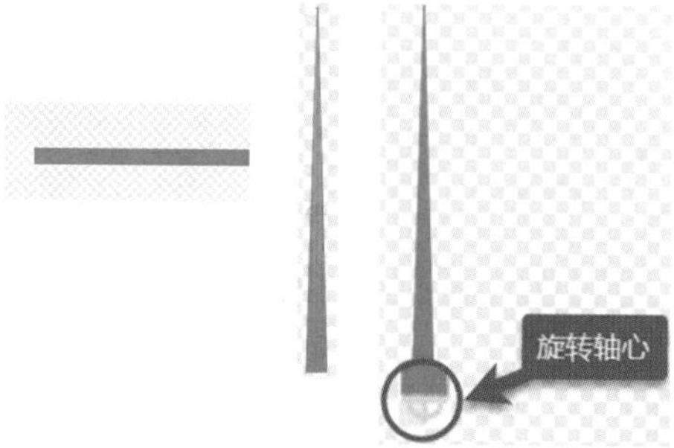

图4.63　秒针

（3）在角色窗口依次单击“选择角色”按钮 |“绘制”按钮进入造型界面。使用矩形工具绘制时针角色，并使用选择工具将其旋转轴心调整至尾端，如图 4.64 所示。使用同样的方法，绘制分针角色，如图 4.65 所示。

（4）将角色表盘、秒针角色 Line、时针、分针添加到背景 Light 中，并调整位置，如图 4.66 所示。

（5）依次为秒针角色 Line、时针、分针分别添加第 1 组积木，实现秒针、分针、时针指向 12，如图 4.67 所示。

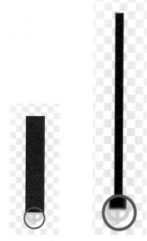

图4.64　时针

图4.65　分针

图4.66　表盘与秒针

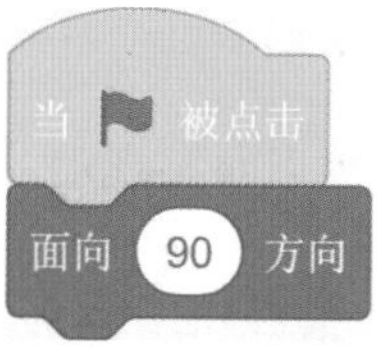

图4.67　Line、时针、分针的第1组积木

（6）制作一个表针走动的声音。在秒针角色 Line 的声音界面中，单击“选择一个声音”按钮，添加声音 Clock Ticking。使用鼠标选择 2 秒的声音，单击“新拷贝”按钮，复制出一个新的声音 Clock Ticking2，如图 4.68 所示。

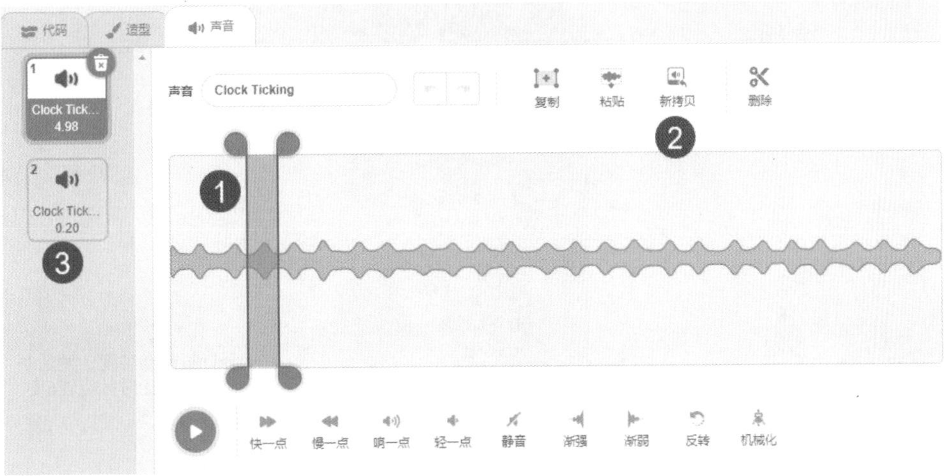

图4.68 制作表针走动的声音

（7）选中 Clock Ticking2，并将其拖动到分针上方，实现将 Clock Ticking2 复制到分针角色中，如图 4.69 所示。同法，将 Clock Ticking2 复制到时针角色中。

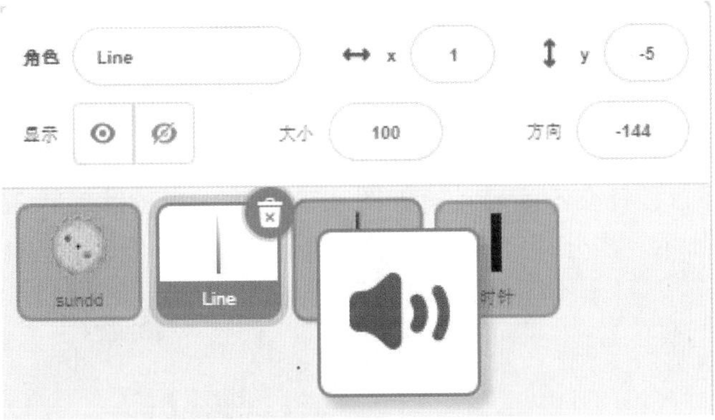

图4.69 通过拖动复制声音

（8）为秒针角色 Line 添加第 2 组积木，实现每秒旋转 6 度。当方向指向 84 度时，发送消息“分针”，如图 4.70 所示。

（9）为分针添加第 2 组积木，实现当接收到消息“分针”后旋转 6 度。并且，当分针每旋转 72 度后发送 1 次消息“时针”，如图 4.71 所示。

图4.70 秒针角色Line的第2组积木

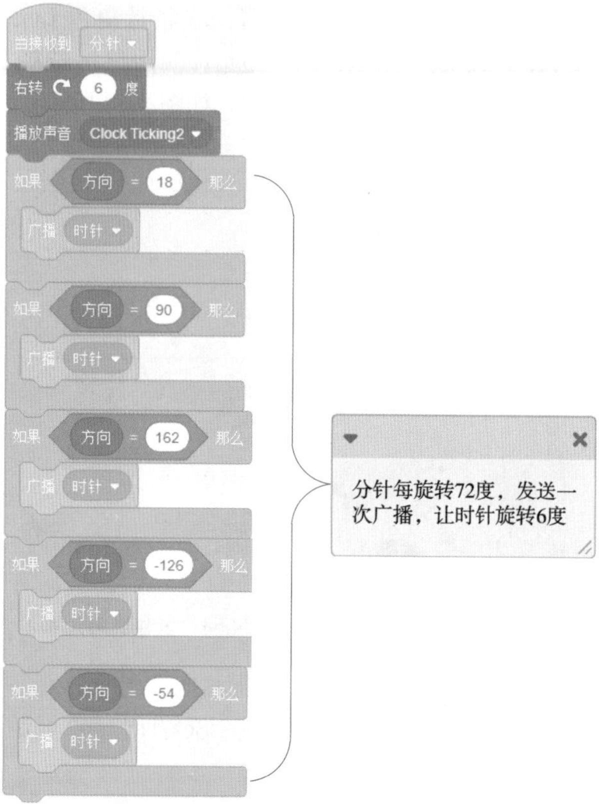

图4.71 分针的第2组积木

（10）为时针添加第2组积木，实现当接收到消息“时针”后旋转6度，如图4.72所示。

（11）运行程序，秒针会不断转动，如图4.73所示。当秒针旋转360度后，分针会旋转6度，如图4.74所示。当分针旋转72度后，时针会旋转6度，如图4.75所示。

图4.72 时针的第2组积木

图4.73 秒针旋转

图4.74 分针旋转6度

图4.75 时针旋转6度

实例31 克隆：植树节植树

扫一扫，看视频

每年的 3 月 12 号是我国的植树节。植树不仅可以美化我们的家园，同时还可以改善我们生活的气候。本实例演示如何植树。实例通过克隆方式不断形成新的树苗，用于种植。在该例子中会使用到以下内容。

- "克隆自己"积木：该积木克隆当前角色。
- "停止全部脚本"积木：该积木会停止指定的脚本，默认为全部脚本。备选项为这个脚本与该角色的其他脚本。

下面实现植树节植树的效果。

（1）在角色窗口中依次单击"选择一个角色"按钮 |"绘制"按钮，进入造型界面。使用圆形工具与变形工具绘制土坑角色的 3 个造型，如图 4.76 所示。

图4.76 土坑角色的3个造型

（2）在水桶角色 Takeout 的 takeout-c 造型中，选中叉子，单击"复制"按钮。在角色窗口中，依次单击"选择一个角色"按钮 |"绘制"按钮进入造型界面。单击"粘贴"按钮，将复制的叉子粘贴到新角色铲子中。然后，改变铲子的外形与颜色，并调整铲子的角度与旋转中心点，如图 4.77 所示。

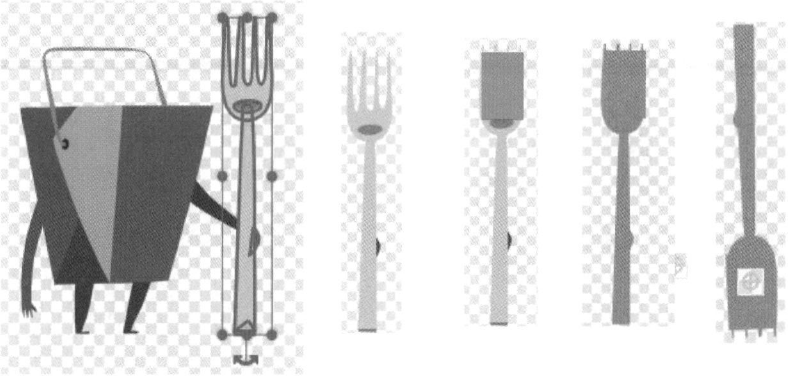

（a）　　（b）　　（c）　　（d）　　（e）

图4.77　绘制角色铲子

（3）将卡车角色 Truck、树苗角色 Trees、水桶角色 Takeout、土坑角色以及铲子角色添加到背景 Jurassic 中，并调整位置，如图 4.78 所示。

（4）为卡车角色 Truck 添加积木，实现提示植树节的日期并广播消息“铲子”，如图 4.79 所示。

图4.78　角色与背景

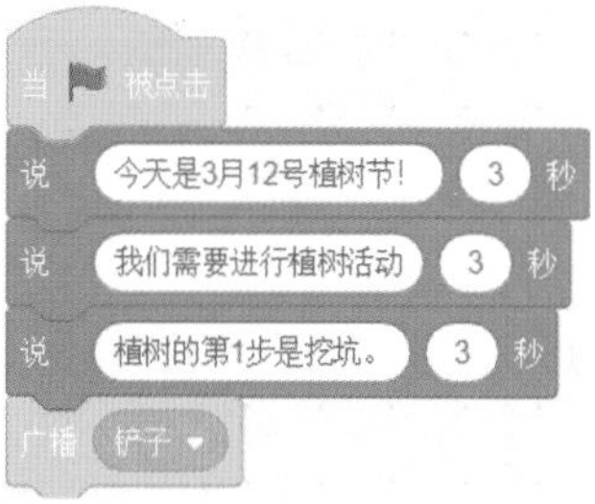

图4.79　为角色Truck添加积木

（5）为铲子角色添加第 1 组积木，实现初始化铲子的位置，如图 4.80 所示。

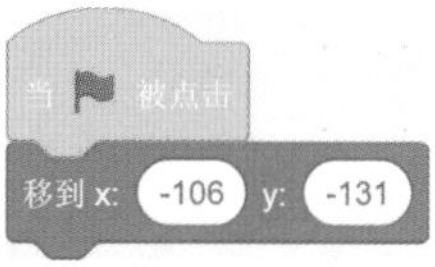

图4.80　铲子角色的第1组积木

（6）为铲子角色添加第 2 组积木，实现当接收到消息“铲子”后展示提示信息，如图 4.81 所示。

（7）为铲子角色添加第 3 组积木，如图 4.82 所示。该组积木实现当点击铲子后，铲子会跟随鼠标移动产生挖坑效果，并广播消息“挖坑”。

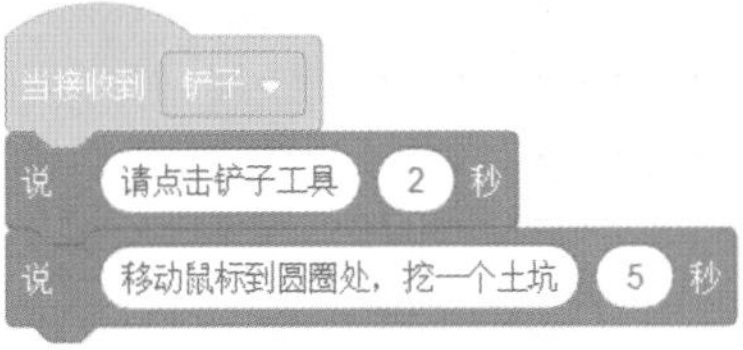

图4.81 铲子角色的第2组积木

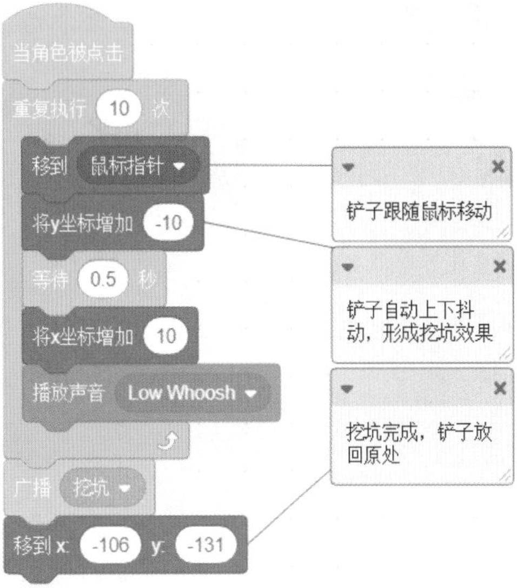

图4.82 铲子角色的第3组积木

（8）为土坑角色添加第 1 组积木，实现初始化土坑的造型，如图 4.83 所示。

（9）为土坑角色添加第 2 组积木，实现当接收到消息“挖坑”后改变造型输出提示信息并广播消息“种树”，如图 4.84 所示。

（10）为土坑角色添加第 3 组积木，实现当接收到消息“加水”后改变造型，如图 4.85 所示。

图4.83 土坑角色的第1组积木

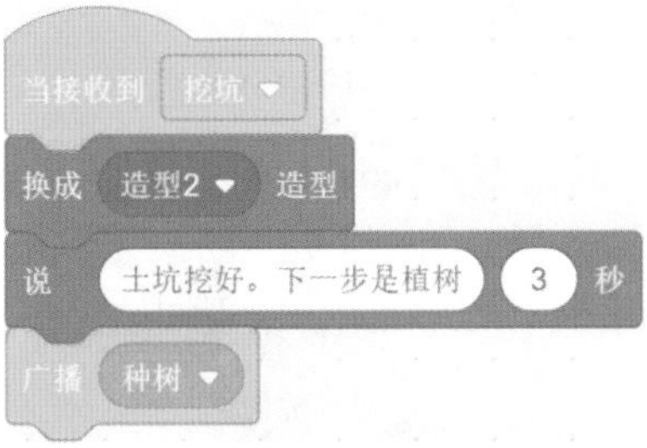

图4.84 土坑角色的第2组积木

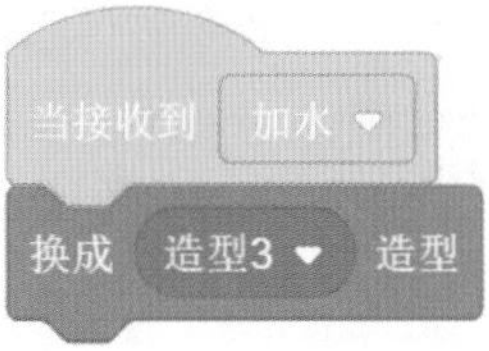

图4.85 土坑角色的第3组积木

（11）调整树苗角色 Trees 的旋转中心为树苗的根部，如图 4.86 所示。

（12）为树苗角色 Trees 添加第 1 组积木，实现初始化树苗的位置与角度，如图 4.87 所示。

（13）为树苗角色 Trees 添加第 2 组积木，实现当接收到消息后初始化树苗的位置与角度，如图 4.88 所示。

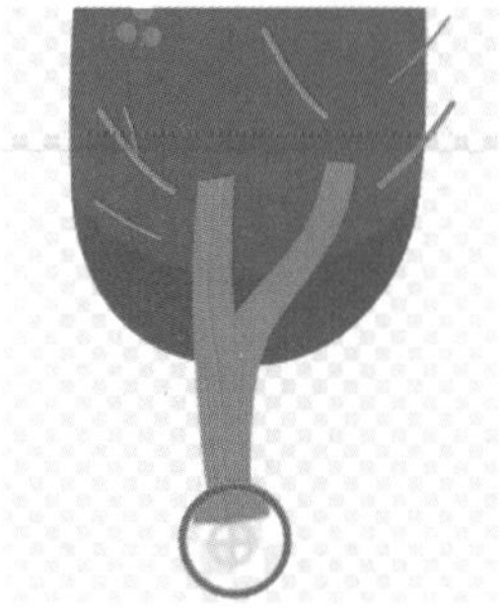
图4.86　调整旋转中心

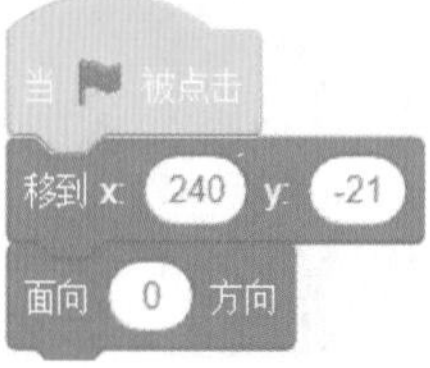
当 被点击
移到 x: 240 y: -21
面向 0 方向
图4.87　角色Trees的第1组积木

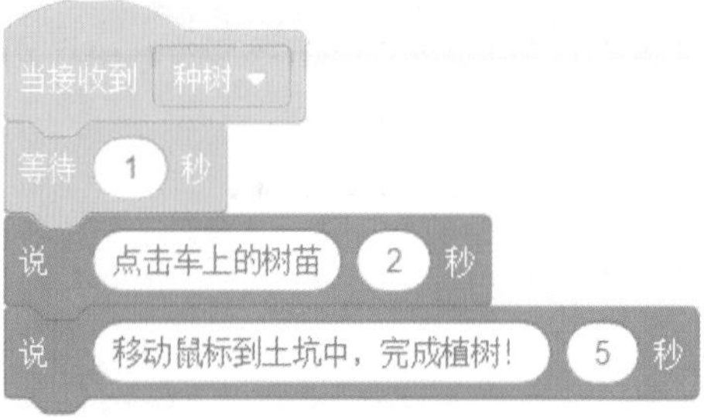
当接收到 种树
等待 1 秒
说 点击车上的树苗 2 秒
说 移动鼠标到土坑中，完成植树！ 5 秒
图4.88　角色Trees的第2组积木

（14）为树苗角色 Trees 添加第 3 组积木，实现点击树苗，克隆树苗到土坑中，如图 4.89 所示。

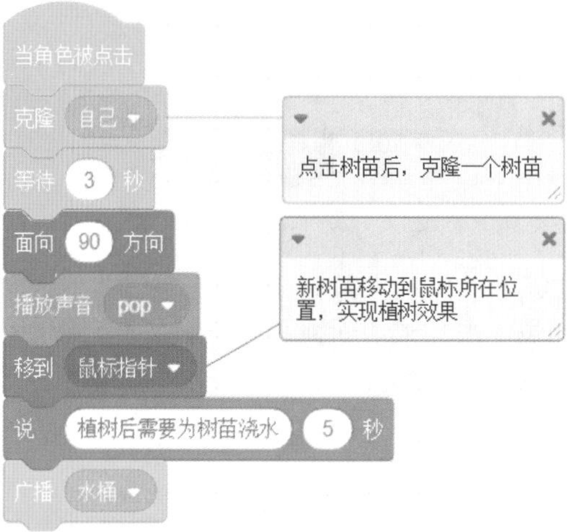
当角色被点击
克隆 自己
等待 3 秒
面向 90 方向
播放声音 pop
移到 鼠标指针
说 植树后需要为树苗浇水 5 秒
广播 水桶
点击树苗后，克隆一个树苗
新树苗移动到鼠标所在位置，实现植树效果
图4.89　角色Trees的第3组积木

（15）在水桶角色 Takeout 的造型 takeout-a 中，复制一个新造型 takeout-a2，使用选择工具与画笔工具绘制倒水的造型，如图 4.90 所示。

（16）为水桶角色 Takeout 添加第 1 组积木，实现初始化水桶位置与造型，如图 4.91 所示。

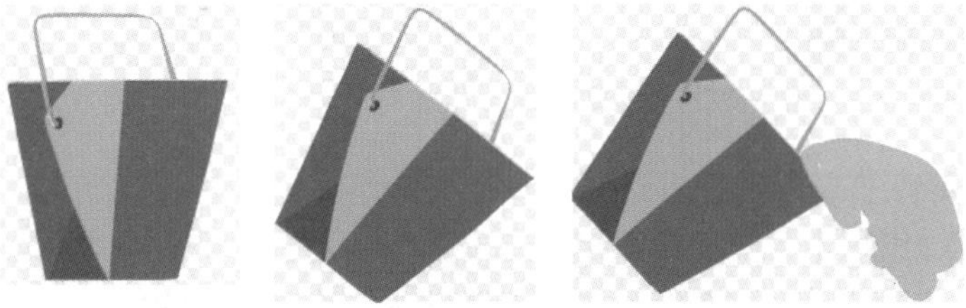
图4.90　绘制倒水造型takeout-a2

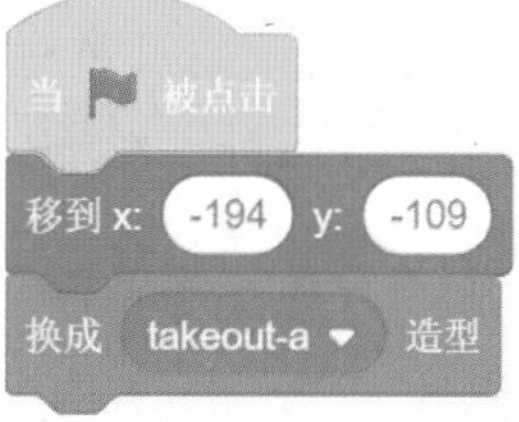
当 被点击
移到 x: -194 y: -109
换成 takeout-a 造型
图4.91　角色Takeout的第1组积木

（17）为水桶角色 Takeout 添加第 2 组积木，实现当接收到消息“水桶”后显示提示信息，如图 4.92 所示。

（18）为水桶角色 Takeout 添加第 3 组积木，实现当水桶被点击后跟随鼠标移动，当移动到坑里后，切换造型形成浇水效果，如图 4.93 所示。

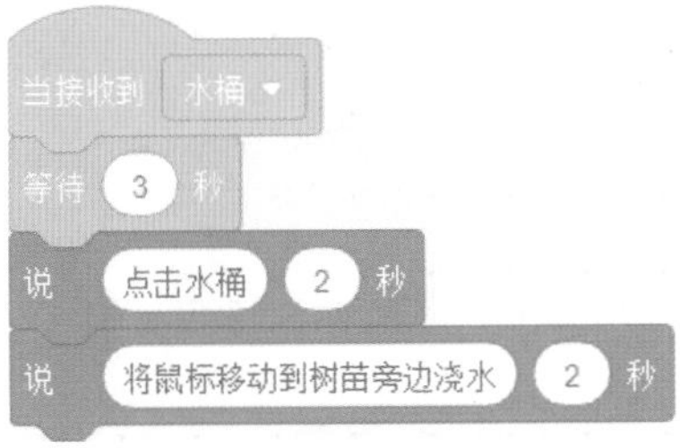
当接收到 水桶
等待 3 秒
说 点击水桶 2 秒
说 将鼠标移动到树苗旁边浇水 2 秒

图4.92 角色Takeout的第2组积木

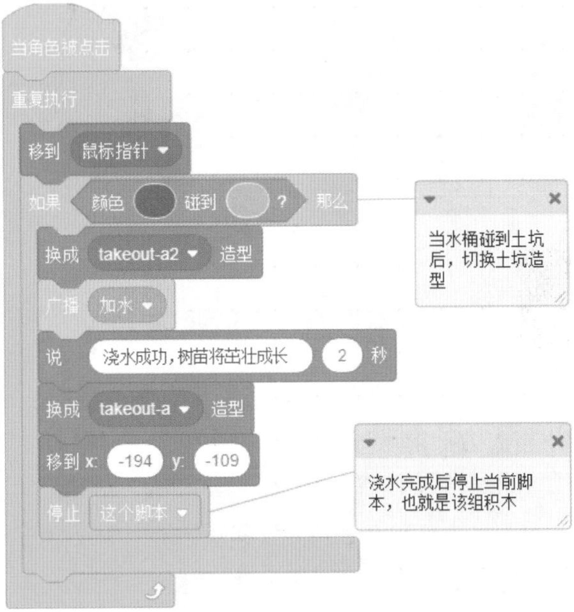
当角色被点击
重复执行
移到 鼠标指针
如果 颜色 碰到 ? 那么
换成 takeout-a2 造型
广播 加水
说 浇水成功，树苗将茁壮成长 2 秒
换成 takeout-a 造型
移到 x: -194 y: -109
停止 这个脚本
当水桶碰到土坑后，切换土坑造型
浇水完成后停止当前脚本，也就是该组积木

图4.93 角色Takeout的第3组积木

（19）运行程序，点击铲子，移动铲子到圆圈处进行挖坑，如图 4.94 所示。土坑挖好后，如图 4.95 所示。点击树苗，移动鼠标到土坑中实现植树，如图 4.96 所示。点击水桶，移动水桶到树苗处实现浇水，如图 4.97 所示。

移动鼠标到圆圈处，挖一个土坑

图4.94 使用铲子挖坑

土坑挖好。下一步是植树

图4.95 挖好土坑

图4.96　植树成功

图4.97　浇水成功

扫一扫，看视频

实例32　拖尾效果：足球小将大力抽射

当物体移动过快时就会形成拖尾效果，特别是在灯光下，效果更加明显。在本实例中，足球小将大力抽射足球，形成拖尾效果。实例通过克隆与删除克隆形成拖尾效果。在该例子中会使用到以下内容。

- “当作为克隆体启动时”积木：角色被克隆后，可以使用该积木进行操作或移动。
- “删除此克隆体”积木：该积木可以删除生成的克隆体。

下面实现拖尾效果。

（1）将足球小将角色 Ben、足球角色 Soccer Ball 添加到场景 Soccer 中，调整位置后如图 4.98 所示。

（2）为足球小将角色 Ben 添加积木，实现点击他发送消息并切换造型，如图 4.99 所示。

图4.98　角色与场景

图4.99　角色Ben的积木

（3）为足球角色 Soccer Ball 添加第 1 组积木，实现初始化足球位置，如图 4.100 所示。

（4）为足球角色 Soccer Ball 添加第 2 组积木，实现当接收到消息 1 后，足球发生旋转，如图 4.101 所示。

（5）为足球角色 Soccer Ball 添加第 3 组积木，实现复制足球，并将原生足球射向球网中，如图 4.102 所示。

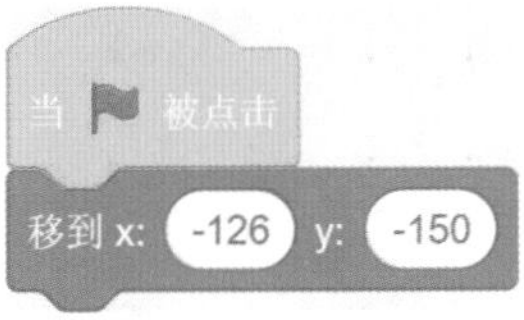

图4.100 角色Soccer Ball的第1组积木

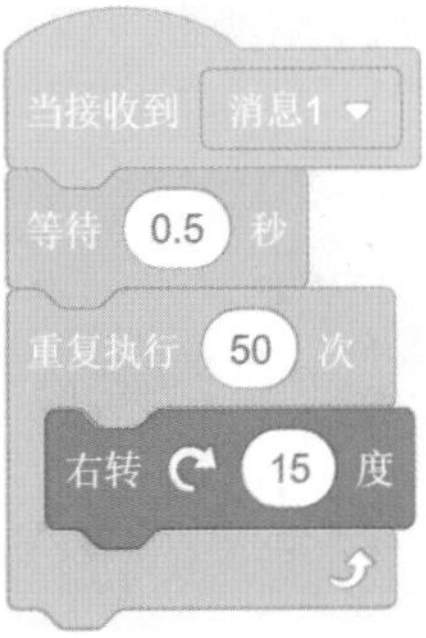

图4.101 角色Soccer Ball的第2组积木

图4.102 角色Soccer Ball的第3组积木

（6）为足球角色 Soccer Ball 添加第 4 组积木，如图 4.103 所示。该组积木实现移动复制的足球，将复制体移动到球网中并删除克隆体，形成拖影效果。

（7）运行程序，当点击足球运动员，足球会形成拖影射向球门，如图 4.104 所示。

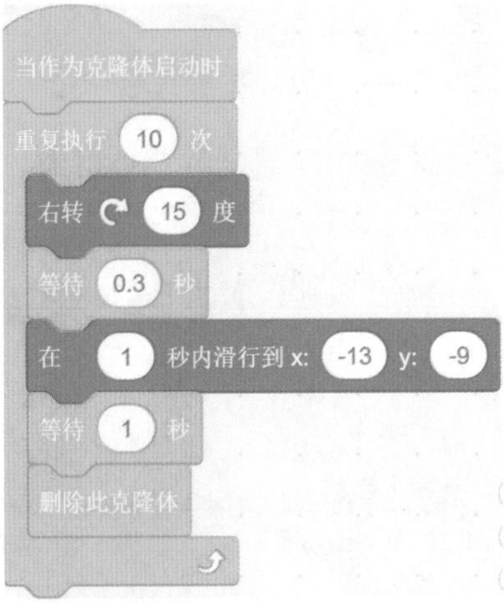

图4.103 角色Soccer Ball的第4组积木

图4.104 大力抽射形成拖影

第5章

外　观

每个角色都有一个外观。外观涉及角色的造型、颜色、大小、位置等多个方面。Scratch提供了多个外观相关的积木，如文本输出、显示/隐藏、造型切换、尺寸控制、颜色特效设置、背景切换以及图层管理等。本章将通过多个实例讲解这些积木的使用。

实例33 对话框进行对话：Monet入园的第1次对话

9 月 1 日是小朋友开始上学的日子。本实例展示了 Monet 入园第 1 次与老师的对话。本实例通过对话框积木实现小朋友与老师的对话。在该例子中会使用到以下内容。

扫一扫，看视频

- “说你好!”积木：该积木可以通过对话框展示指定对话，默认为“你好!”。
- “思考嗯……”积木：该积木用于角色思考时使用，可以通过对话框展示指定思考内容，默认为“嗯……”。

下面实现 Monet 入园的第 1 次对话。

（1）在角色窗口，依次单击“选择一个角色”按钮 |“绘制”按钮，进入角色造型框。然后，使用矩形工具与文本工具绘制第 1 个备选答案角色，命名为“备选项 1”，如图 5.1 所示。用此方法绘制第 2 个备选答案角色，命名为“备选项 2”，如图 5.2 所示。

老师，你好！

图5.1 备选项1

我今年5岁！

图5.2 备选项2

（2）将老师角色 Avery、学生角色 Monet、“备选项 1”角色与“备选项 2”角色添加到背景 School 中，调整位置如图 5.3 所示。

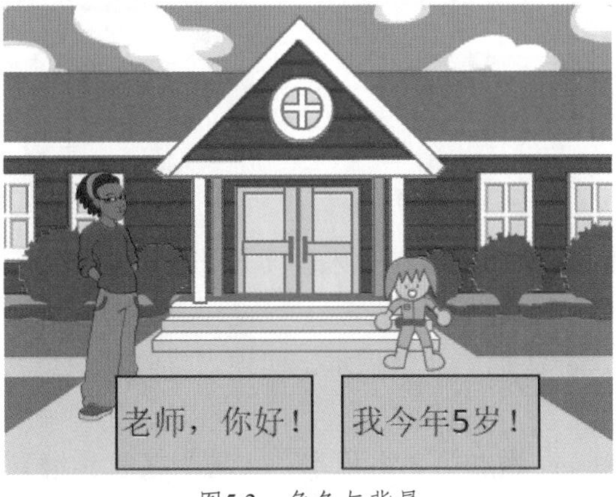
老师，你好！
我今年5岁！

图5.3 角色与背景

（3）为老师角色 Avery 添加第 1 组积木，实现对 Monet 打招呼并广播“消息 1”，如图 5.4 所示。

（4）为老师角色 Avery 添加第 2 组积木，实现当接收到消息“知道”后显示对话信息，如图 5.5 所示。

（5）为老师角色 Avery 添加第 3 组积木，实现当接收到消息“不知道！”后显示对话信息，如图 5.6 所示。

图5.4　Avery的第1组积木

图5.5　Avery的第2组积木

图5.6　Avery的第3组积木

（6）为备选项 1 角色添加积木，实现备选项 1 被点击后，发送广播“正确”，如图 5.7 所示。

（7）为备选项 2 角色添加积木，实现备选项 2 被点击后，发送广播“错误”，如图 5.8 所示。

图5.7　备选项1的积木

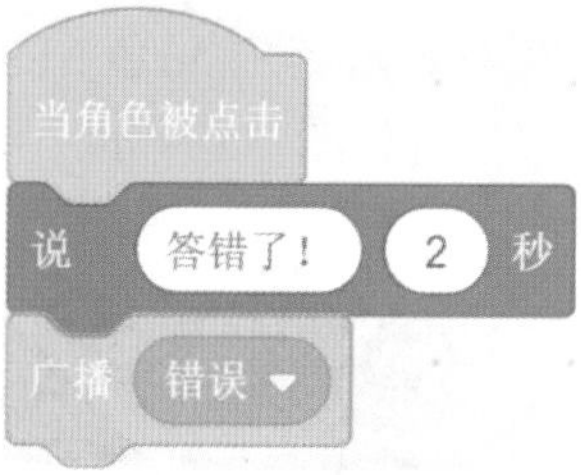

图5.8　备选项2的积木

（8）为学生角色 Monet 添加第 1 组积木，实现当接收到消息“消息 1”后思考如何回答老师，如图 5.9 所示。

（9）为学生角色 Monet 添加第 2 组积木，实现当接收到消息“正确”后完成与老师的对话，如图 5.10 所示。

（10）为学生角色 Monet 添加第 3 组积木，实现当接收到消息“错误”后告诉老师不知道如何回答，如图 5.11 所示。

（11）运行程序，老师会向学生打招呼，学生会思考怎么回答，如图 5.12 所示。如果选对答案，如图 5.13 所示。如果选错答案，如图 5.14 所示。

当接收到 消息1
换成 monet-b 造型
思考 嗯……
等待 2 秒
换成 monet-c 造型
说 我应该说什么？
广播 消息2 并等待

当接收到 正确
换成 monet-b 造型
说 老师，你好！
广播 知道

当接收到 错误
说 对不起！
等待 2 秒
说 我不知道怎么回答！
广播 不知道！

图5.9 Monet的第1组积木 图5.10 Monet的第2组积木 图5.11 Monet的第3组积木

你好！Monet
我应该说什么？
老师，你好！
我今年5岁！

图5.12 思考如何回答

真棒！欢迎你来上学，Monet
老师，你好！
老师，你好！
我今年5岁！

图5.13 选对答案

没关系！欢迎你来上学，Monet
我不知道怎么回答！
老师，你好！
我今年5岁！

图5.14 选错答案

扫一扫，看视频

实例34　显示与隐藏：觅食的鲨鱼

在海底世界中，鲨鱼是一种非常危险的动物。在本实例中，鲨鱼会捕食其他小鱼，但是它也要避开有毒的水母。在本实例中，玩家通过按键控制鲨鱼觅食，当捕获小鱼后，小鱼的状态切换为隐藏。在该例子中会使用到以下内容。

- "显示"积木：该积木会让角色或背景处于显示状态。
- "隐藏"积木：该积木会让角色或背景处于隐藏状态。

下面实现觅食的鲨鱼。

（1）将鲨鱼角色 Shark 和三个小鱼角色 Fish、Fish2、Fish3 以及水母角色 Jellyfish 添加到背景 Underwater 2 中。设置小鱼和水母的大小为 30，设置鲨鱼的大小为 50，调整位置如图 5.15 所示。

（2）为鲨鱼角色 Shark 添加第 1 组积木，实现初始化鲨鱼位置与朝向以及旋转方式，如图 5.16 所示。

图5.15　角色与背景

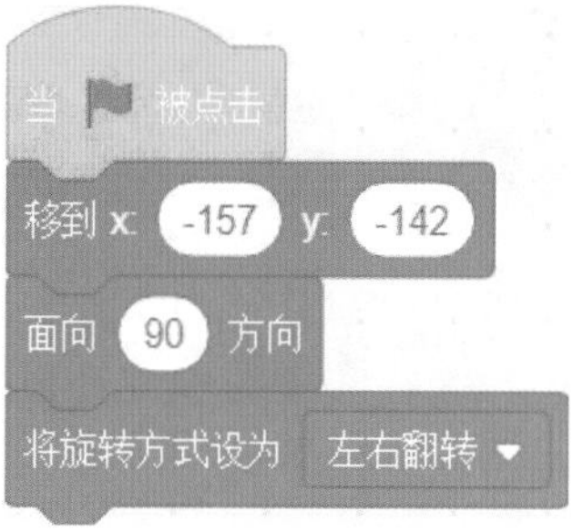

图5.16　Shark的第1组积木

（3）为鲨鱼角色 Shark 添加第 2、3、4、5 组积木，实现控制鲨鱼上、下、左、右移动并转向，如图 5.17 ~图 5.20 所示。

图5.17　Shark的第2组积木

图5.18　Shark的第3组积木

图5.19　Shark的第4组积木

图5.20　Shark的第5组积木

（4）为鲨鱼角色 Shark 添加第 6 组积木，实现判断鲨鱼是否与其他小鱼碰撞，如图 5.21 所示。

（5）为鲨鱼角色 Shark 添加第 7 组积木，实现当接收到“消息 4”后鲨鱼转换为被毒晕的状态，如图 5.22 所示。

图5.21 Shark的第6组积木

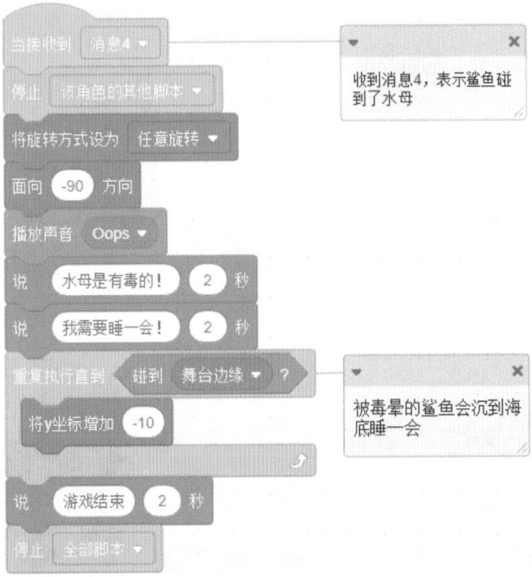

图5.22 Shark的第7组积木

（6）为角色 Fish、Fish2、Fish3、Jellyfish 添加第 1 组积木，实现面向鲨鱼移动到随机位置，如图 5.23 所示。

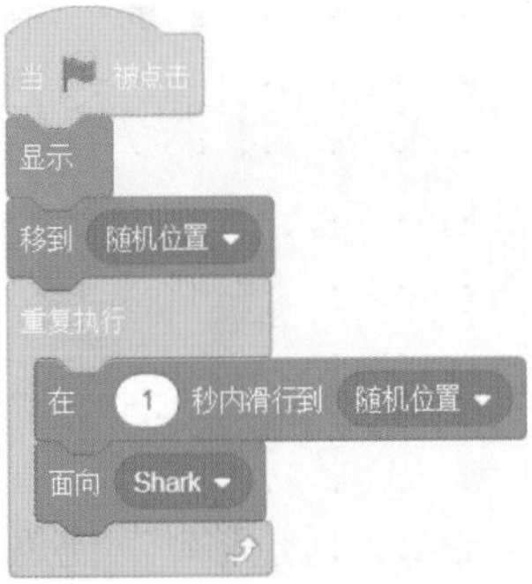

图5.23 Fish、Fish2、Fish3与Jellyfish的第1组积木

（7）为小鱼角色 Fish 添加第 2 组积木，实现当接收到“消息 1”后转换为隐藏状态，如图 5.24 所示。

（8）为小鱼角色 Fish2 添加第 2 组积木，实现当接收到“消息 2”后转换为隐藏状态，如图 5.25 所示。

（9）为小鱼角色 Fish3 添加第 2 组积木，实现当接收到“消息 3”后转换为隐藏状态，如图 5.26 所示。

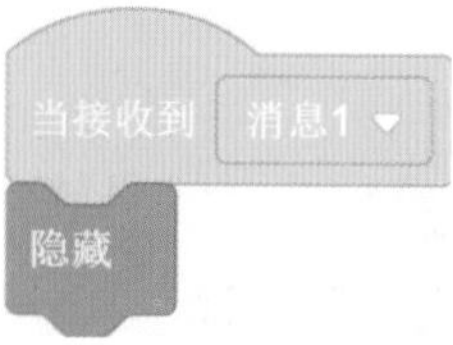

图5.24　Fish的第2组积木

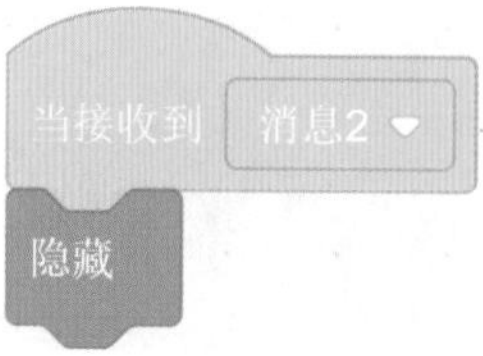

图5.25　Fish2的第2组积木

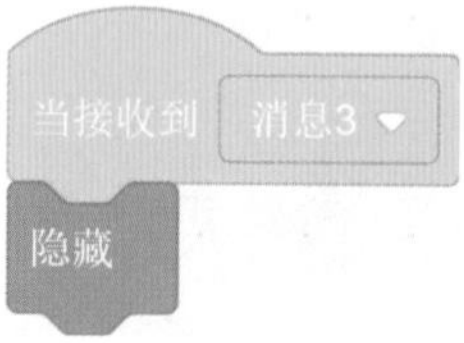

图5.26　Fish3的第2组积木

（10）为水母角色 Jellyfish 添加第 2 组积木，实现当碰到鲨鱼后广播“消息 4”停止当前脚本，如图 5.27 所示。

（11）运行程序。当鲨鱼碰到小鱼后，小鱼会被吃掉；当鲨鱼碰到水母后，会被毒晕，如图 5.28 所示。

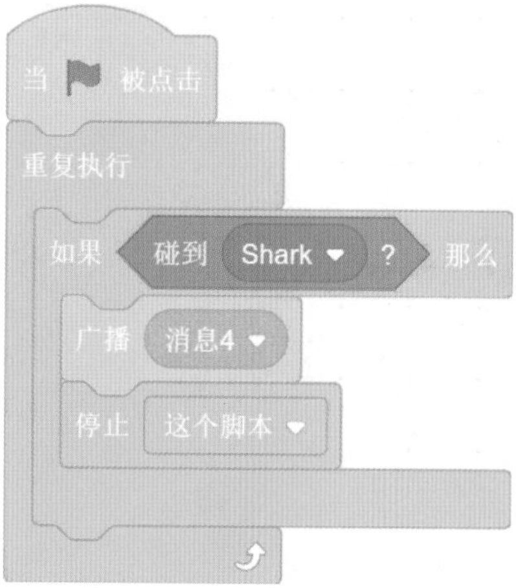

图5.27　Jellyfish的第2组积木

图5.28　小鱼消失，鲨鱼被毒晕

扫一扫，看视频

实例35　移动的视觉假象：飞驰的摩托车

本实例展现一个静止不动的摩托车，通过移动其他角色，造成摩托车移动的视觉假象。在本实例中，摩托车会添加动画切换特效，而路边的灌木与天上的云彩会发生移动。在该例子中会使用到以下内容。

“克隆自己”积木、“隐藏”积木与“显示”积木：通过三个积木的配合不断地产生新

的角色。

下面实现飞驰的摩托车。

（1）在小摩托角色 Motorcycle 的造型界面中，使用圆形工具○绘制两个摩托的新造型 Motorcycle-a2（如图 5.29 所示）和新造型 Motorcycle-a3（如图 5.30 所示）。

图5.29 造型Motorcycle-a2

图5.30 造型Motorcycle-a3

（2）添加并修改背景 Blue Sky。在背景 Blue Sky 的背景窗口中将底部的灌木删除，然后将蓝天向下拉以填满空白，修改过程如图 5.31 所示。

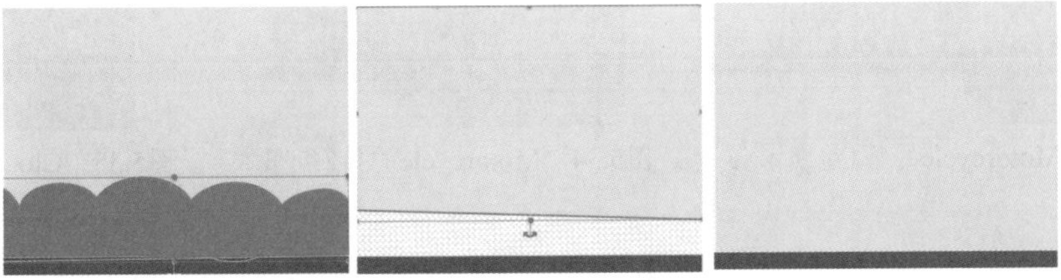

图5.31 修改背景Blue Sky

（3）将两个云彩角色 Cloud 与 Cloud2、小摩托车角色 Motorcycle 以及树木角色 Tree1 添加到修改后的背景 Blue Sky 中，调整位置，如图 5.32 所示。

图5.32 角色与背景

（4）为小摩托车角色 Motorcycle 添加第 1 组积木，实现播放起始音乐与背景音乐，如图 5.33 所示。

（5）为小摩托车角色 Motorcycle 添加第 2 组积木，实现通过造型切换形成摩托车在运行的效果，如图 5.34 所示。

（6）为云彩角色 Cloud、Cloud2、Tree1 添加第 1 组积木，实现隐藏本体角色并每秒克隆一个角色（树或云彩）的效果，如图 5.35 所示。

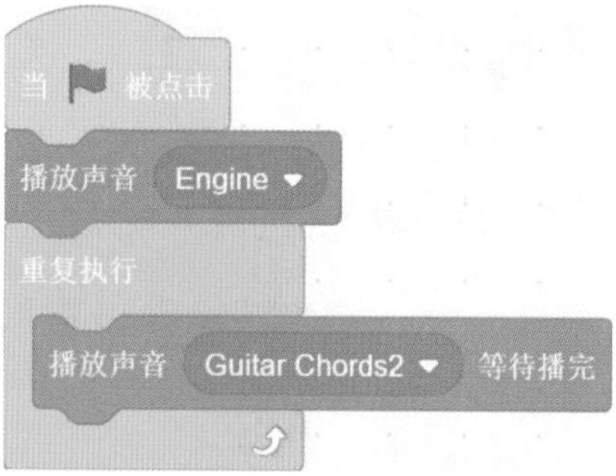

图5.33 Motorcycle的第1组积木

图5.34 Motorcycle的第2组积木

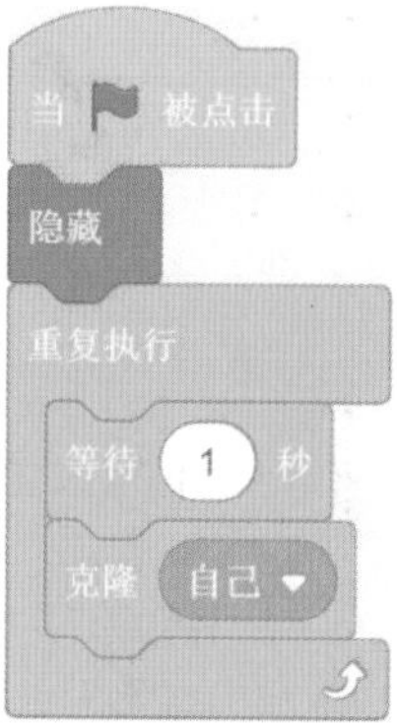

图5.35 Cloud、Cloud2、Tree1的第1组积木

（7）为云彩角色 Cloud、Cloud2、Tree1 添加第 2 组积木，让克隆体（树或云彩）移动，并在超出舞台范围后删除，如图 5.36 所示。

（8）运行程序。在摩托启动的同时，不断有云彩与树木飘过，产生一种摩托车不断飞驰的效果，如图 5.37 所示。

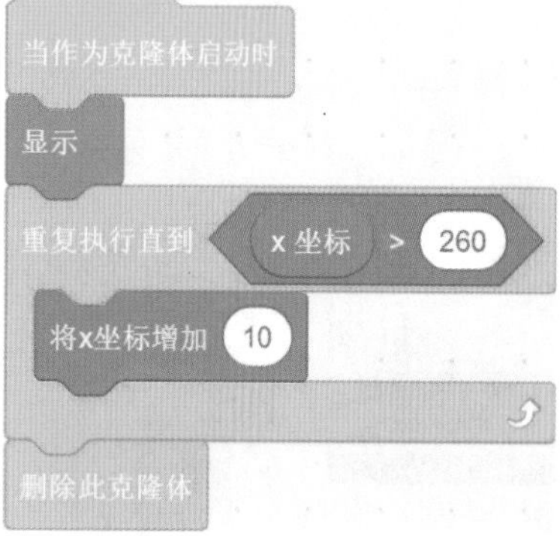

图5.36 Cloud、Cloud2、Tree1的第2组积木

图5.37 飞驰的摩托

实例36 依次切换造型：棒球大明星

扫一扫，看视频

棒球运动是一种以棒击球的集体性、对抗性很强的运动项目。本实例将演示棒球运动员一次有效的挥棒击球的动作。该实例通过造型依次切换积木实现角色的动画效果。在该例子中会使用到以下内容。

“下一个造型”积木：该积木可以将角色切换为下一个造型。

下面实现棒球大明星击打球。

（1）将发球手角色 Pitcher、击球手角色 Batter、接球手角色 Catcher 以及棒球角色 Baseball 添加到背景 Baseball 2 中。设置三个运动员大小为 50，棒球大小为 30。调整位置，其中棒球与发球手位置重叠，如图 5.38 所示。

图5.38 角色与背景

（2）为发球手角色 Pitcher 添加积木，实现提示游戏规则、发球与广播“消息 1”，如图 5.39 所示。

（3）为棒球角色 Baseball 添加第 1 组积木，实现初始化棒球位置与判断棒球位置，如图 5.40 所示。

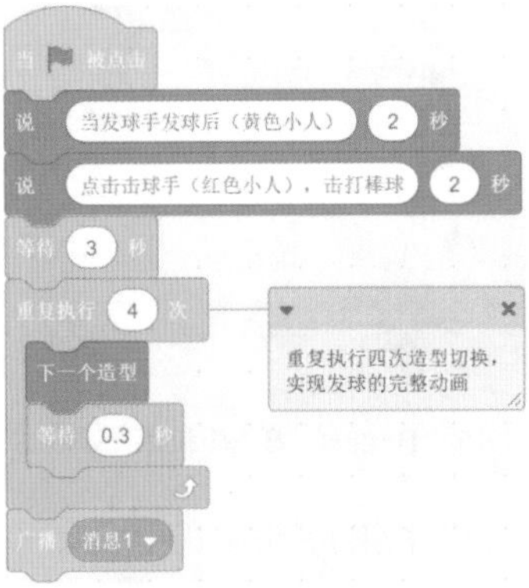
当 被点击
说 当发球手发球后（黄色小人） 2 秒
说 点击击球手（红色小人），击打棒球 2 秒
等待 3 秒
重复执行 4 次
下一个造型
等待 0.3 秒
广播 消息1
重复执行四次造型切换，实现发球的完整动画

图5.39 Pitcher的积木

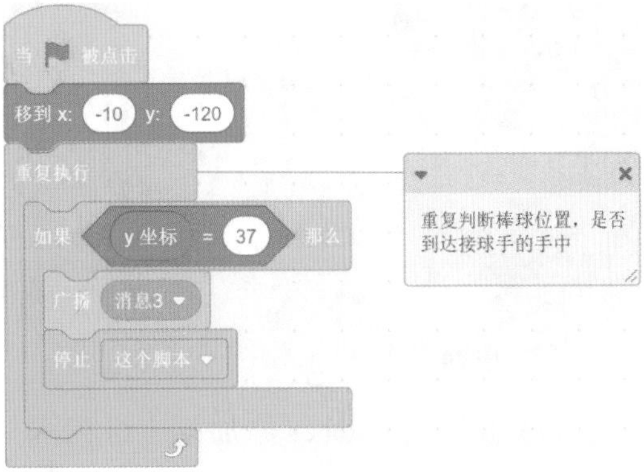
当 被点击
移到 x: -10 y: -120
重复执行
如果 y 坐标 = 37 那么
广播 消息3
停止 这个脚本
重复判断棒球位置，是否到达接球手的手中

图5.40 Baseball的第1组积木

（4）为棒球角色 Baseball 添加第 2 组积木，实现当接收到“消息 1”后开始向接球手移动，如图 5.41 所示。

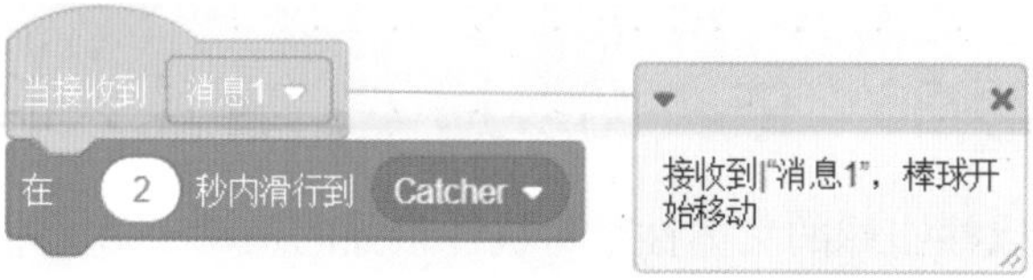

图5.41　Baseball的第2组积木

（5）为棒球角色Baseball添加第3组积木，如图5.42所示。该组积木实现当接收到“消息2”后，表示击中棒球，播放喝彩声，并让棒球向随机方向飞行。

（6）为击球手角色Batter添加第1组积木，实现初始化击球手的造型，如图5.43所示。

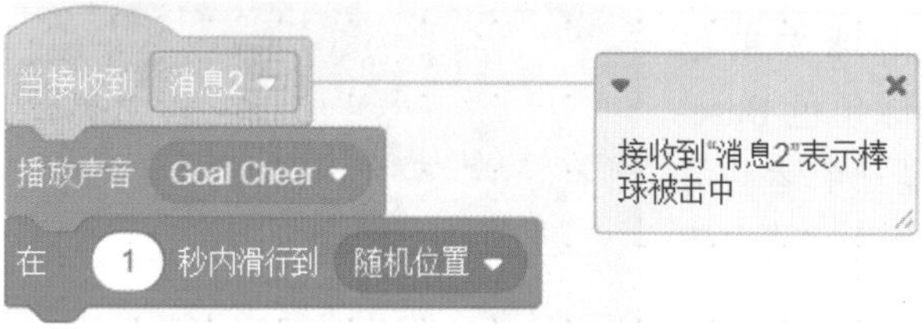

图5.42　Baseball的第3组积木

图5.43　Batter的第1组积木

（7）为击球手角色Batter添加第2组积木，实现击球的完整动画，如图5.44所示。

（8）为击球手角色Batter添加第3组积木，实现当击中棒球后广播“消息2”，如图5.45所示。

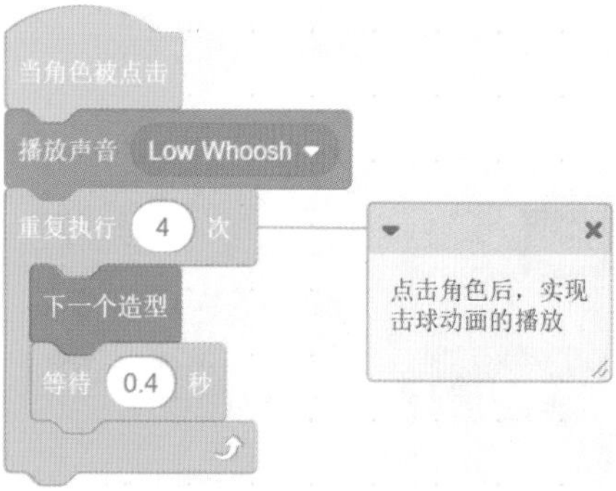

图5.44　Batter的第2组积木

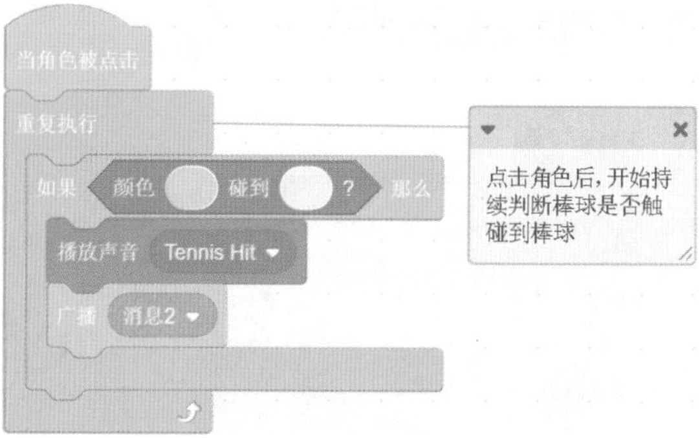

图5.45　Batter的第3组积木

（9）为接球手角色Catcher添加第1组积木，实现初始化接球手的造型，如图5.46所示。

（10）为击球手角色Catcher添加第2组积木，实现当接收到“消息3”后，切换造型并喝彩，如图5.47所示。

图5.46 Catcher的第1组积木

图5.47 Catcher的第2组积木

（11）运行程序，先展示玩法并发球，如图 5.48 所示。当击中棒球后，发出喝彩，棒球击飞效果如图 5.49 所示。未击中棒球，棒球到达接球手手中，如图 5.50 所示。

图5.48 提示玩法

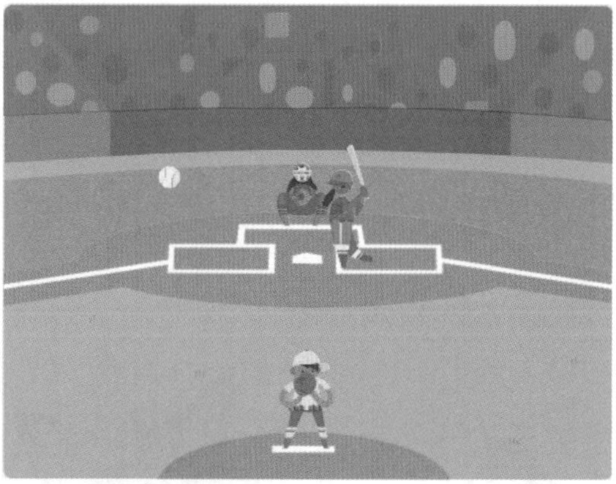

图5.49 棒球被击飞

图5.50 未击中棒球

扫一扫，看视频

实例37　设置大小为指定值：天降草莓

因为螃蟹只会左右移动，所以经常用“横行霸道”来形容它。本实例中，玩家需要控制一只横着走的螃蟹，接住掉下来的草莓。当接住草莓后，螃蟹会变大。同时，要小心掉下来的炸弹。如果接到炸弹，游戏将结束。在该例子中会使用到以下内容。

“将大小设为 100”积木：该积木可以直接设置角色的大小，默认值为 100。

下面实现天降草莓。

（1）在角色窗口中，依次单击“选择一个角色”按钮 |“绘制”按钮，进入造型界面。然后，使用圆形工具、矩形工具以及画笔工具绘制一个炸弹角色，命名为“炸弹”。该角色拥有两个造型，如图 5.51 所示。

（2）将草莓角色 Strawberry、螃蟹角色 Crab 与炸弹角色添加到背景 Blue Sky 2 中。设置炸弹角色大小为 30，设置螃蟹角色大小为 50，并调整位置，如图 5.52 所示。

（a）

（b）

图5.51　炸弹角色的两个造型

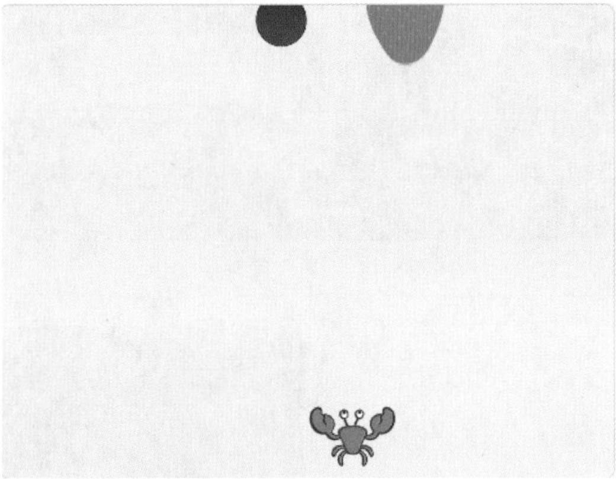

图5.52　角色与背景

（3）为螃蟹角色 Crab 添加第 1 组积木，初始化螃蟹的状态、位置、大小等信息，如图 5.53 所示。

（4）为螃蟹角色 Crab 添加第 2 组积木，控制螃蟹向右走，如图 5.54 所示。添加第 3 组积木，控制螃蟹向左走，如图 5.55 所示。

（5）为螃蟹角色 Crab 添加第 4 组积木，实现当收到“消息 1”后让螃蟹变大为指定值，然后定时变小，如图 5.56 所示。添加第 5 组积木实现当收到“消息 2”输出结束游戏的提示并广播“消息 3”，如图 5.57 所示。

图5.53 Crab的第1组积木

图5.54 Crab的第2组积木

图5.55 Crab的第3组积木

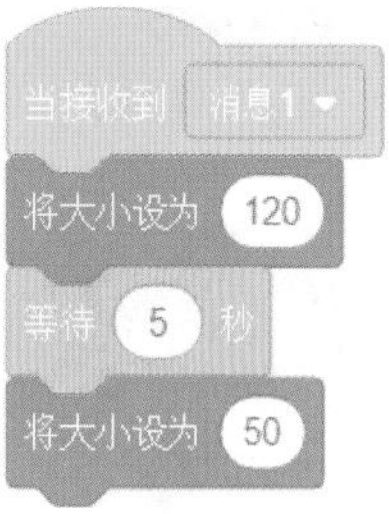

图5.56 Crab的第4组积木

（6）为草莓角色 Strawberry 添加第 1 组积木，初始化草莓位置、状态并克隆自己，如图 5.58 所示。

（7）为草莓角色 Strawberry 添加第 2 组积木，移动克隆的草莓并在超出范围后删除克隆体，如图 5.59 所示。

图5.57 Crab的第5组积木

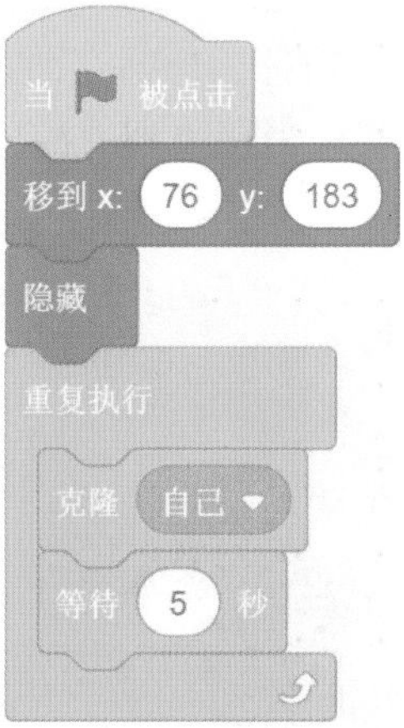

图5.58 Strawberry的第1组积木

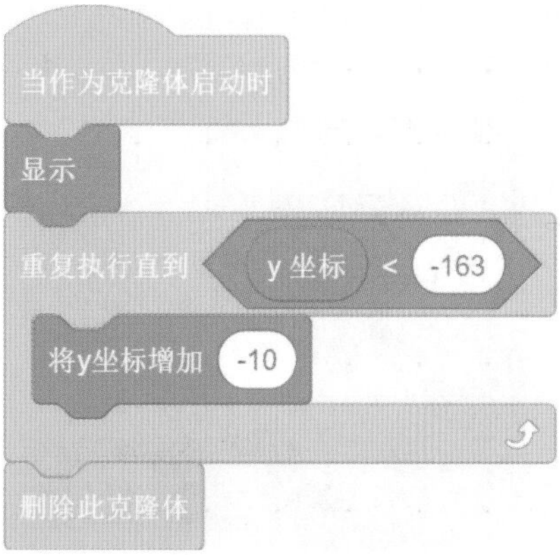

图5.59 Strawberry的第2组积木

（8）为草莓角色 Strawberry 添加第 3 组积木，如图 5.60 所示。该组积木实现在克隆体移动的过程中，不断检测是否与螃蟹发生碰撞。如果发生碰撞，则隐藏克隆体，并广播“消息 1”。

（9）为草莓角色 Strawberry 添加第 4 组积木，如图 5.61 所示。该组积木当接收到“消息 3”后，停止该角色的其他脚本。

（10）为炸弹角色添加第 1 组积木，初始化炸弹的位置、状态并克隆自己，如图 5.62

所示。

（11）为炸弹角色添加第 2 组积木，实现移动克隆的炸弹并在超出范围后删除克隆体，如图 5.63 所示。

图5.60 Strawberry的第3组积木

图5.61 Strawberry的第4组积木

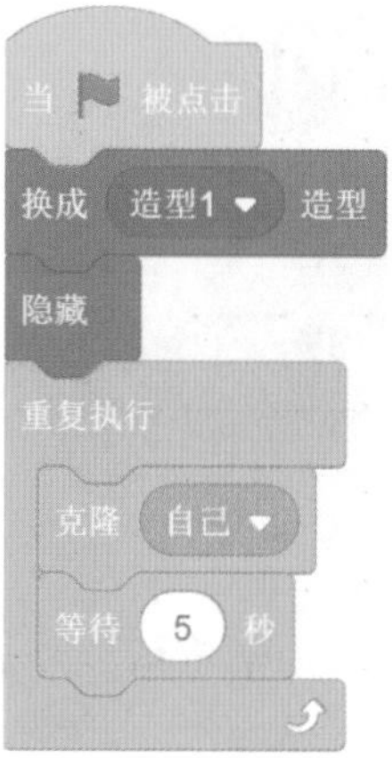

图5.62 炸弹角色的第1组积木

（12）为炸弹角色添加第 3 组积木，如图 5.64 所示。该组积木实现在克隆体移动的过程中，不断检测是否与螃蟹碰撞。如果发生碰撞，广播“消息 2”并切换克隆体造型。

（13）为炸弹角色添加第 4 组积木，实现当接收到“消息 2”后隐藏角色并停止该角色的其他脚本，如图 5.65 所示。

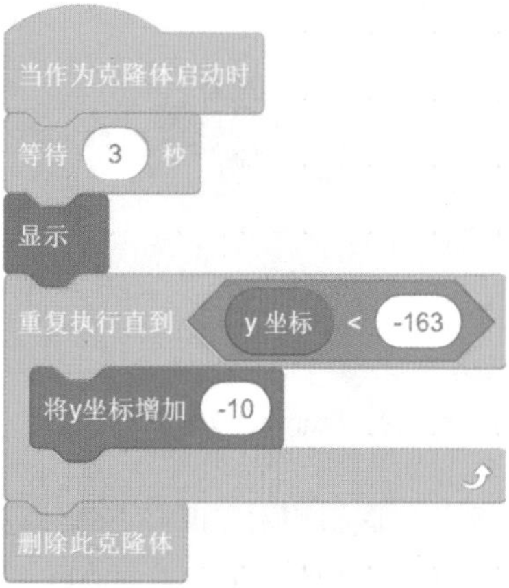

图5.63 炸弹角色的第2组积木

图5.64 炸弹角色的第3组积木

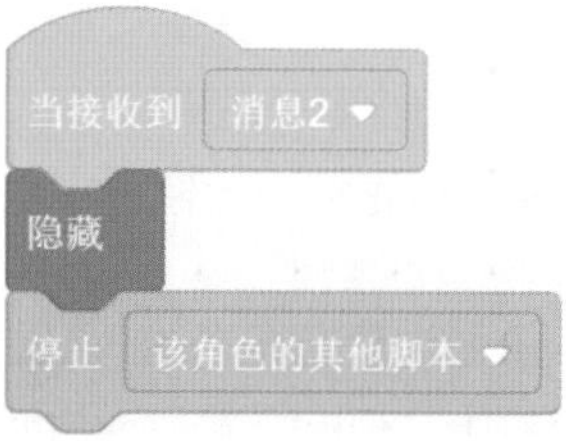

图5.65 炸弹角色的第4组积木

（14）运行程序。草莓会开始向下掉落，如图 5.66 所示。螃蟹接到草莓后会变大，如图 5.67 所示。当螃蟹接到掉落的炸弹后，会结束游戏，如图 5.68 所示。

图5.66　草莓开始掉落

图5.67　接到草莓，螃蟹变大

图5.68　接到炸弹，游戏结束

实例38　将大小增加指定值：超级小猫

扫一扫，看视频

小猫进入了“超级马里奥”世界，成为游戏主角。当它头顶砖块后，就会出现一个红心。小猫一旦吃掉红心，就会慢慢长大。在该例子中会使用到以下内容。

将大小增加 10 积木：该积木可以让角色的大小增加指定值，默认为 10。

下面实现超级小猫。

（1）将小猫角色 Cat、红心角色 Heart 与砖块角色 Button2 添加到背景 Blue Sky 中。设置红心的大小为 50，并调整位置，如图 5.69 所示。

（2）为小猫角色 Cat 添加第 1 组积木，如图 5.70 所示。该组动作用于初始化小猫的位置、大小等信息，并判断是否与砖块碰撞。如果发生碰撞，广播“消息 1”。

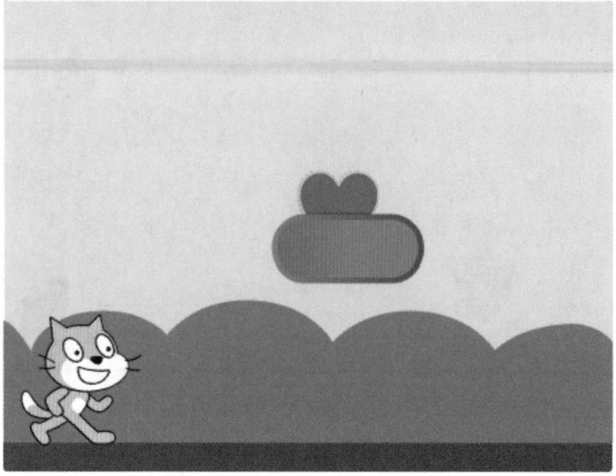

图5.69　角色与背景

（3）为小猫角色 Cat 添加第 2 组积木，如图 5.71 所示。该组动作判断小猫是否与红心发生碰撞。如果发生碰撞，则小猫的大小将增加。

图5.70　Cat的第1组积木

图5.71　Cat的第2组积木

（4）为小猫角色 Cat 添加第 3 组积木，控制小猫向左走，如图 5.72 所示。添加第 4 组积木，控制小猫向右走，如图 5.73 所示。

（5）为小猫角色 Cat 添加第 5 组积木，控制小猫跳跃，如图 5.74 所示。

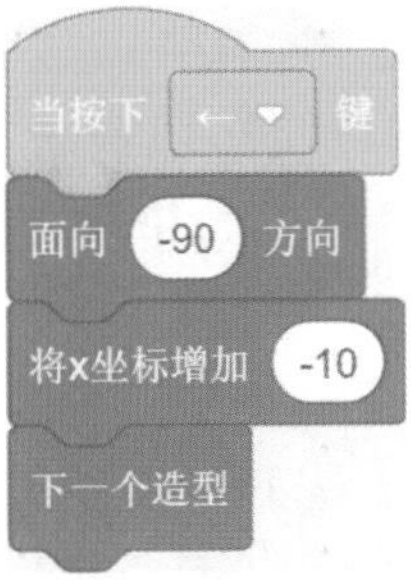

图5.72 Cat的第3组积木

图5.73 Cat的第4组积木

图5.74 Cat的第5组积木

（6）为红心角色 Heart 添加第 1 组积木，初始化红心的位置并且设置为隐藏状态，如图 5.75 所示。

（7）为红心角色 Heart 添加第 2 组积木，实现当接收到“消息 1”后，显示红心并按照指定路线移动红心，如图 5.76 所示。

（8）为红心角色 Heart 添加第 3 组积木，实现当接收到“消息 1”后不断切换造型形成闪烁效果，如图 5.77 所示。

（9）为红心角色 Heart 添加第 4 组积木，如图 5.78 所示。该组积木实现当接收到“消息 1”后，判断红心是否与小猫发生碰撞。如果发生碰撞，则隐藏该角色。

（10）为砖块角色 Button2 添加第 1 组积木，初始化砖块位置，如图 5.79 所示。添加第 2 组积木，实现当接收到“消息 1”形成被撞后位移的效果，如图 5.80 所示。

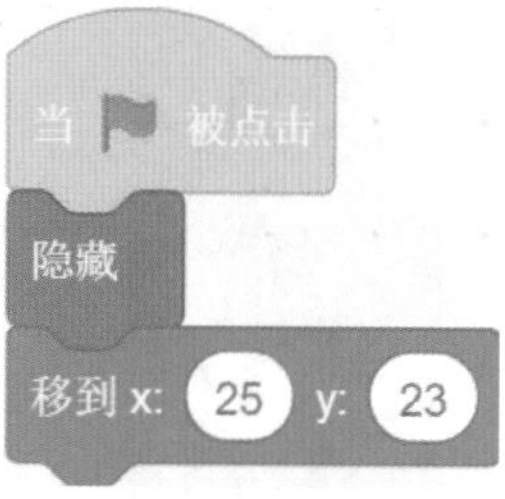

图5.75　Heart的第1组积木

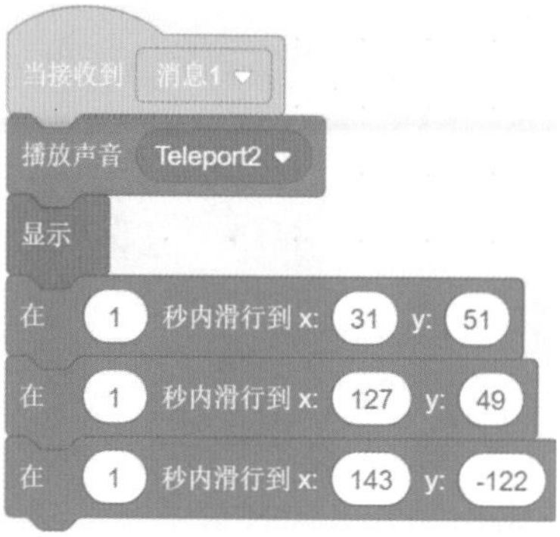

图5.76　Heart的第2组积木

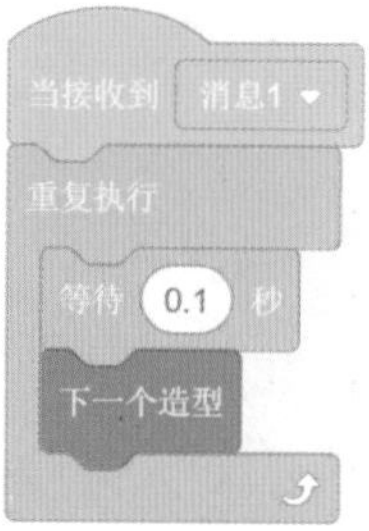

图5.77　Heart的第3组积木

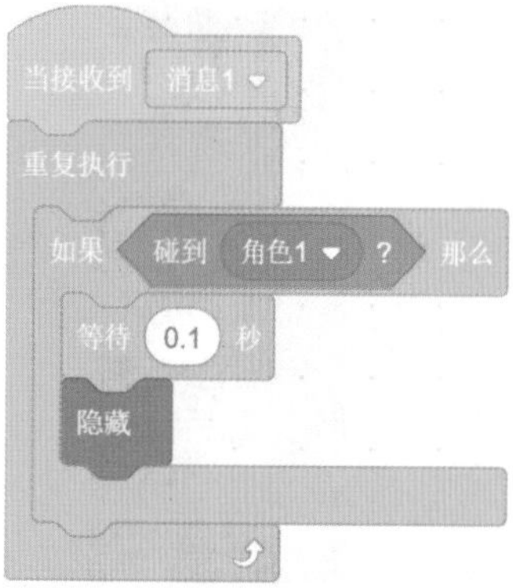

图5.78　Heart的第4组积木

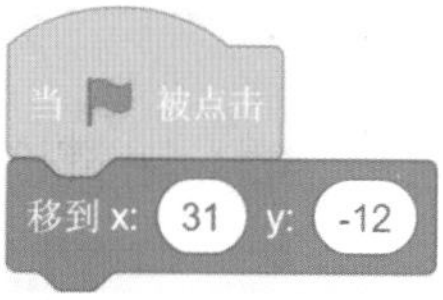

图5.79　Button2的第1组积木

图5.80　Button2的第2组积木

（11）运行程序。使用向右方向键，控制小猫移动到砖块下，按下空格键顶出红心，如图 5.81 所示。红心移动到指定位置，如图 5.82 所示。控制小猫吃掉红心后，小猫慢慢长大，如图 5.83 所示。

图5.81　红心被顶出

图5.82　红心移动到指定位置

图5.83 小猫慢慢长大

实例39 将颜色特效增加指定值：灯光秀

扫一扫，看视频

在学校礼堂的晚会中可以看到，五颜六色的灯光秀十分漂亮。本实例通过改变颜色值实现灯光秀的效果。在该例子中会使用到以下内容。

“将颜色特效增加25”积木：该积木可以设置角色或背景的颜色特效。备用选项还有“鱼眼”“旋涡”“像素化”“马赛克”“亮度”与“虚像”。

下面实现灯光秀。

（1）将街舞演员角色Champ99添加到背景Concert中，设置街舞演员的大小为50，并调整位置，如图5.84所示。

（2）为街舞演员角色Champ99添加第1组积木，实现按下空格键后克隆舞蹈家并进行一次街舞表演，如图5.85所示。添加第2组积木，实现让克隆体进行跳舞，如图5.86所示。

图5.84 角色与背景

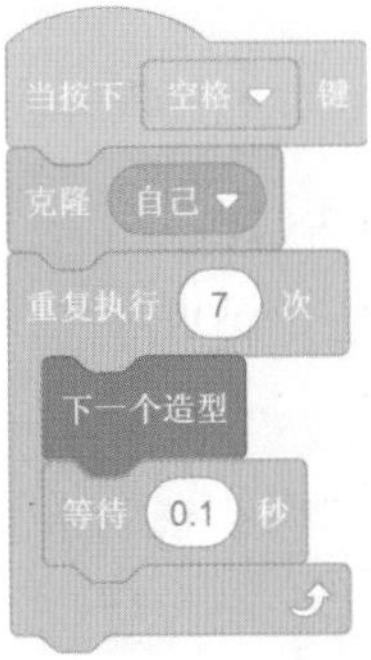

图5.85 Champ99的第1组积木

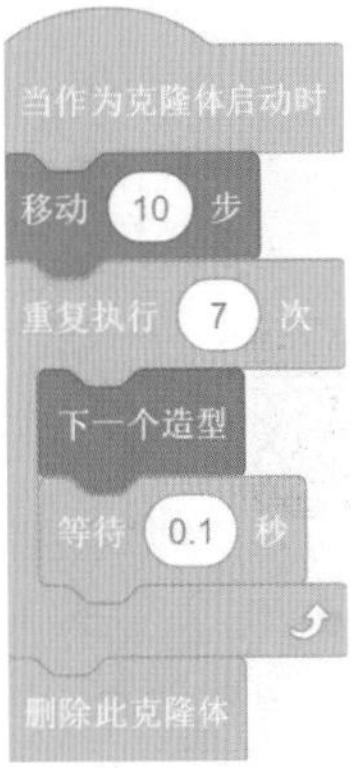

图5.86 Champ99的第2组积木

（3）为背景 Concert 添加第 1 组积木，实现播放背景音乐，如图 5.87 所示。添加第 2 组积木，实现通过修改颜色实现灯光秀，如图 5.88 所示。

图5.87　Concert的第1组积木

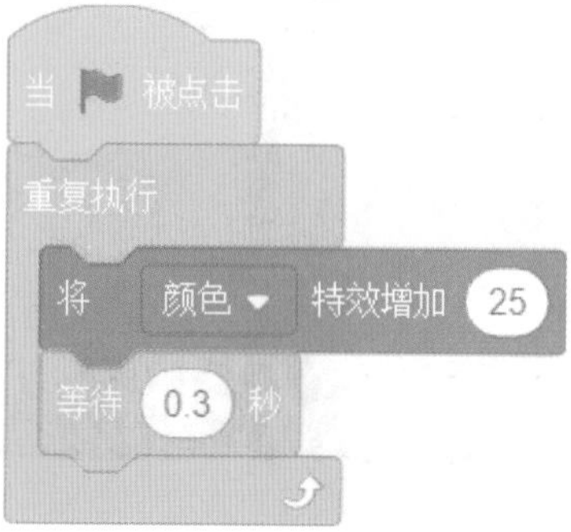

图5.88　Concert的第2组积木

（4）运行程序，开始播放背景音乐与灯光秀，如图 5.89 所示。按下空格键，街舞演员会被克隆并一起跳舞，如图 5.90 所示。

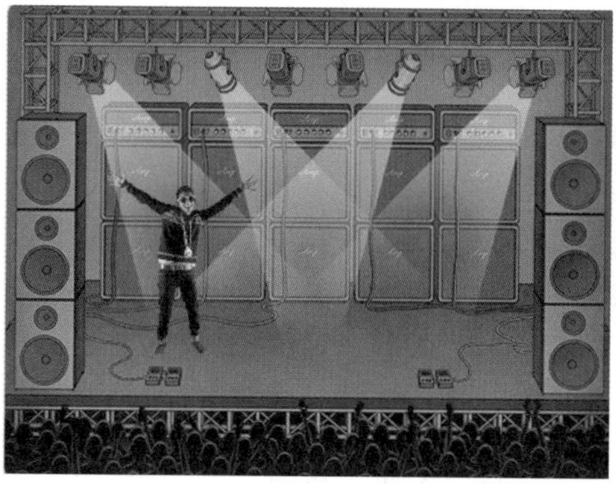

图5.89　灯光秀

图5.90　街舞演员在跳舞

实例40　将鱼眼特效增加指定值：神奇的放大镜

扫一扫，看视频

放大镜是一种凸透镜，可以用来观察物体微小的细节。本实例实现使用一个放大镜，观察一些小昆虫。在该例子中会使用到以下内容。

- “将颜色特效增加 25”积木：本实例使用的是该积木的鱼眼特效。
- “到鼠标指针的距离”积木：该积木会检测当前角色到鼠标指针的距离，并将距离告诉程序。
- “清除图形特效”积木：该积木可以清除附加在角色上的所有特效。

下面实现神奇的放大镜。

（1）在角色窗口中依次单击“选择一个角色”按钮 |“绘制”按钮，进入造型界面。然后，使用圆形工具、矩形工具绘制一个放大镜角色，命名为“放大镜”。设置旋转中心点在镜片的中心，如图 5.91 所示。

（2）将蝴蝶角色 Butterfly 1、甲壳虫角色 Beetle、蜘蛛角色 Ladybug2 添加到背景 Stripes 中，并调整位置，如图 5.92 所示。

图5.91　放大镜角色

图5.92　角色与背景

（3）为蝴蝶角色 Butterfly 1、甲壳虫角色 Beetle、蜘蛛角色 Ladybug2 添加第 1 组积木，如图 5.93 所示。该组积木实现当鼠标指针与当前角色产生碰撞后，添加鱼眼特效，形成放大效果。

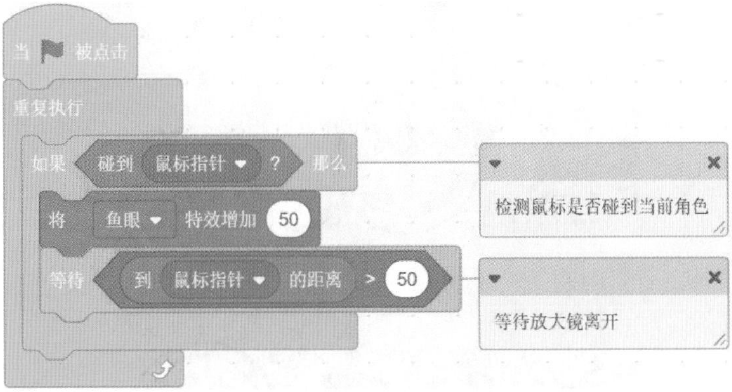

图5.93　Butterfly 1、Beetle、Ladybug2的第1组积木

（4）为蝴蝶角色 Butterfly 1、甲壳虫角色 Beetle、蜘蛛角色 Ladybug2 添加第 2 组积木，如图 5.94 所示。该组积木实现当鼠标指针与当前角色之间的距离大于 50 后，删除鱼眼特效，恢复原状。

（5）为放大镜角色添加积木，实现跟随鼠标指针移动的效果，如图 5.95 所示。

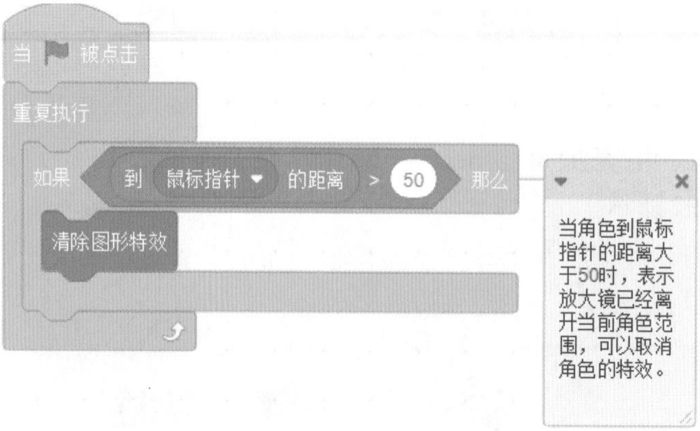
当 被点击
重复执行
如果 到 鼠标指针 的距离 > 50 那么
清除图形特效
当角色到鼠标指针的距离大于50时，表示放大镜已经离开当前角色范围，可以取消角色的特效。

图5.94　Butterfly 1、Beetle、Ladybug2的第2组积木

当 被点击
重复执行
移到 鼠标指针

图5.95　放大镜角色的积木

（6）运行程序，当放大镜移动到对应昆虫的身上，对应昆虫会出现被放大的效果，如图 5.96 所示。

图5.96　昆虫被放大

实例41 设置马赛克特效增加指定值：化身千万的孙悟空

孙悟空有一项绝技——拔猴毛。他的猴毛可以变出成千上万的小猴子。本实例就来实现孙悟空的这一成名绝技。在实例中，猴毛会变出多个小猴子。在该例子中会使用到以下内容。

“将颜色特效增加 25”积木：本实例使用该积木的马赛克特效。

下面实现孙悟空的猴毛变化效果。

（1）选择猴子角色 Monkey。在其造型界面中，复制出 monkey-a 造型，并命名为 monkey-a2。使用选择工具旋转猴子的右胳膊，做出拔毛的动作，如图 5.97 所示。

（2）在角色窗口中，依次单击“选择一个角色”按钮 |“绘制”按钮，进入造型界面。使用线段工具与变形工具绘制猴毛角色，命名为猴毛，如图 5.98 所示。

图5.97 造型monkey-a2猴子拔毛

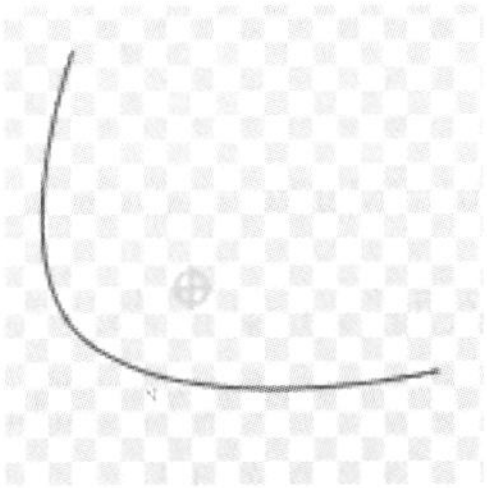

图5.98 猴毛角色

扫一扫，看视频

（3）将猴子角色 Monkey、猴毛角色（隐藏）、小猴子角色 Monkey2（隐藏）添加到背景 Jungle 中。其中，猴毛与小猴子角色处于隐藏状态，小猴子大小为 200，如图 5.99 所示。猴毛与小猴子的非隐藏状态如图 5.100 所示。

图5.99 隐藏状态

图5.100 非隐藏状态

（4）为猴子角色 Monkey 添加第 1 组积木，实现初始化位置、播放背景音乐与显示提示信息，如图 5.101 所示。添加第 2 组积木，实现点击猴子后进行拔毛的动作并广播“消息 1”与“消息 2”，如图 5.102 所示。

图5.101　Monkey的第1组积木

图5.102　Monkey的第2组积木

（5）为猴毛角色添加第 1 组积木，实现猴毛初始化位置和方向并隐藏，如图 5.103 所示。添加第 2 组积木，实现当接收到“消息 1”后显示猴毛，如图 5.104 所示。

（6）为猴毛角色添加第 3 组积木，实现当接收到“消息 2”后猴毛旋转，如图 5.105 所示。添加第 4 组积木，实现当接收到“消息 3”后猴毛移动、隐藏并广播“消息 3”，如图 5.106 所示。

图5.103　猴毛角色的第1组积木

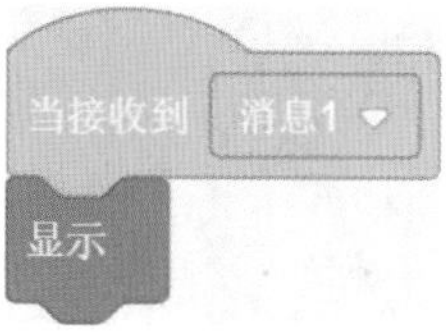

图5.104　猴毛角色的第2组积木

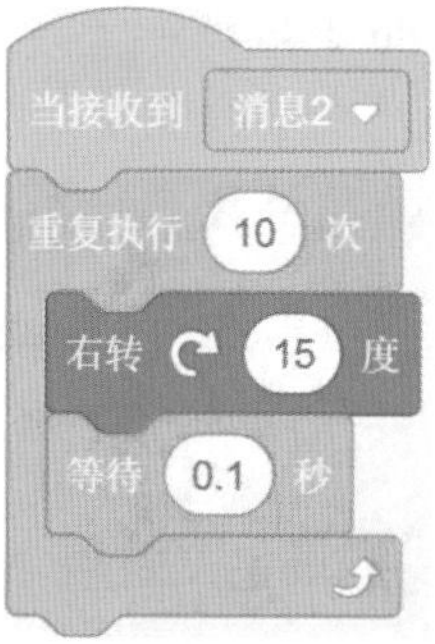

图5.105　猴毛角色的第3组积木

（7）为小猴子角色 Monkey2 添加第 1 组积木，实现初始化小猴子的位置并隐藏，如图 5.107 所示。添加第 2 组积木，如图 5.108 所示。该组积木用于当接收到“消息 3”后，显示小猴子，并增加 50 的马赛克特效，从而实现化身千万的效果。

图5.106 猴毛角色的第4组积木

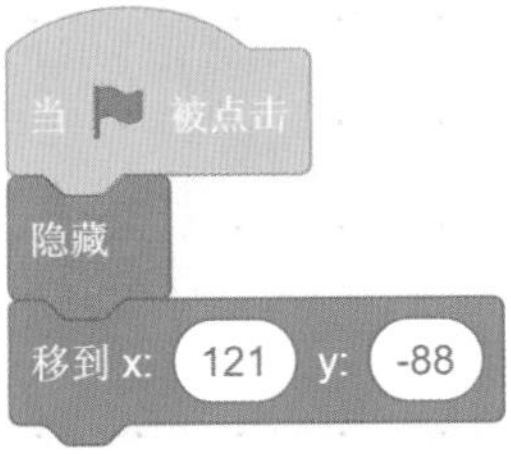

图5.107 Monkey2的第1组积木

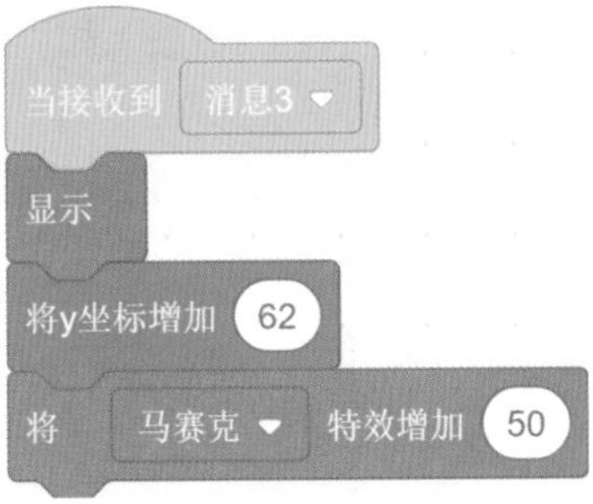

图5.108 Monkey2的第2组积木

（8）运行程序。点击猴子，猴子会拔一根猴毛，如图 5.109 所示。当猴毛会掉在地上后，会变成很多小猴子，如图 5.110 所示。

图5.109 拔猴毛

图5.110 化身千万小猴子

实例42 设置像素化特效为指定值：像素世界

在电脑中的所有图片都是由无数个像素点组成的。如果图片中的像素少了，图片就会显得模糊和不完整。本实例将展示像素世界与真实世界之间的差异。在该例子中会使用到以下内容。

扫一扫，看视频

- “将颜色特效设定为 0”积木：该积木可以设置角色或背景的颜色特效为指定值，默认为 0。备用选项还有“鱼眼”“旋涡”“像素化”“马赛克”“亮度”与“虚像”。

● “清除图形特效”积木：该积木会清除当前角色或背景上的所有图形特效。

下面实现像素世界。

（1）在角色窗口中，依次单击“选择一个角色”按钮|“绘制”按钮，进入造型界面。然后，使用矩形工具绘制一条分割线角色，命名为“分割线”，如图5.111所示。

（2）在角色窗口中，依次单击“选择一个角色”按钮|“绘制”按钮，进入造型界面。然后，使用文本工具绘制文字“我们的世界”角色，命名为“我们的世界”，如图5.112所示。使用相同方法绘制“像素的世界”角色，命名为“像素的世界”，如图5.113所示。

图5.111　分割线角色

图5.112　我们的世界角色

图5.113　像素的世界角色

（3）在背景Neon Tunnel的背景窗口中，使用选择工具选中一半背景，单击“复制”按钮。然后在角色窗口中依次单击“选择一个角色”按钮|“绘制”按钮，进入造型界面。单击“粘贴”按钮，将角色命名为“像素”，如图5.114所示。

（4）将苹果角色Apple、分割线角色、我们的世界角色、像素的世界角色以及像素角色添加到背景Neon Tunnel中，并调整位置，如图5.115所示。

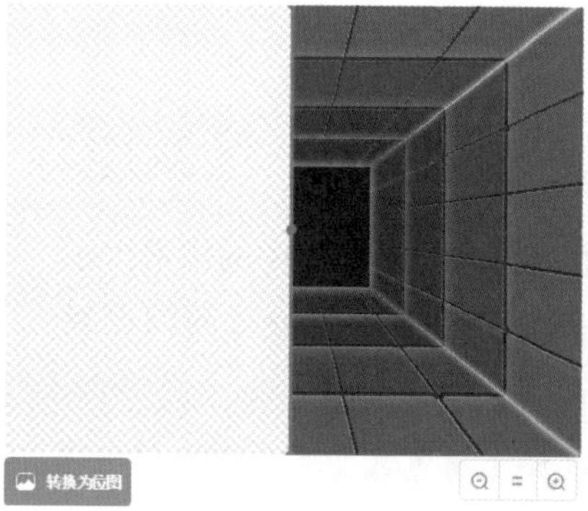

图5.114　像素角色

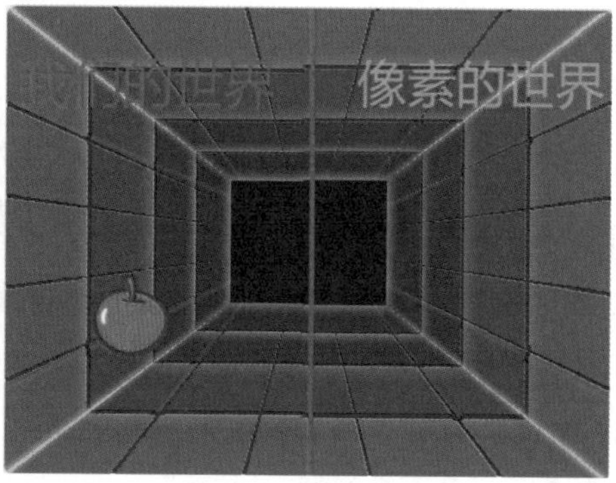

图5.115　角色与背景

（5）为苹果角色 Apple 添加第 1 组积木，实现不断移动的效果，如图 5.116 所示。添加第 2 组积木，实现当苹果移动到像素世界后被像素化，当移动到我们的世界后删除像素化特效，如图 5.117 所示。

图5.116 Apple的第1组积木

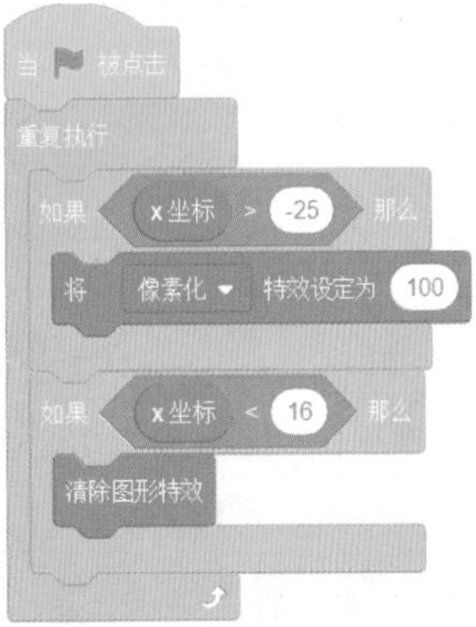

图5.117 Apple的第2组积木

（6）为像素的世界角色添加积木，实现像素化该角色，如图 5.118 所示。

（7）为像素角色添加积木，实现像素化该角色，如图 5.119 所示。

图5.118 像素的世界角色的积木

图5.119 像素角色的积木

（8）运行程序。当苹果移动到像素的世界后，就会被像素化，如图 5.120 所示。当苹果移动到我们的世界后，就会去掉像素化，如图 5.121 所示。

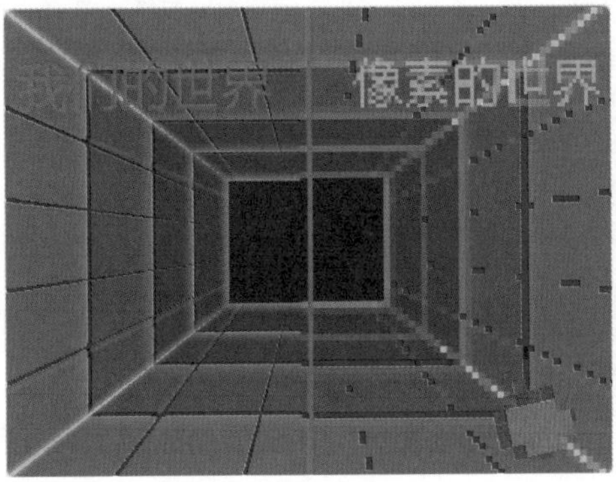

图5.120 像素的世界

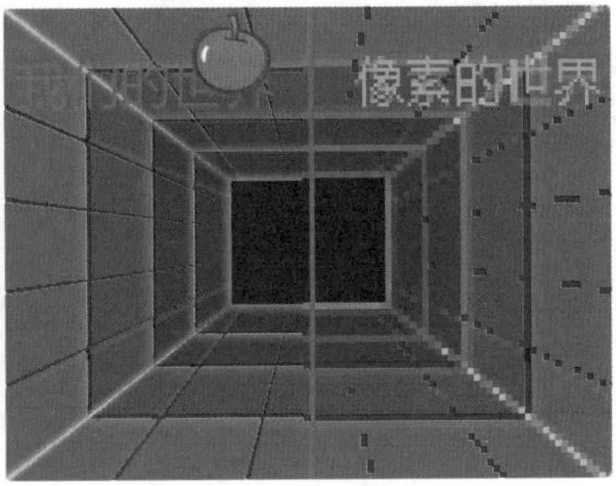

图5.121 我们的世界

实例43　将虚像与亮度特效增加指定值：美化照片

扫一扫，看视频

在拍完照片后，我们可以使用照片修改软件对照片进行美化。本实例将对一张照片进行美化。在该例子中会使用到以下内容。

“将颜色特效增加 25”积木：本实例使用的是该积木的“亮度”特效与“虚化”特效。

下面实现美化照片。

（1）选择按钮角色 Button2。在角色的造型界面中，复制该角色 button2-b。使用文本工具**T**，在造型 button2-b 中添加文本“美白”，如图 5.122 所示。使用同样的方法，制作虚化背景按钮角色 Button3（如图 5.123 所示）和重置按钮角色 Button4（如图 5.124 所示）。

图5.122　美白按钮

图5.123　虚化背景按钮

图5.124　重置按钮

（2）将人物角色 LB Dance、美白按钮角色 Button2、虚化背景角色 Button3 与重置按钮角色 Button4 添加到背景 Beach Malibu 中，并调整位置，如图 5.125 所示。

（3）为美白按钮角色 Button2、虚化背景角色 Button3、重置按钮角色 Button4 添加第 1 组积木，初始化对应角色的造型，如图 5.126 所示。

（4）为美白按钮角色 Button2 添加第 2 组积木，实现点击该角色广播消息“美白”，如图 5.127 所示。

图5.125　角色与背景

图5.126　Button2、Button3、Button4的第1组积木

图5.127　Button2的第2组积木

（5）为虚化背景角色 Button3 添加第 2 组积木，实现点击该角色广播消息“虚化”，如图 5.128 所示。

（6）为重置按钮角色 Button4 添加第 2 组积木，实现点击该角色广播消息“重置”，如图 5.129 所示。

（7）为人物角色 LB Dance 添加第 1 组积木，实现当接收到消息“美白”后对角色添加 5 个单位的亮度特效，如图 5.130 所示。添加第 2 组积木，实现当接收到消息“重置”后删除所有特效，如图 5.131 所示。

图5.128　Button3的第2组积木

图5.129　Button4的第2组积木

图5.130　LB Dance的第1组积木

（8）为背景 Beach Malibu 添加第 1 组积木，实现当接收到消息“虚化”后对背景添加 5 个单位的虚像特效，如图 5.132 所示。添加第 2 组积木，实现当接收到消息“重置”后删除所有特效，如图 5.133 所示。

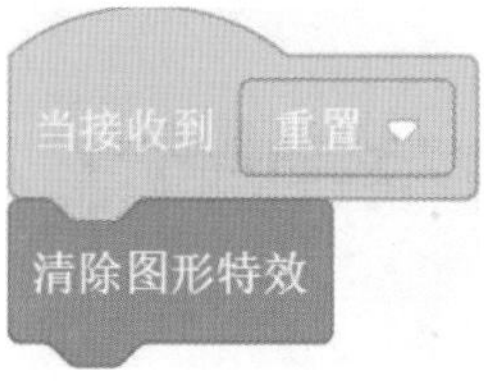

图5.131　LB Dance的第2组积木

图5.132　Beach Malibu的第1组积木

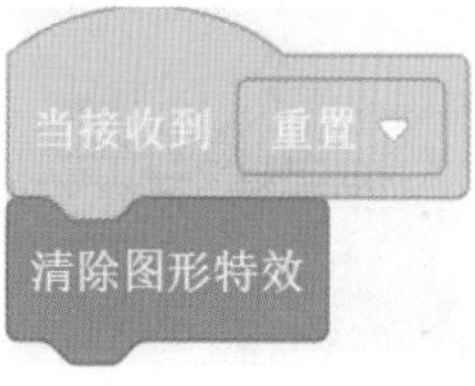

图5.133　Beach Malibu的第2组积木

（9）运行程序，点击“美白”按钮，人物会被美白，如图 5.134 所示。点击“虚化背景”按钮，背景会被虚化，如图 5.135 所示。如果点击“重置”按钮，所有效果都会被消除。

图5.134　美白效果

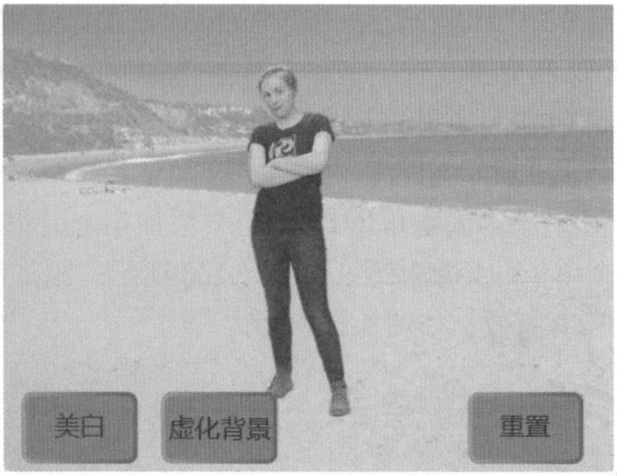

图5.135　虚化背景效果

扫一扫，看视频

实例44　将旋涡特效增加指定值：制作奶茶

奶茶是很多人喜欢的饮料。本实例将实现一个制作奶茶的游戏。在实例中，玩家需要根据步骤添加配料，然后制作出可口的奶茶。在该例子中会使用到以下内容。

“将颜色特效增加 25”积木：本实例使用的是该积木的旋涡特效。

下面实现制作奶茶。

（1）在背景 Witch House2 的背景中，使用选择工具选中桌子，单击“复制”按钮。然后，进入背景 Blue Sky 2 中，单击“粘贴”按钮。再次选中桌子，单击“拆散”按钮，使用选择工具将桌子上的物品全部删除，并调整桌子大小，过程如图 5.136 所示。

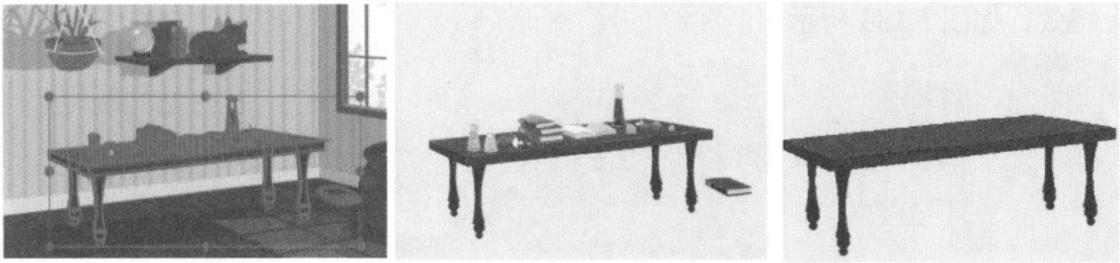
（a）　（b）　（c）

图5.136　修改背景Blue Sky 2

（2）选择角色 Glass Water，在造型界面中修改造型 glass water-a 的颜色为绿色，制作一个新造型 glass water-a2，如图 5.137 所示。先使用选择工具旋转水杯，然后使用变形工具修改水的形状，最后使用画笔工具绘制倒出的茶水。过程如图 5.138 所示。

图5.137 造型glass water-a2

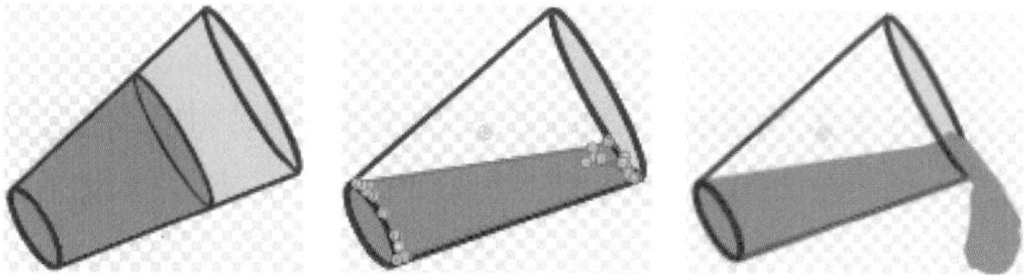

(a) (b) (c)

图5.138 新造型glass water-a2制作过程

（3）将茶水角色 Glass Water、牛奶角色 Milk、空碗角色 Bowl 以及搅拌棒角色 Line 添加到背景 Blue Sky 2 中。设置搅拌棒角色 Line 的大小为 36、方向为 98，并调整位置，如图 5.139 所示。

（4）选择角色 Milk，在造型界面制作一个新造型 milk-a2。先使用选择工具旋转牛奶，然后画笔工具绘制倒出的牛奶，如图 5.140 所示。

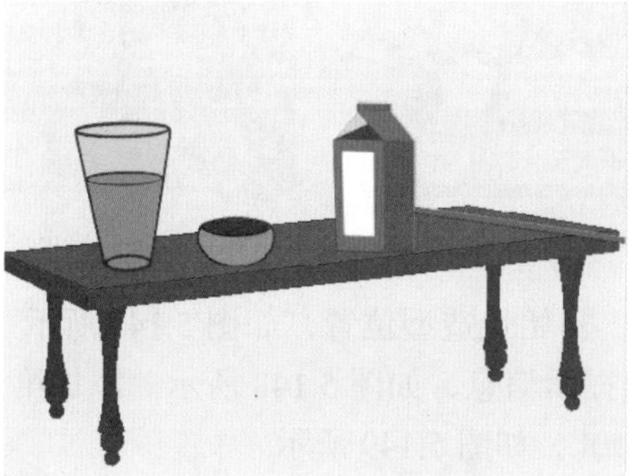

图5.139 角色与背景

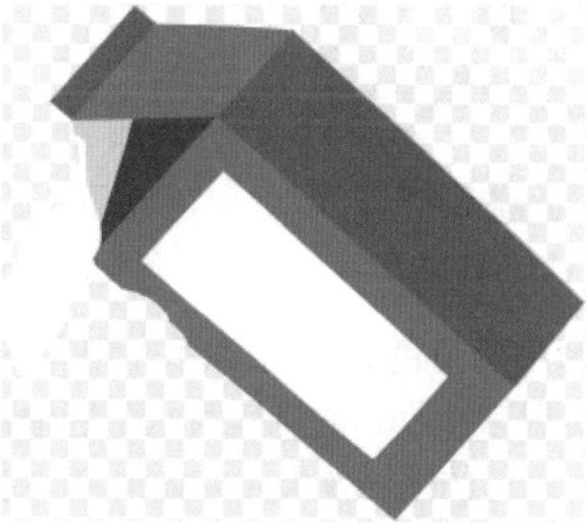

图5.140 新造型milk-a2

（5）选择空碗角色 Bowl，在造型界面制作一个新造型 milk-a2，使用圆形工具修改碗中的颜色代表倒入茶水的碗，如图 5.141 所示。复制造型 milk-a2 制作一个新造型 milk-a3，使用画笔工具绘制倒入茶水和牛奶的碗，如图 5.142 所示。复制造型 milk-a2 制作一个新造型 milk-a4，使用圆形工具制作出搅拌好的奶茶，如图 5.143 所示。

图5.141 造型bowl-a2

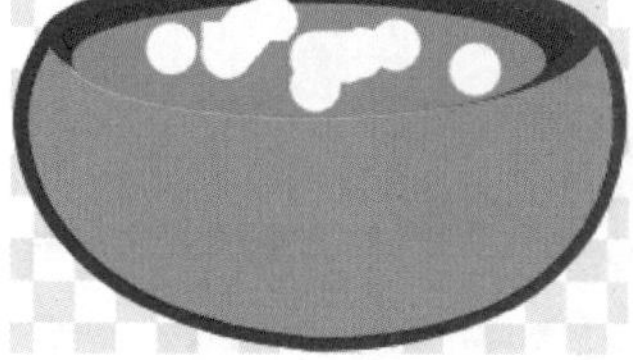

图5.142 造型bowl-a3

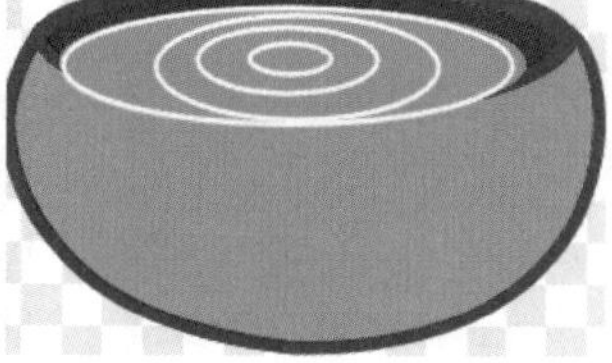

图5.143 造型bowl-a4

（6）在角色窗口中，依次单击“选择一个角色”按钮 |“绘制”按钮，进入造型界面。然后使用圆形工具、矩形工具与画笔工具制作碗的俯视图角色，并命名为“碗口”，如图 5.144 所示。该角色默认为隐藏状态。

（7）为茶水角色 Glass Water 添加第 1 组积木，初始化造型位置，并输出提示信息，如图 5.145 所示。添加第 2 组积木，实现当点击茶杯后的倒茶效果并广播消息“茶水”，如图 5.146 所示。

图5.144　碗口角色

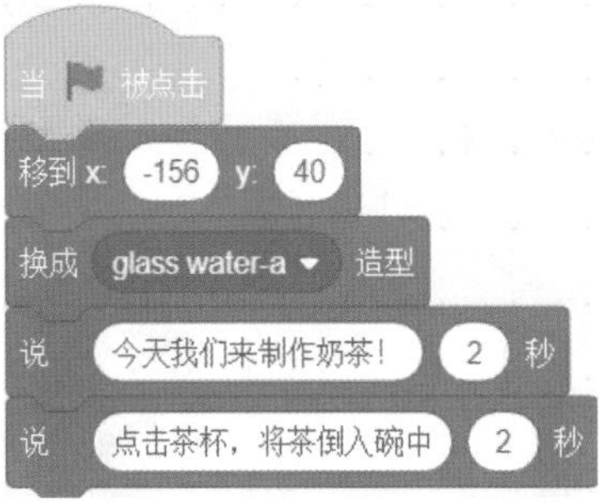

图5.145　Glass Water的第1组积木

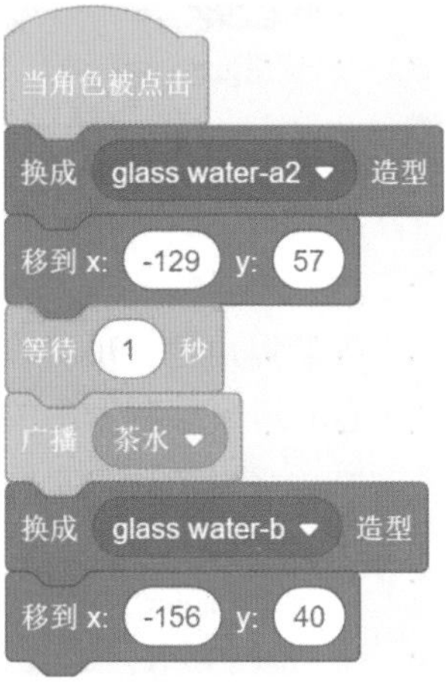

图5.146　Glass Water的第2组积木

（8）为牛奶角色 Milk 添加第 1 组积木，初始化造型位置，如图 5.147 所示。添加第 2 组积木，实现当接收到消息“茶水”后输出提示信息，如图 5.148 所示。添加第 3 组积木，实现点击牛奶后的倒奶效果并广播消息“牛奶”，如图 5.149 所示。

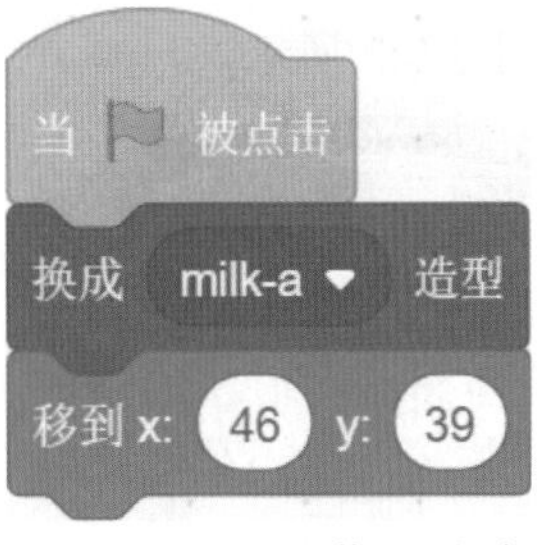

图5.147　Milk的第1组积木

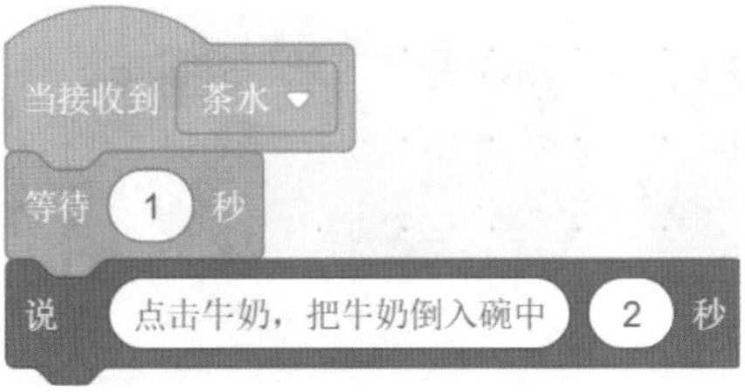

图5.148　Milk的第2组积木

图5.149　Milk的第3组积木

（9）为空碗角色 Bowl 添加第 1 组积木，实现初始化造型，如图 5.150 所示。添加第 2 组积木，实现当接收到消息“茶水”后切换造型，如图 5.151 所示。添加第 3 组积木，实现当接收到消息“牛奶”后切换造型并广播消息“搅拌棒”，如图 5.152 所示。添加第 4 组积木，实现当接收到消息“归位”后切换造型并提示奶茶做好，如图 5.153 所示。

图5.150 Bowl的第1组积木

图5.151 Bowl的第2组积木

图5.152 Bowl的第3组积木

图5.153 Bowl的第4组积木

（10）为搅拌棒角色 Line 添加第 1 组积木，初始化位置与方向，如图 5.154 所示。添加第 2 组积木，实现当接收到消息“搅拌棒”后显示提示信息，如图 5.155 所示。

（11）为搅拌棒角色 Line 添加第 3 组积木，实现当搅拌棒被点击后广播消息“碗口”并在指定位置实现搅拌动作，如图 5.156 所示。添加第 4 组积木，实现当接收到消息“归位”后停止搅拌并将搅拌棒放置桌子上，如图 5.157 所示。

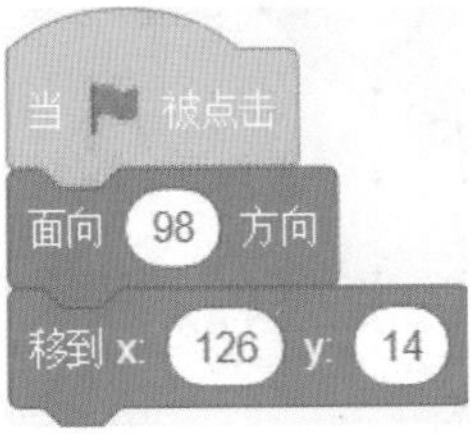

图5.154 Line的第1组积木

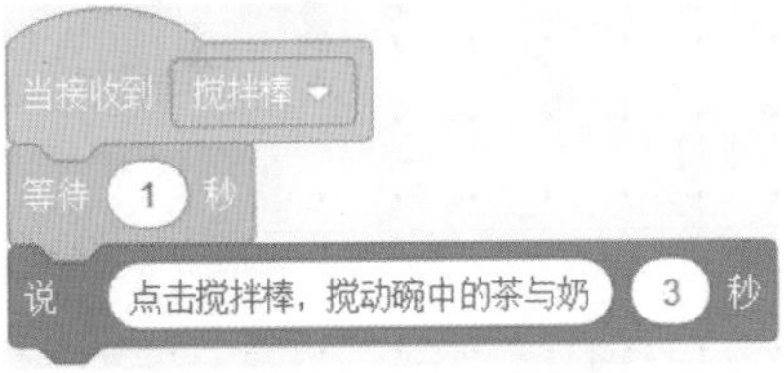

图5.155 Line的第2组积木

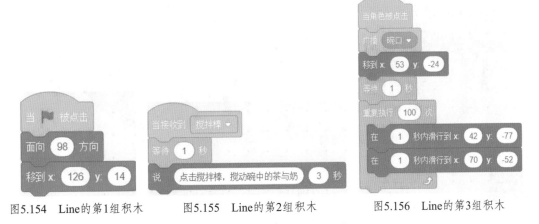

图5.156 Line的第3组积木

（12）为碗口角色添加第 1 组积木，用于初始化位置与隐藏状态，如图 5.158 所示。添加第 2 组积木，如图 5.159 所示。该组积木实现当接收到消息“碗口”后，显示碗口角色并开始增加旋涡特效，实现搅拌效果，并在广播消息“归位”后隐藏该角色。

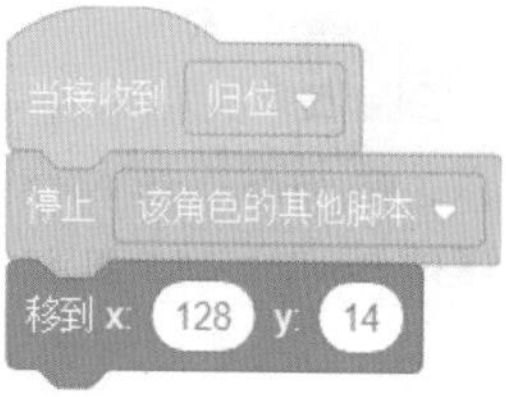

图5.157　Line的第4组积木

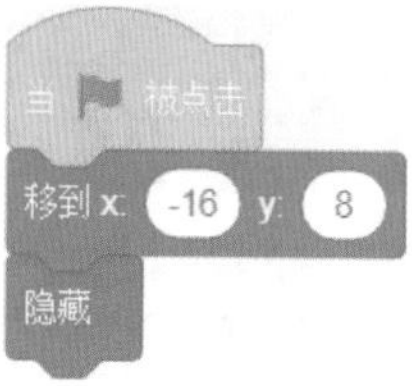

图5.158　碗口角色的第1组积木

图5.159　碗口角色的第2组积木

（13）运行程序，依次将茶与牛奶倒入碗中，如图 5.160 所示。点击搅拌棒开始搅拌奶茶，如图 5.161 所示。

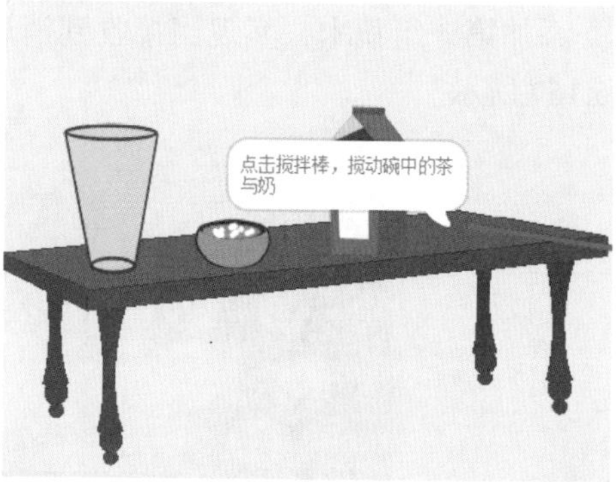

图5.160　依次倒入茶与奶

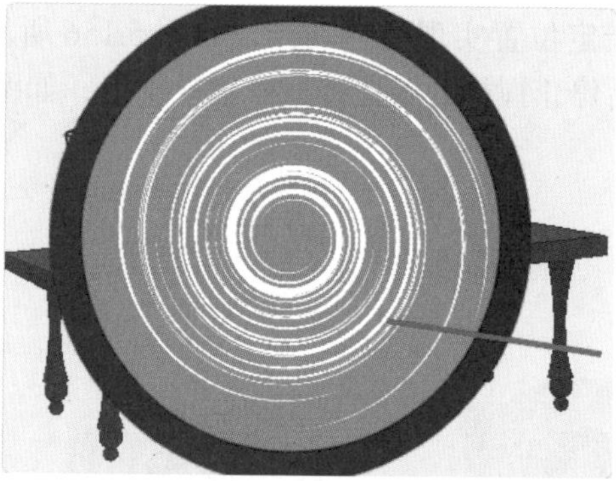
图5.161　搅拌奶茶

扫一扫，看视频

实例45　切换指定背景：学配对

每种小动物都会有最喜欢吃的食物。本实例将实现一个动物和食物配对的游戏。在本实例中，玩家需要选出小动物最喜欢吃的食物。在该例子中会使用到以下内容。

“换成背景 1 背景”积木：该积木会将舞台的背景换位指定背景。

下面实现学配对的游戏。

（1）使用文本工具T，为画板角色 Easel 的造型 Easel-a 添加文本，如图 5.162 所示。

（2）使用文本工具T，为按钮角色 Button2 的造型 button2-a 添加文本，如图 5.163 所示。

（3）将画板角色 Easel 与按钮角色 Button2 添加到背景 Party 中，并调整位置，如图 5.164 所示。

图5.162 Easel-a造型

图5.163 button2-a造型

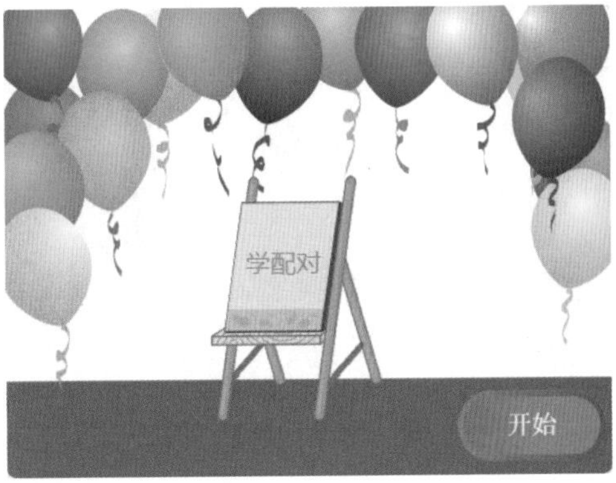

图5.164 角色与背景Party

（4）在猴子角色 Monkey 的造型界面，选择猴子造型，单击“复制”按钮。在画板角色 Easel2 的 Easel-a 造型界面中，单击“粘贴”按钮，将猴子角色复制到画板上，如图 5.165 所示。使用相同的方式将角色 Cat 的造型复制到画板角色 Easel3 中，如图 5.166 所示。

（a）（b）

图5.165 复制猴子到画板角色Easel2

图5.166 画板角色Easel3

（5）将画板角色 Easel2 与画板角色 Easel3 添加到背景 Forest 中，并调整位置，如图 5.167 所示。

（6）将猴子角色 Monkey、苹果角色 Apple、香蕉角色 Banana、西瓜角色 Watermelon 添加到背景 Mountain 中，并调整位置，如图 5.168 所示。

图5.167　背景Forest与角色

图5.168　背景Mountain与角色

（7）将小猫角色 Cat、小鱼角色 Fish、恐龙角色 Dinosaur4、大象角色 Elephant 添加到背景 Bedroom 1 中，设置大象与恐龙的大小为 50，并调整位置，如图 5.169 所示。

图5.169　背景Bedroom 1与角色

（8）为画板角色 Easel 添加第 1 组积木，实现运行程序时显示角色，如图 5.170 所示。

（9）为画板角色 Easel 添加第 2 组积木，实现当接收到“消息 1”后让角色隐藏，如图 5.171 所示。

（10）为按钮角色 Button2 添加第 1 组积木，实现初始化角色为显示状态，并开始播放背景音乐，如图 5.172 所示。

（11）为按钮角色 Button2 添加第 2 组积木，实现当点击按钮后，背景切换为指定背景，广播“消息 1”并隐藏按钮角色，如图 5.173 所示。

图5.170 Easel的第1组积木

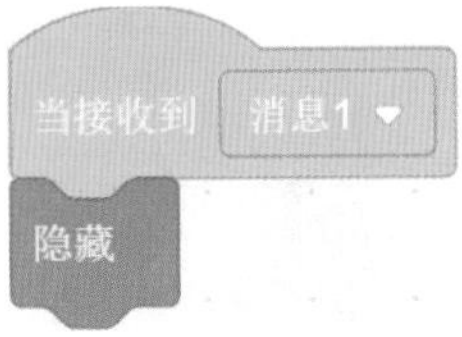

图5.171 Easel的第2组积木

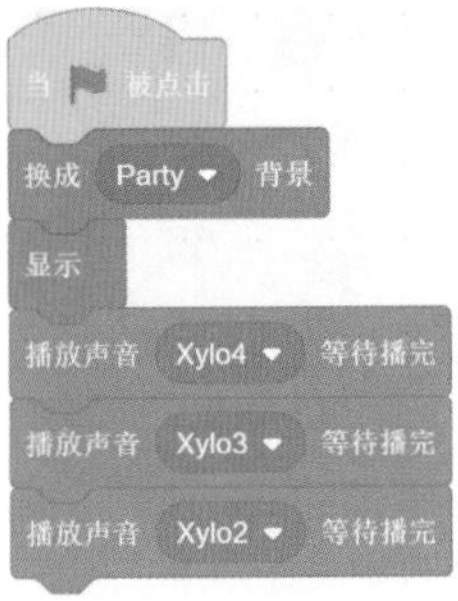

图5.172 Button2的第1组积木

图5.173 Button2的第2组积木

（12）为画板角色 Easel2、画板角色 Easel3、猴子角色 Monkey、苹果角色 Apple、香蕉角色 Banana、西瓜角色 Watermelon、小猫角色 Cat、小鱼角色 Fish、恐龙角色 Dinosaur4、大象角色 Elephant 添加第 1 组积木，实现在程序运行开始时，它们全部处于隐藏状态，如图 5.174 所示。

图5.174 Easel2、Easel3、Monkey、Apple、Banana、Watermelon、Cat、Fish、Dinosaur4、Elephant的第1组积木

（13）为画板角色 Easel2 与 Easel3 添加第 2 组积木，实现接收到“消息 1”后处于显示状态，如图 5.175 所示。

（14）为角色 Easel2 添加第 3 组积木，实现当点击该角色切换指定背景并广播“消息猴子”，如图 5.176 所示。

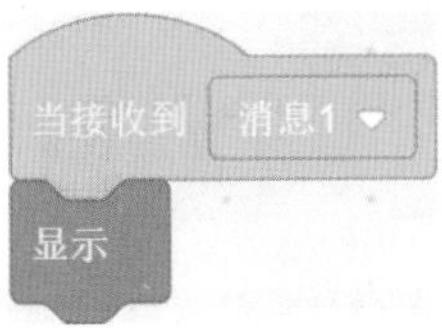

图5.175 Easel2、Easel3的第2组积木

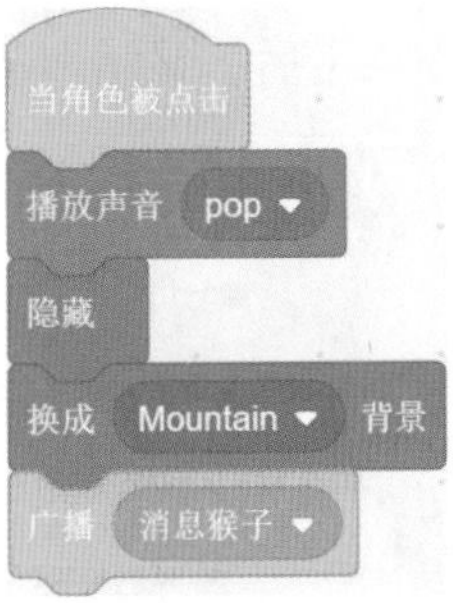

图5.176 Easel2的第3组积木

（15）为角色 Easel2 添加第 4 组积木，实现当接收到“消息猫”后隐藏该角色，如图 5.177 所示。

（16）为角色 Easel3 添加第 3 组积木，实现当点击该角色切换指定背景并广播“消息猫”，如图 5.178 所示。

图5.177　Easel2第4组积木

图5.178　Easel3第3组积木

（17）为角色 Easel3 添加第 4 组积木，实现当接收到“消息猴子”后隐藏该角色，如图 5.179 所示。

（18）为猴子角色 Monkey 添加第 2 组积木，实现当接收到“消息猴子”后显示该角色并展示提示信息，如图 5.180 所示。

（19）为苹果角色 Apple、香蕉角色 Banana、西瓜角色 Watermelon 添加相同的第 2 组积木，实现当接收到“消息猴子”后显示这些角色，如图 5.181 所示。

图5.179　Easel3的第4组积木

图5.180　Monkey的第2组积木

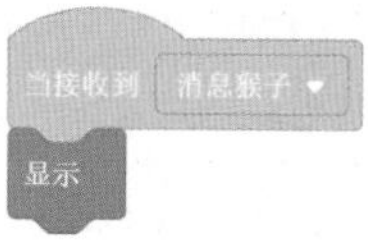

图5.181　Apple、Banana、Watermelon的第2组积木

（20）依次为苹果角色 Apple、香蕉角色 Banana、西瓜角色 Watermelon 添加第 3 组积木，实现当角色被点击后，显示对应角色的提示消息，如图 5.182 ~图 5.184 所示。

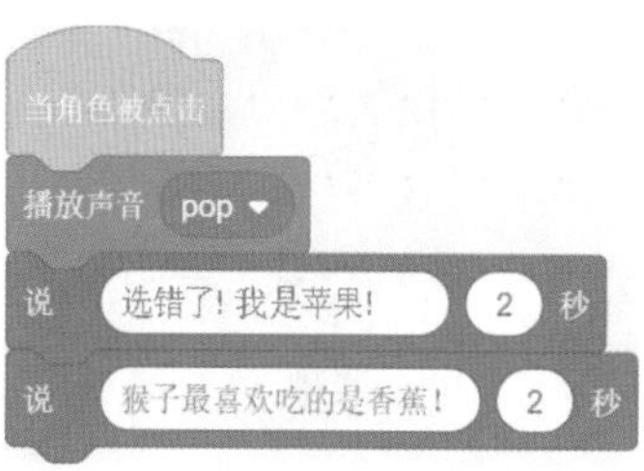

图5.182　Apple的第3组积木

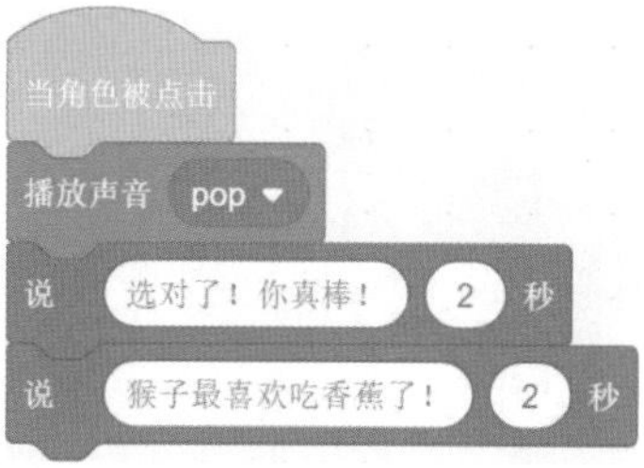

图5.183　Banana的第3组积木

（21）为小猫角色 Cat 添加第 2 组积木，实现当接收到“消息猫”后显示该角色并展示提示信息，如图 5.185 所示。

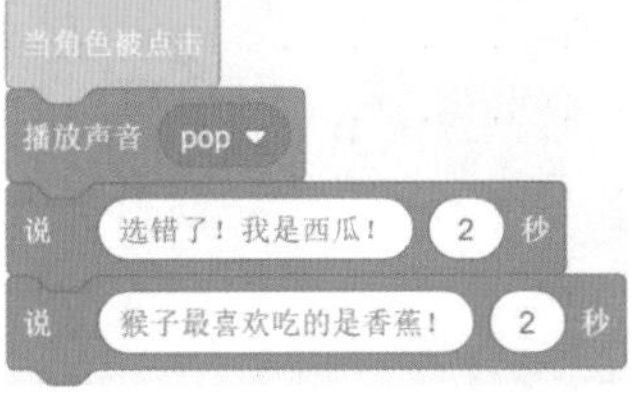

图5.184 Watermelon的第2组积木

图5.185 Cat的第2组积木

（22）为小鱼角色 Fish、恐龙角色 Dinosaur4、大象角色 Elephant 添加相同的第 2 组积木，实现当接收到“消息猫”后显示这些角色，如图 5.186 所示。

（23）依次为小鱼角色 Fish、恐龙角色 Dinosaur4、大象角色 Elephant 添加第 3 组积木，实现当角色被点击后，显示对应的提示消息，如图 5.187 ~图 5.189 所示。

图5.186 Fish、Dinosaur4、Elephant的第2组积木

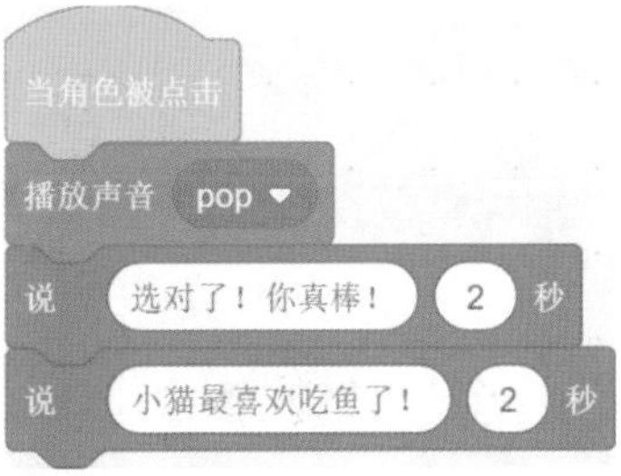

图5.187 Fish的第3组积木

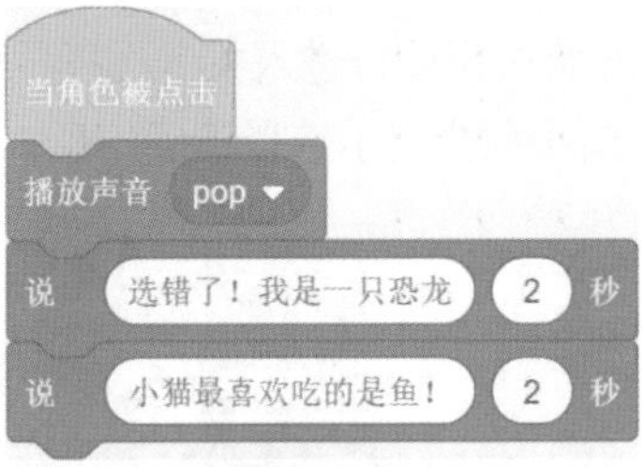

图5.188 Dinosaur4的第3组积木

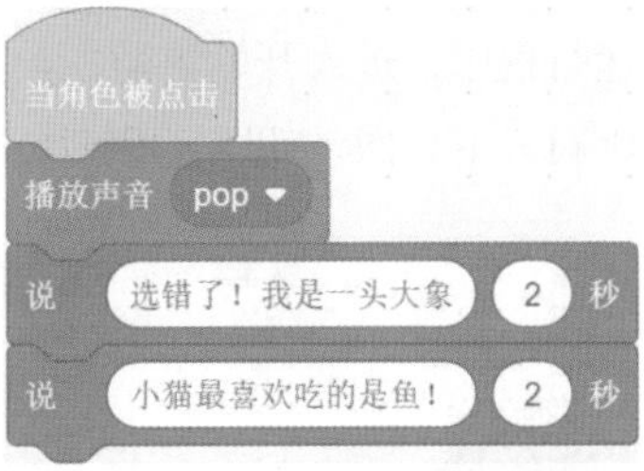

图5.189 Elephant的第3组积木

（24）运行程序。进入开始界面，如图 5.190 所示。当点击开始按钮后，进入关卡选择界面如图 5.191 所示。当点击猴子画板后，进入猴子配对关卡界面，如图 5.192 所示。点击香蕉后，提示选择正确信息，如图 5.193 所示。

学配对
开始

图5.190　开始界面

图5.191　关卡选择界面

请选出猴子最喜欢吃的食物！

图5.192　进入猴子配对关卡

选对了！你真棒！

图5.193　选择正确

（25）重新运行程序，进入开始界面。当点击开始按钮后，进入关卡选择界面。当点击小猫画板后进入小猫配对关卡界面，如图5.194所示。点击小鱼会提示选择正确信息，如图5.195所示。

请选出小猫最喜欢吃的食物！

图5.194　进入小猫配对关卡

选对了！你真棒！

图5.195　选择正确

实例46　下一个背景：海底穿越

扫一扫，看视频

在神秘的大海中，经常会出现一些神秘的洞穴。在本实例中，一只游荡的鱼发现了一个闪烁的洞穴。当它进入洞穴中，却发现进入了另一片海域，并发生了神奇的事情。本实例通过按键控制鱼的移动，当进入洞穴后，就切换到下一个背景。在该例子中会使用到以下内容。

- “下一个背景”积木：本积木会按照背景造型中的顺序切换下一个背景。
- “当背景换成背景1”积木：该积木会检测背景，当背景换为指定背景后会提示程序。

下面实现海底穿越。

（1）设置洞穴角色Button1的两个造型：造型button1与造型button2，如图5.196和图5.197所示。

图5.196　造型button1

图5.197　造型button2

（2）将洞穴角色Button1、鱼角色Fish添加到海底背景Underwater 1中，并调整位置，如图5.198所示。

图5.198　角色与背景

（3）为洞穴角色Button1添加积木，实现闪烁效果，如图5.199所示。

（4）为鱼角色 Fish 添加第 1 组积木，实现初始化鱼的位置以及提示发现了洞穴，如图 5.200 所示。

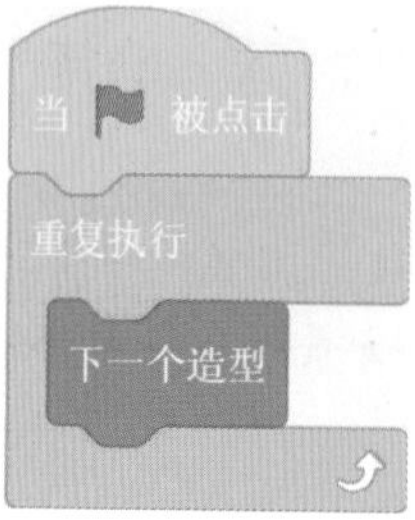

图5.199　角色Button1的积木

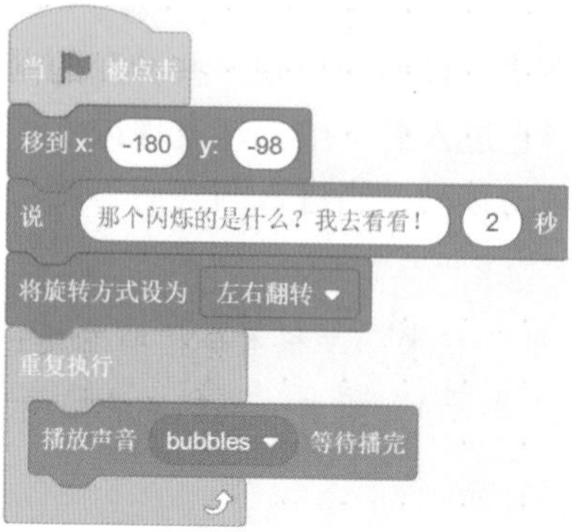

图5.200　Fish的第1组积木

（5）为鱼角色 Fish 添加第 2 组积木，如图 5.201 所示。该组积木用于判断鱼的位置是否到了洞穴。如果到达，切换到下一个背景。

（6）为鱼角色 Fish 添加第 3 组积木，实现按下向右键后鱼向右移动，如图 5.202 所示。

（7）为鱼角色 Fish 添加第 4 组积木，实现按下向左键后鱼向左移动，如图 5.203 所示。

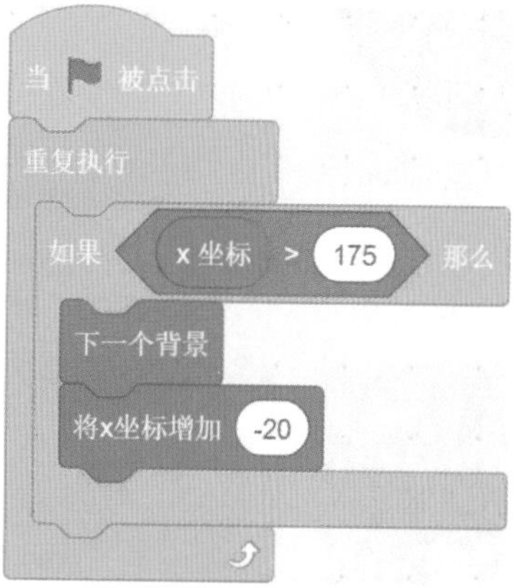

图5.201　Fish的第2组积木

图5.202　Fish的第3组积木

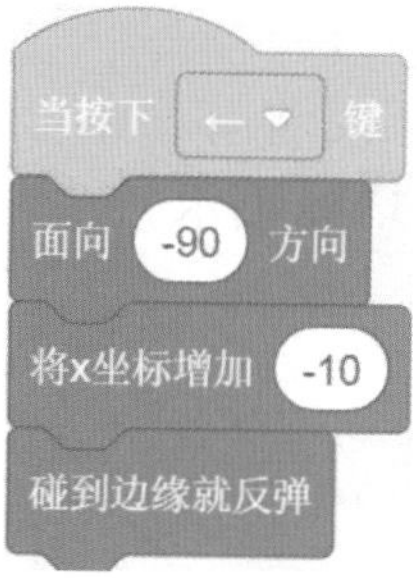

图5.203　Fish的第4组积木

（8）为鱼角色 Fish 添加第 5 组积木，实现当切换为指定背景后克隆当前角色，如图 5.204 所示。

（9）为鱼角色 Fish 添加第 6 组积木，实现变化角色、克隆角色以及移动克隆鱼的效果，如图 5.205 所示。

（10）为鱼角色 Fish 添加第 7 组积木，实现当背景切换回来后鱼又变回默认造型，如图 5.206 所示。

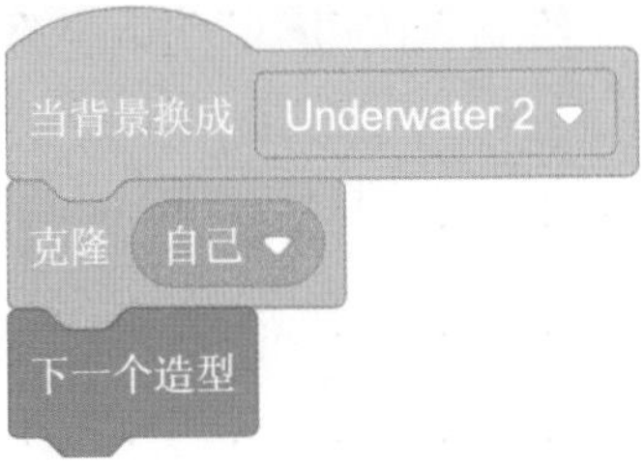

图5.204 Fish的第5组积木

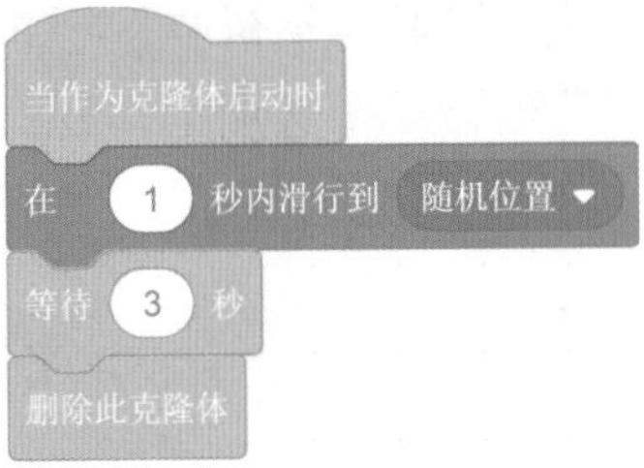

图5.205 Fish的第6组积木

图5.206 Fish的第7组积木

（11）运行程序。小丑鱼会发现一个闪烁的洞穴，如图 5.207 所示。当鱼进入洞穴后，背景会被切换，鱼也会发生变化，如图 5.208 所示。当鱼再次穿越洞穴，背景会切换为最初的样子，鱼也会变为最初的样子。

图5.207 发现洞穴

图5.208 穿越洞穴发生变化

扫一扫，看视频

实例47 移动图层：排队坐公交

公交车是人们出行必不可少的一种交通工具。在乘坐公交车时，我们必须遵守公共秩序，例如，排队上下车、主动为老弱病残孕让座等。本实例实现一个排队坐公交的游戏，通过修改角色的图层顺序为角色排序。在该例子中会使用到以下内容。

- “移到最前面”积木：该积木会让当前角色或背景移动到最前面。
- “前移 1 层”积木：该积木会让当前角色或背景向前移动 1 层或指定层。

下面实现排队坐公交。

（1）在角色窗口中，依次单击“选择一个角色”按钮 | “绘制”按钮，进入造型界面中。使用矩形工具、变形工具与文本工具绘制一个公交站牌角色，命名为“公交站牌”，如图 5.209 所示。

（2）在角色窗口中，依次点击“选择一个角色”按钮 | “绘制”按钮，进入造型界面。使用矩形工具与文本工具绘制一个选项角色，命名为“正确选项”，如图 5.210 所示。使用相同的方式绘制另外一个选项角色，命名为“错误选项”，如图 5.211 所示。这两个角色默认为隐藏状态。

图5.209　公交站牌角色

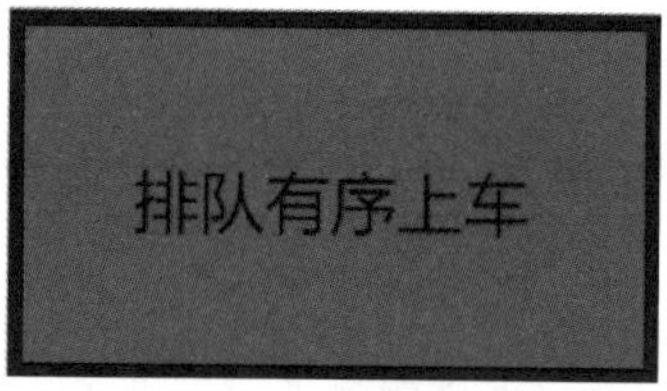

图5.210　正确选项角色

图5.211　错误选项角色

（3）选择公交车角色 City Bus。在其造型界面中复制一个 City Bus-b 造型，命名为 City Bus-b1。将角色 Ballerina 复制到造型 City Bus-b1 中，并调整位置，如图 5.212 所示。

（4）选择公交车角色 City Bus，在其造型界面中复制一个 City Bus-b1 造型，命名为 City Bus-b2。将角色 Kai 复制到造型 City Bus-b2 中，并调整位置，如图 5.213 所示。

图5.212　造型City Bus-b1

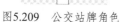

图5.213　造型City Bus-b2

（5）选择公交车角色 City Bus，在其造型界面中复制一个 City Bus-b2 造型，命名为 City Bus-b3。将角色 Abby 复制到造型 City Bus-b3 中，并调整位置，如图 5.214 所示。

（6）将“正确选项”角色（隐藏状态）、“错误选项”角色（隐藏状态）、公交车角色 City Bus、公交站牌角色、小女孩角色 Ballerina、男孩角色 Kai、妇女角色 Abby 添加到背景 Night City With Street 中，并调整位置，如图 5.215 所示。

（7）为公交车角色 City Bus 添加第 1 组积木，初始化造型、位置并广播“消息 1”，如图 5.216 所示。添加第 2 组积木，如图 5.217 所示。该组积木实现移动到公交站台并以此广播“消息 5”“消息 6”“消息 7”，让对应人员上车。

图5.214 造型City Bus-b3

图5.215 角色与背景

（8）为小女孩角色 Ballerina 添加第 1 组积木，实现初始化位置与显示状态，如图 5.218 所示。添加第 2 组积木，实现当接收到“消息 1”后显示提示消息并广播“消息 2”，如图 5.219 所示。

图5.216 City Bus的第1组积木

图5.217 City Bus的第1组积木

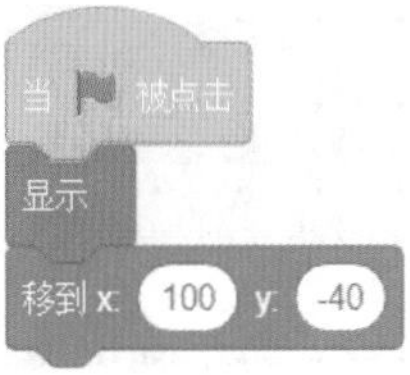

图5.218 Ballerina的第1组积木

（9）为小女孩角色 Ballerina 添加第 3 组积木，实现当接收到“消息 3”后开始排队并广播“消息 4”，如图 5.220 所示。添加第 4 组积木，实现当接收到“消息 5”后隐藏当前角色，表示上车成功，如图 5.221 所示。

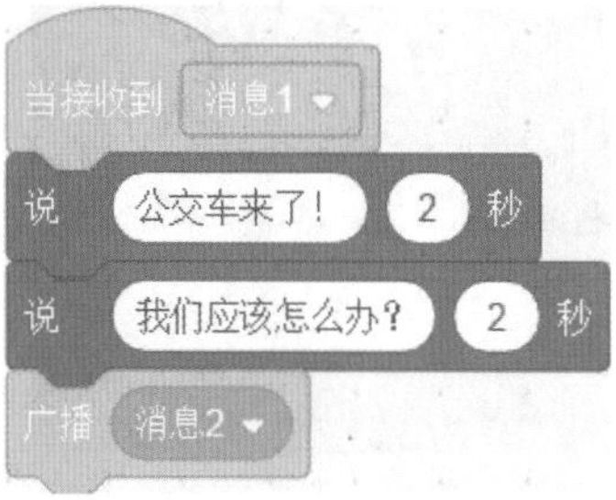

图5.219　Ballerina的第2组积木

图5.220　Ballerina的第3组积木

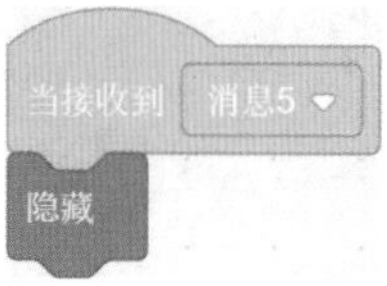

图5.221　Ballerina的第4组积木

（10）为男孩角色 Kai 添加第 1 组积木，初始化位置与显示状态，如图 5.222 所示。添加第 2 组积木，实现当接收到“消息 3”后实现排队，如图 5.223 所示。添加第 3 组积木，实现当接收到“消息 6”后隐藏当前角色，表示上车成功，如图 5.224 所示。

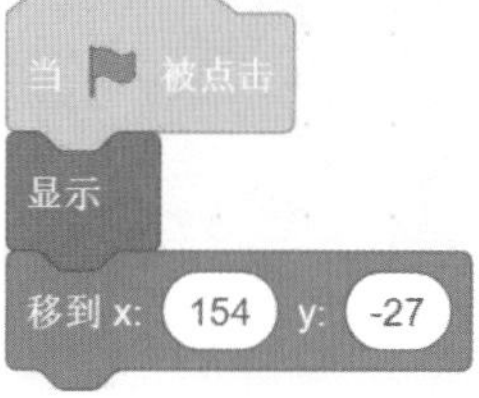

图5.222　Kai的第1组积木

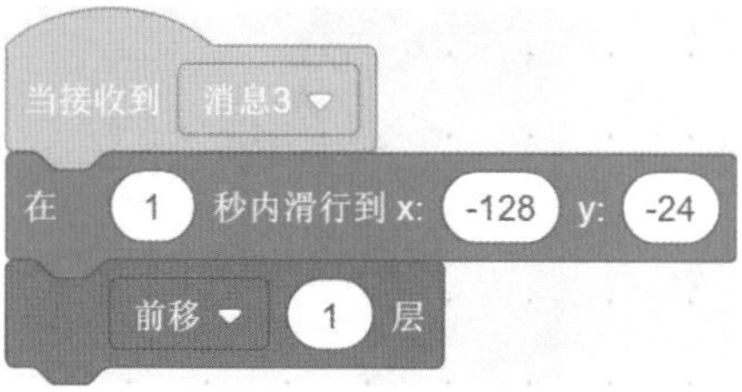

图5.223　Kai的第2组积木

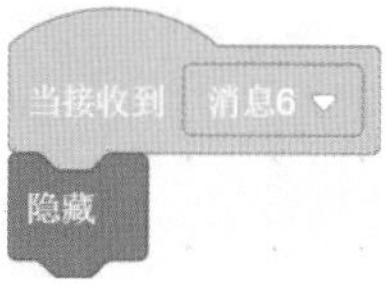

图5.224　Kai的第3组积木

（11）为妇女角色 Abby 添加第 1 组积木，初始化位置与显示状态，如图 5.225 所示。添加第 2 组积木，实现当接收到“消息 3”后进行排队，如图 5.226 所示。添加第 3 组积木，实现当接收到“消息 7”后隐藏当前角色，表示上车成功，如图 5.227 所示。

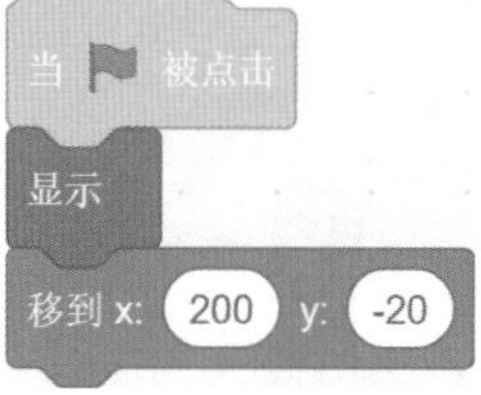

图5.225　Abby的第1组积木

图5.226　Abby的第2组积木

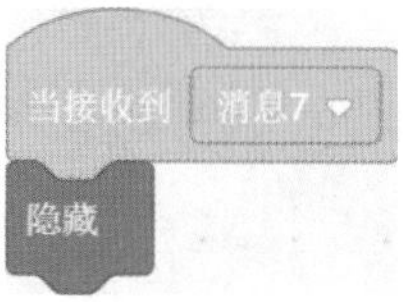

图5.227　Abby的第3组积木

（12）为正确选项角色添加第 1 组积木，实现初始化位置与隐藏状态，如图 5.228 所示。添加第 2 组积木，实现当接收到“消息 2”后以淡入效果显示该角色，如图 5.229 所示。

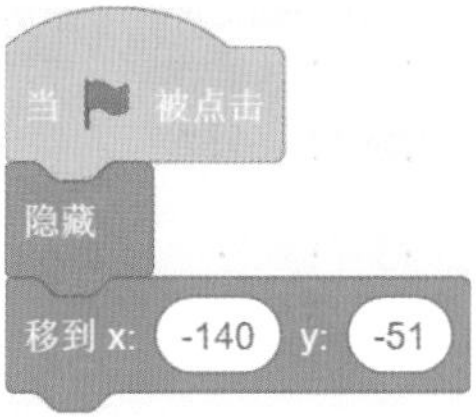

图5.228 正确选项角色的第1组积木

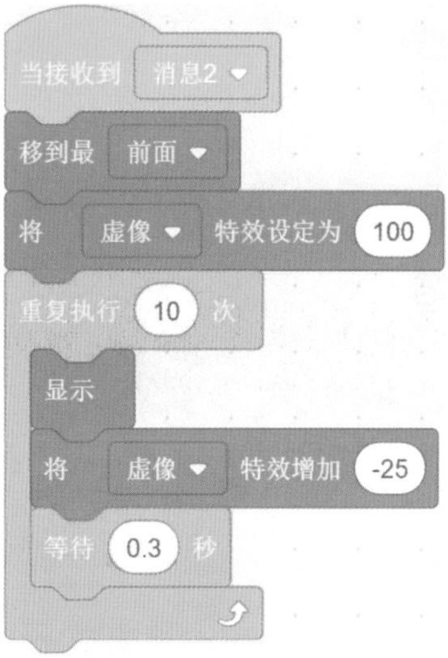

图5.229 正确选项角色的第2组积木

（13）为正确选项角色添加第 3 组积木，如图 5.230 所示。该组积木实现当角色被点击后显示提示信息，隐藏当前角色，并广播“消息 3”告知乘车人开始排队。

（14）为错误选项角色添加第 1 组积木，实现初始化位置与隐藏状态，如图 5.231 所示。添加第 2 组积木，实现当接收到“消息 2”后以淡入效果显示该角色，如图 5.232 所示。

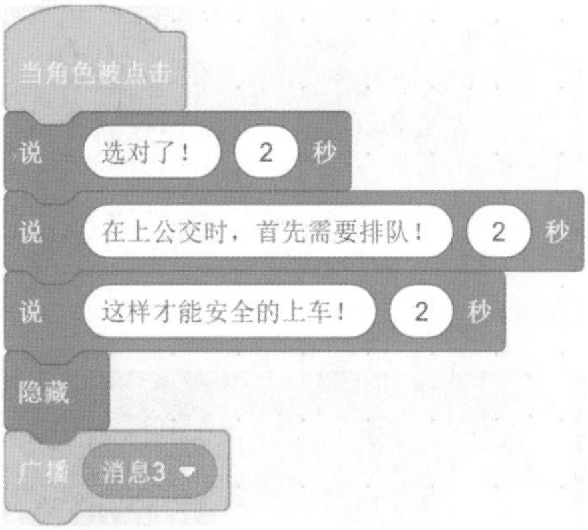

图5.230 正确选项角色的第3组积木

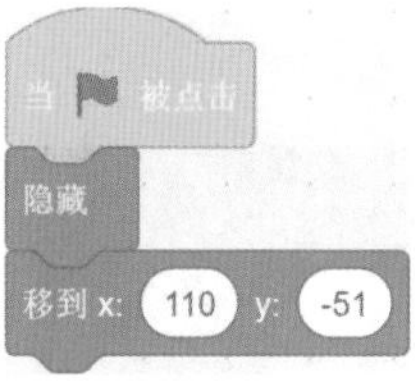

图5.231 错误选项角色的第1组积木

（15）为错误选项角色添加第 3 组积木，如图 5.233 所示。该组积木实现当角色被点击后显示提示信息告知乘车人选择错误，需要重新选择。添加第 4 组积木，实现当接收到“消息 3”后隐藏当前角色，如图 5.234 所示。

图5.232　错误选项角色的第2组积木

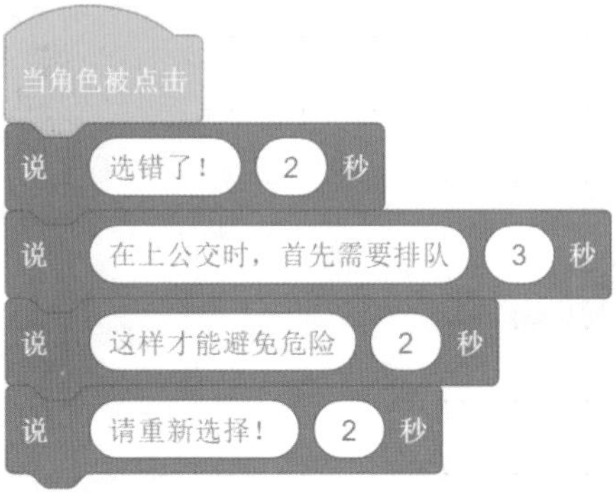

图5.233　错误选项角色的第3组积木

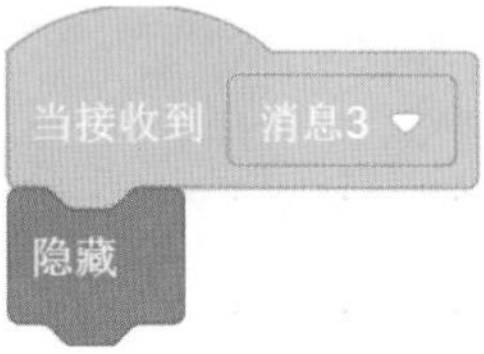

图5.234　错误选项角色的第4组积木

（16）运行程序，在提示信息出现后会展示两个选项卡，如图5.235所示。选择正确后，人物会进行排队上车，如图5.236所示。人物上车后，公交车会开走，如图5.237所示。选择错误后，会提示重新选择，如图5.238所示。

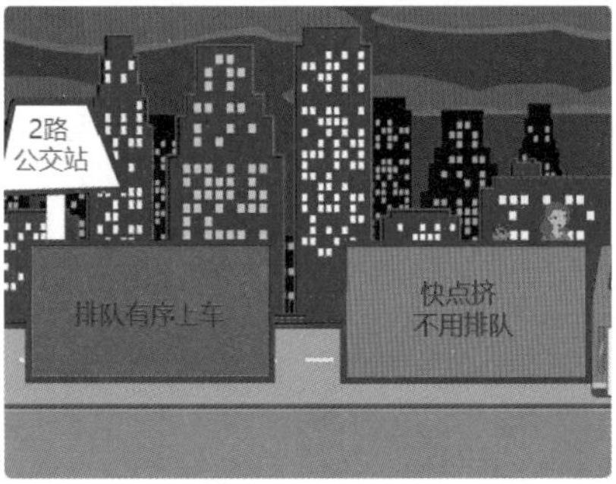

图5.235　显示选项卡

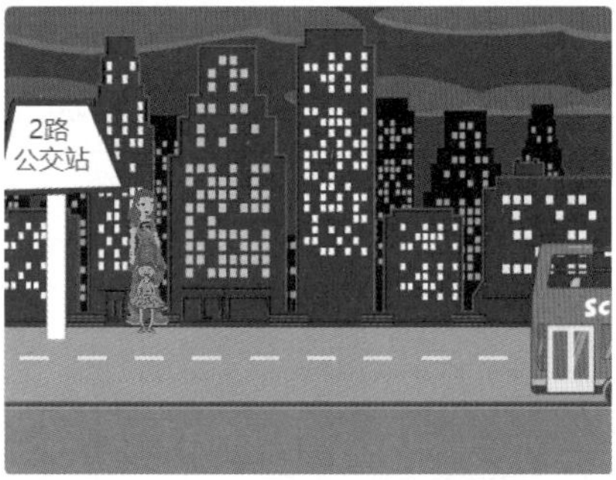

图5.236　排队等待上公交

图5.237　上车完毕，公交开走

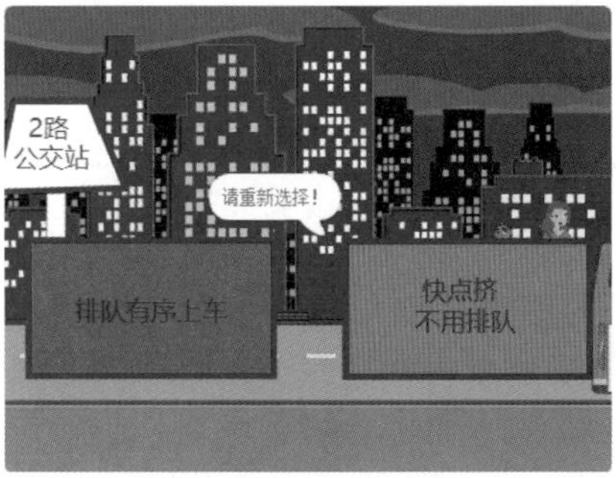

图5.238　选错选项卡，提示重选

实例48 移动与背景切换：Avery的徒步旅行

徒步旅行亦称远足、行山或健行，并不是通常意义上的散步，而是指有目的地在郊区、农村或者山野间进行中长距离的走路锻炼。徒步旅行可以陶冶情操、磨炼意志，并可以在旅行过程中提高个人的生活能力。本实例通过循环移动与背景切换实现 Avery 的徒步旅行。在该例子中会使用到以下内容。

扫一扫，看视频

- "重复执行"积木：该积木可以重复执行其范围内的所有积木。
- "换成背景 1 背景"积木：该实例使用该积木的换成下一个背景积木，实现背景依次切换。

下面实现 Avery 的徒步旅行。

（1）添加多个背景 Arctic、Basketball 1、Basketball 3、Beach Rio、Beach Malibu、Boardwalk、Canyon、Castle 4、Field At Mit、Galaxy、Hay Field 等，将角色 Avery 添加到 Arctic 并调整位置，如图 5.239 所示。

图5.239 背景与角色

（2）为角色 Avery 添加第 1 组积木，用于播放背景音乐，如图 5.240 所示。添加第 2 组积木，用于重复移动和背景切换，如图 5.241 所示。

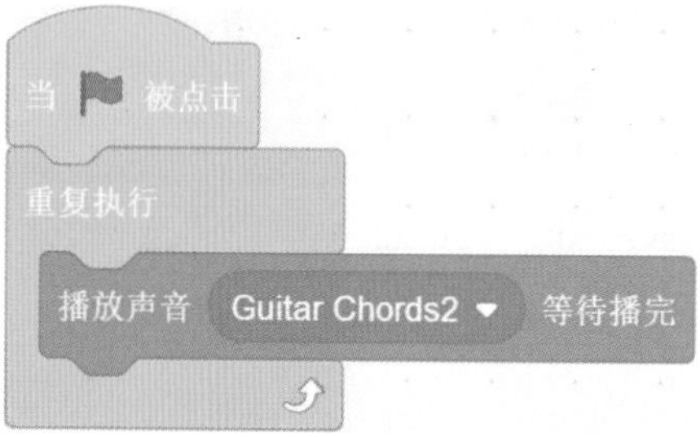

图5.240　Avery的第1组积木

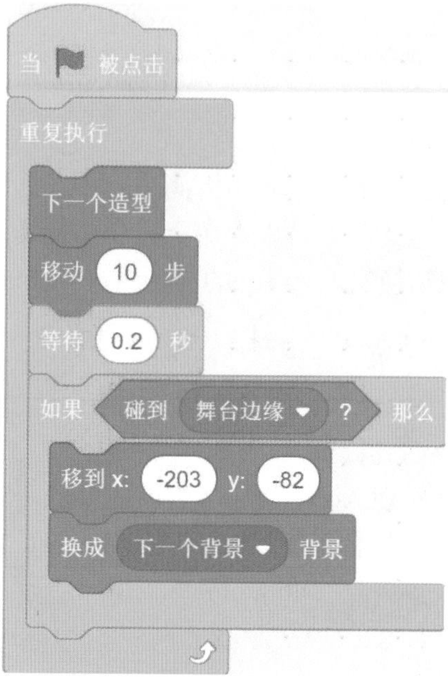

图5.241　Avery的第2组积木

（3）运行程序。Avery 会开始徒步旅行，如图 5.242 所示。每当旅行完一个地方，就会进入下一个背景，如图 5.243 所示。

图5.242　开始旅行

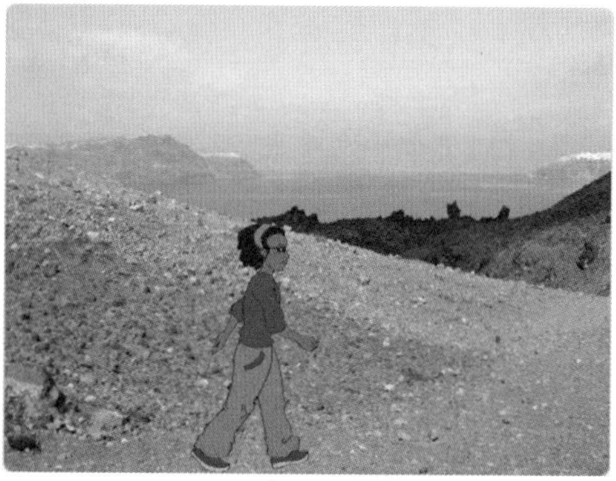

图5.243　进入下一个背景

第6章

声　音

声音可以增加程序的氛围，让玩家有身临其境的感觉。例如，在阳光明媚的野外场景，配上几声鸟叫或虫鸣，会让玩家感觉十分惬意。Scratch提供了多个声音相关积木，如频率控制、音量控制和响度控制等。本章将通过多个实例讲解这些积木的使用方法。

扫一扫，看视频

实例49　振动频率：蝙蝠的秘密

声音是通过振动产生的一种声波。振动频率越高，声音越尖锐，振动频率越低，声音越低沉。蝙蝠发出的声音由于振动频率过高，属于一种超声波，人类无法听到。因此，很多人认为蝙蝠不会叫。本实例会演示不同人或不同动物发出的笑声。在该例子中会使用到以下内容。

- “将音调音效增加10”积木：可以让声音音调增加指定值，默认为10。
- “将音调音效设为100”积木：可以设置声音音调为指定值，默认为100。
- “清除音效”积木：清除声音的所有附加音效。

下面实现蝙蝠的秘密。

（1）将成年人角色Avery、未成年角色Ballerina、蝙蝠角色Bat添加到背景Blue Sky 2中，并调整位置，如图6.1所示。

（2）为成年人角色Avery、未成年角色Ballerina添加第1组积木，初始化角色的音调都为0，如图6.2所示。

图6.1　角色与背景

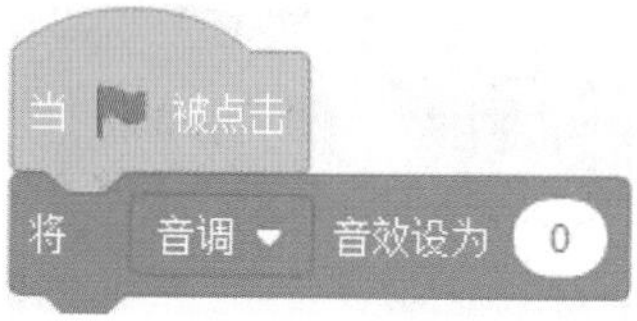

图6.2　Avery、Ballerina的第1组积木

（3）为成年人角色Avery添加第2组积木，显示提示信息，如图6.3所示。

（4）为成年人角色Avery添加第3组积木，如图6.4所示。该组积木实现点击角色播放稍微厚重的笑声，并在最后清除音效。

（5）为未成年角色Ballerina添加第2组积木，实现播放稍微尖锐的笑声并在最后清除音效，如图6.5所示。

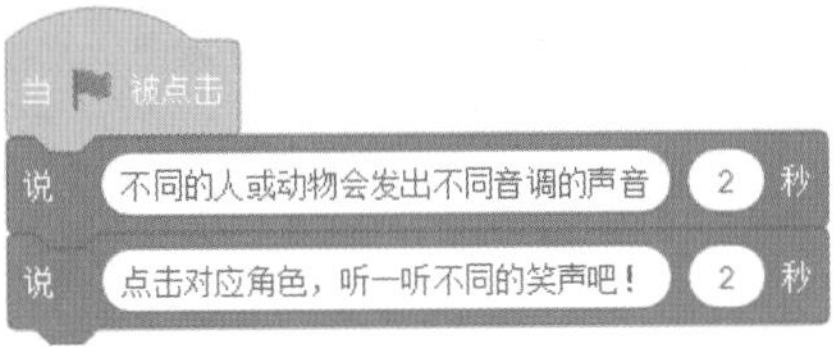

当 被点击
说 不同的人或动物会发出不同音调的声音 2 秒
说 点击对应角色，听一听不同的笑声吧！ 2 秒

图6.3 Avery的第2组积木

当角色被点击
说 我是成年人！ 2 秒
说 发出的笑声比较平和！ 2 秒
将 音调 音效增加 -10
播放声音 Laugh1
等待 1 秒
清除音效

图6.4 Avery的第3组积木

（6）为蝙蝠角色 Bat 添加第 1 组积木，实现显示蝙蝠不会叫的密码，如图 6.6 所示。

当角色被点击
说 我是未成年！ 2 秒
说 发出的笑声比较尖锐！ 2 秒
将 音调 音效增加 50
播放声音 Laugh1
等待 5 秒
清除音效

图6.5 Ballerina的第2组积木

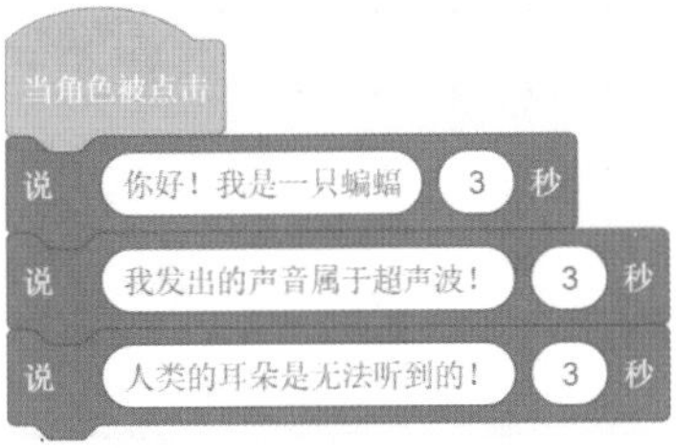

当角色被点击
说 你好！我是一只蝙蝠 3 秒
说 我发出的声音属于超声波！ 3 秒
说 人类的耳朵是无法听到的！ 3 秒

图6.6 Bat的第1组积木

（7）运行程序，会显示提示信息，如图 6.7 所示。点击不同角色会发出对应的笑声。例如，点击蝙蝠，蝙蝠会说出它“不会叫”的秘密，如图 6.8 所示。

不同的人或动物会发出不同
音调的声音

图6.7 显示提示信息

人类的耳朵是无法听到的！

图6.8 蝙蝠说出它的秘密

扫一扫，看视频

实例50　声音的物理现象：狮子扑兔

最初发出振动的物体叫声源。声音在传播过程中，往往会被消耗，所以会出现距离声源越远的地方，听到的声音越小，本实例通过狮子扑兔的场景讲解这一原理。在该例子中会使用到以下内容。

“将音量设为 100%”积木：该积木可以按照百分比控制音量的大小，默认为 100。

下面实现狮子扑兔效果。

（1）将狮子角色 Lion、兔子角色 Hare、树角色 Trees 添加到背景 Savanna 中，并调整位置，如图 6.9 所示。

（2）为兔子角色 Hare 添加第 1 组积木，实现兔子为了躲避狮子的追捕移动到树后并广播“消息 1”，如图 6.10 所示。添加第 2 组积木，实现在兔子跳跃时播放跳跃音效，如图 6.11 所示。

图6.9　角色与背景

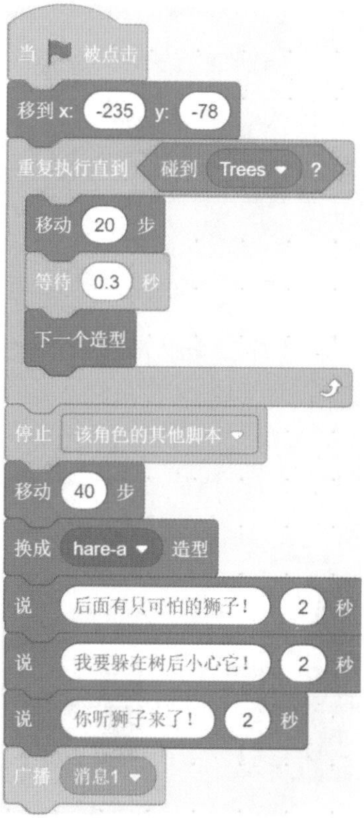

图6.10　Hare的第1组积木

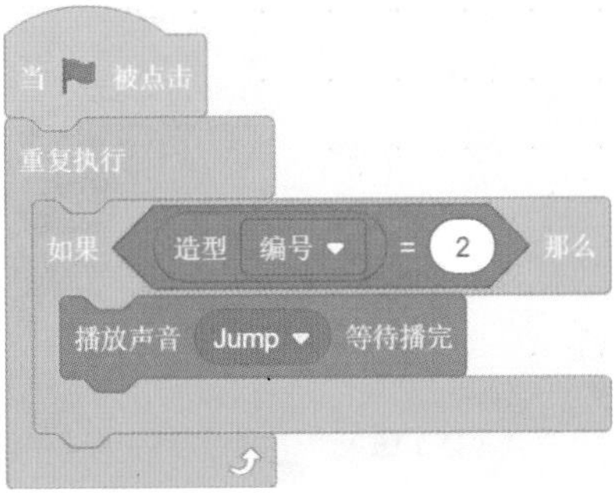

图6.11 Hare的第2组积木

（3）为狮子角色 Lion 添加第 1 组积木，初始化狮子的位置、选择方式、图层以及隐藏状态，如图 6.12 所示。添加第 2 组积木，实现当接收到“消息 1”后切换为显示状态并寻找兔子，如图 6.13 所示。

图6.12 Lion的第1组积木

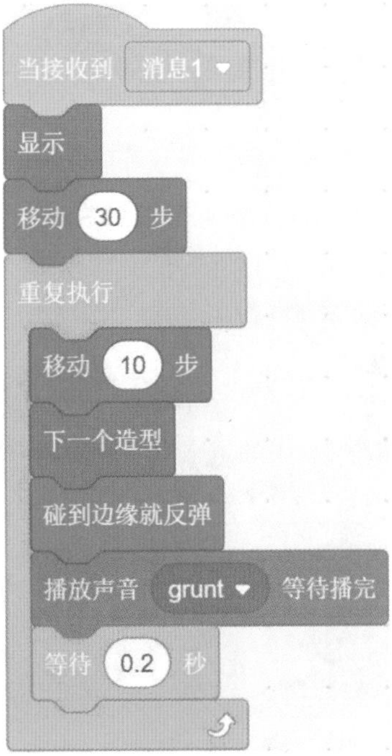

图6.13 Lion的第2组积木

（4）为狮子角色 Lion 添加第 3 组积木，如图 6.14 所示。实现根据狮子与树之间的距离，设置狮吼声的大小。模拟兔子听到狮子吼声的大小，会跟随狮子的位置进行变化。

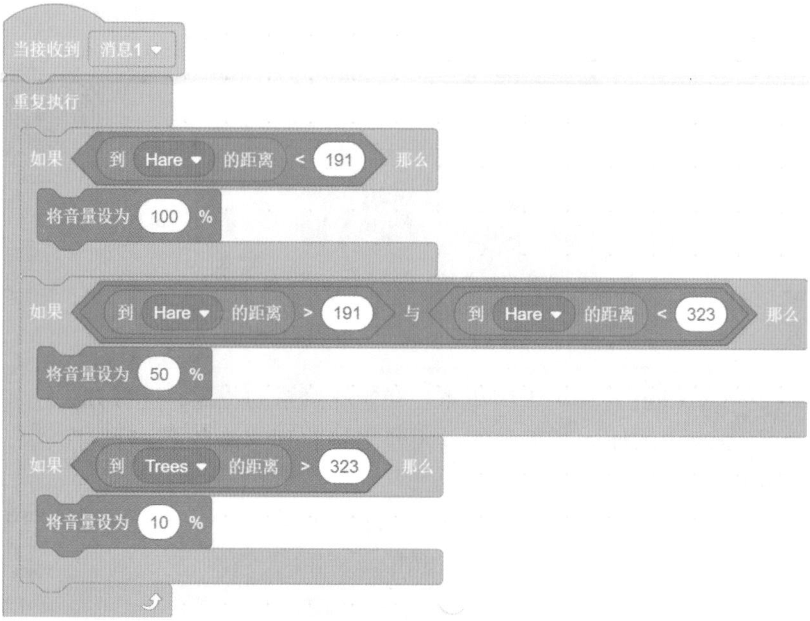

图6.14　Lion的第3组积木

（5）运行程序。一只兔子会向树下跳跃，如图 6.15 所示。狮子会为了捕捉兔子来回寻找，并发出吼声，如图 6.16 所示。

图6.15　兔子向树下跳跃

图6.16　狮子寻找兔子

扫一扫，看视频

实例51　控制音量：文明听音乐

听音乐的好处有很多，既可以舒缓心情、陶冶情操，又可以帮助睡眠。但是，在听音乐时也要注意控制音量的大小，避免音量过大对其他人造成困扰。本实例演示主角 Devin

在听音乐时，音量过大影响到了他的妈妈打电话，需要将音量调小。在该例子中会使用到以下内容。

“将音量增加 10”积木：该积木可以控制音乐的音量大小，正数为增加，负数为减少。

下面实现文明听音乐。

（1）选择按钮角色 Button1。在角色的造型界面中，使用文本工具T添加文本“调大”，如图 6.17 所示。复制一个按钮角色 Button1，命名为 Button2。在角色的造型界面中，使用文本工具T添加文本“调小”，如图 6.18 所示。

（2）选择按钮角色 Button2 修改名称为 Button3。在角色的造型界面中，使用文本工具T添加文本“返回”，如图 6.19 所示。

图6.17 角色Button1

图6.18 角色Button2

图6.19 角色Button3

（3）将人物角色 Devin、妈妈角色 Avery Walking、收音机角色 Radio 添加到背景 Bedroom 2 中，并调整位置，如图 6.20 所示。

（4）将人物角色 Devin、收音机角色 Radio、调大按钮角色 Button1、调小按钮角色 Button2、返回按钮角色 Button3 添加到背景 Blue Sky 2 中，并调整位置，如图 6.21 所示。

图6.20 Bedroom 2背景与角色

图6.21 Blue Sky 2背景与角色

（5）为收音机角色 Radio 添加第 1 组积木，初始化位置、背景、大小、音量以及播放音乐，如图 6.22 所示。添加第 2 组积木，实现当角色被点击时，切换背景、改变大小、移动位置并广播“显示”，如图 6.23 所示。

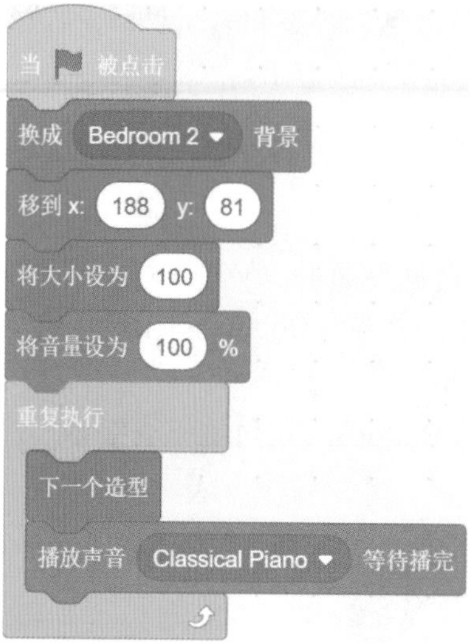

图6.22 Radio的第1组积木

图6.23 Radio的第2组积木

（6）为收音机角色Radio添加第3组积木，实现接收到“消息1”后增加音量，如图6.24所示。添加第4组积木，实现接收到“消息2”后降低音量，如图6.25所示。添加第5组积木，实现接收到“返回”后切换背景，并将角色放回原位，如图6.26所示。

图6.24 Radio的第3组积木

图6.25 Radio的第4组积木

（7）为妈妈角色Avery Walking添加第1组积木，实现妈妈让Devin降低音乐的音量，并广播消息“对话”，如图6.27所示。添加第2组积木，循环播放电话铃声，如图6.28所示。

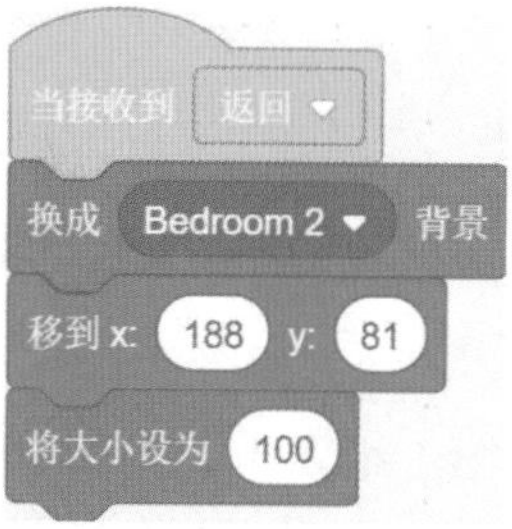

图6.26 Radio的第5组积木

图6.27 Avery Walking的第1组积木

图6.28 Avery Walking的第2组积木

（8）为人物角色 Devin 添加第 1 组积木，实现当接收到消息“对话”后与妈妈对话并显示提示信息，如图 6.29 所示。添加第 2 组积木，实现当接收到消息“返回”后告知大家要注意文明听音乐，如图 6.30 所示。

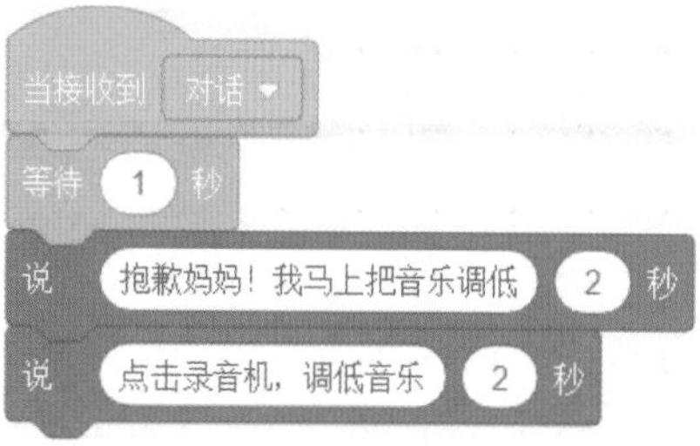
当接收到 对话
等待 1 秒
说 抱歉妈妈！我马上把音乐调低 2 秒
说 点击录音机，调低音乐 2 秒

图6.29　Devin的第1组积木

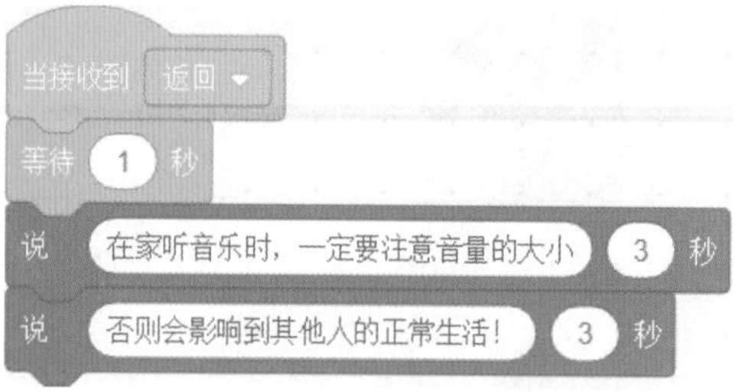
当接收到 返回
等待 1 秒
说 在家听音乐时，一定要注意音量的大小 3 秒
说 否则会影响到其他人的正常生活！ 3 秒

图6.30　Devin的第2组积木

（9）为角色 Button1、Button2、Button3 添加第 1 组积木，初始化为隐藏状态，如图 6.31 所示。添加第 2 组积木，实现当接收到消息“显示”后切换角色为显示状态，如图 6.32 所示。

（10）为角色 Button1、Button2 添加第 3 组积木，实现当接收到消息“返回 ”后切换角色为隐藏状态，如图 6.33 所示。

当 被点击
隐藏

图6.31　Button1、Button2、Button3的第1组积木

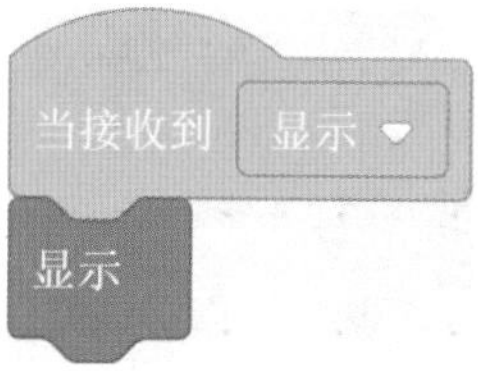
当接收到 显示
显示

图6.32　Button1、Button2、Button3的第2组积木

（11）为角色 Button1 添加第 4 组积木，实现当角色被点击后广播“消息 1 ”，如图 6.34 所示。

（12）为角色 Button2 添加第 4 组积木，实现当角色被点击后广播“消息 2 ”，如图 6.35 所示。

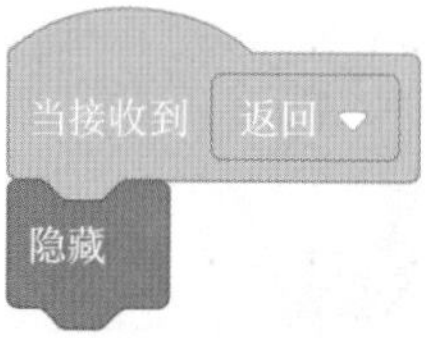
当接收到 返回
隐藏

图6.33　Button1、Button2的第3组积木

当角色被点击
广播 消息1

图6.34　Button1的第4组积木

（13）为角色 Button3 添加第 3 组积木，实现当角色被点击后角色切换为隐藏状态并广播“返回”，如图 6.36 所示。

（14）运行程序。Devin 正在听音乐，妈妈会让它关小点音乐，如图 6.37 所示。点击收音机，进入调音界面，如图 6.38 所示。调音后点击返回按钮，Devin 会告诉大家要文明听音乐，声音不要太大，如图 6.39 所示。

当角色被点击
广播 消息2

图6.35 Button2的第4组积木

当角色被点击
隐藏
广播 返回

图6.36 Button3的第3组积木

Devin，你的声音太吵了！

图6.37 妈妈与Devin交谈

返回
调大
调小

图6.38 调小声音

在家听音乐时，一定要注意音量的大小

图6.39 文明听音乐

实例52 监听响度：声控小猫

扫一扫，看视频

响度是人们衡量声音大小的一种方式。在生活中，利用声音的响度可以控制一些物体的变化，如音乐喷泉。本实例将通过检测麦克风的声音大小来控制小猫跳跃。在该例子中会使用到以下内容。

- “当响度 >10”积木：该积木会检测麦克风的响度，当响度大于指定值时会发送事件，默认值为 10。
- “响度”积木：该积木会检测麦克风的响度，并将响度值存放到该积木中。该积木的复选框被选中后会在舞台左上角显示。

下面实现声控小猫。

（1）将小猫角色 Cat、刺猬角色 Hedgehog 添加到背景 Blue Sky 中。将刺猬大小设置为

50，选中“响度”积木的复选框，并调整位置，如图 6.40 所示。

（2）为小猫角色 Cat 添加第 1 组积木，初始化小猫的位置，如图 6.41 所示。添加第 2 组积木，如图 6.42 所示。该组积木检测麦克风的响度，当响度大于 40 后，切换造型，小猫向上跳。

图6.40　角色与背景

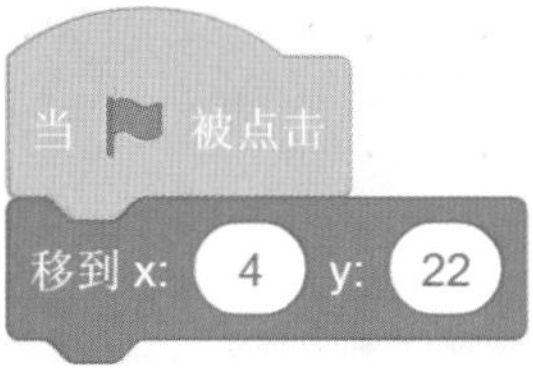

图6.41　Cat的第1组积木

（3）为小猫角色 Cat 添加第 3 组积木，如图 6.43 所示。该组积木接收到“消息 1”后，提示游戏结束，停止所有脚本。

（4）为刺猬角色 Hedgehog 添加积木，如图 6.44 所示。该组积木在刺猬碰到小猫时广播“消息 1”，并停止这个脚本。

图6.42　Cat的第2组积木

图6.43　Cat的第3组积木

图6.44　Hedgehog的积木

（5）运行程序，当麦克风响度大于 40 后，小猫会向上跳，如图 6.45 所示。当小猫碰到刺猬后会，结束游戏，如图 6.46 所示。

图6.45 响度大于40跳跃

图6.46 碰到刺猬游戏结束

第7章

侦 测

侦测是Scratch提供的特殊功能，它可以检测和判断游戏中的各种值和情况。Scratch提供很多与侦测相关的积木，如侦测鼠标、侦测键盘输入、侦测颜色和角色的碰撞、侦测角色或背景的属性以及侦测系统时间。本章将通过多个实例讲解这些积木的使用方法。

实例53 碰到鼠标指针：水果切切乐

扫一扫，看视频

水果切切乐是一款十分流行的游戏。在该实例中，玩家将使用鼠标指针切割掉落的苹果与草莓。在该例子中会使用到以下内容。

“碰到鼠标指针”积木：该积木可以监控鼠标指针是否与指定角色碰撞。

下面实现水果切切乐。

（1）将苹果角色 Apple、橘子角色 Orange、行星角色 Planet2 添加到场景 Jungle，并调整位置，如图 7.1 所示。

（2）选择苹果角色 Apple。在角色的造型界面中，复制一个新造型，命名为 apple2。单击“转换为位图”按钮，然后使用选择工具，形成被切开的苹果，如图 7.2 所示。

（3）选择橘子角色 Orange。在角色的造型界面中，复制一个新造型，命名为 orange2-b。单击“转换为位图”按钮，然后使用选择工具，形成被切开的橘子，如图 7.3 所示。

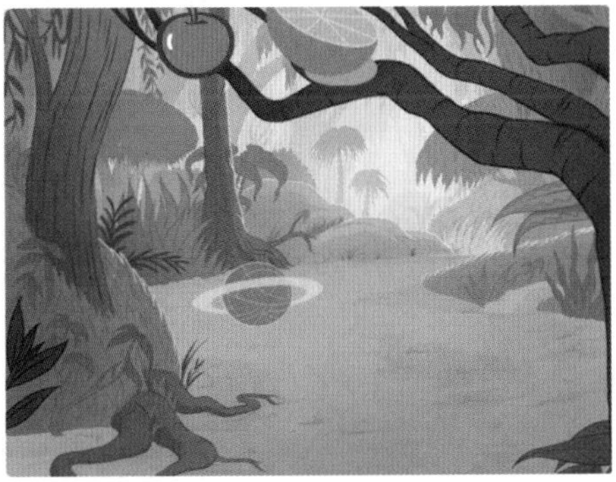

图7.1 角色与场景

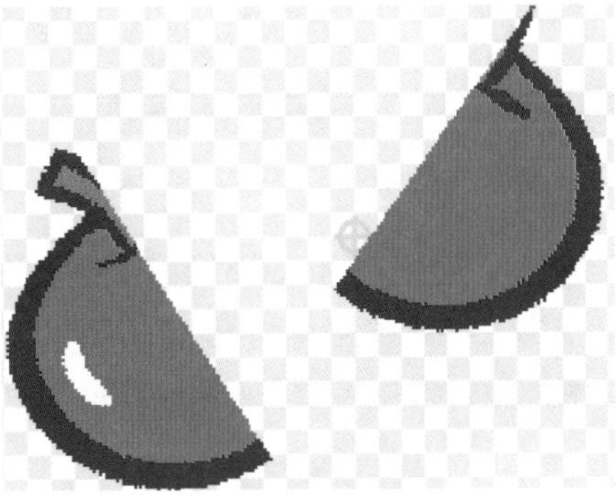

图7.2 造型apple2

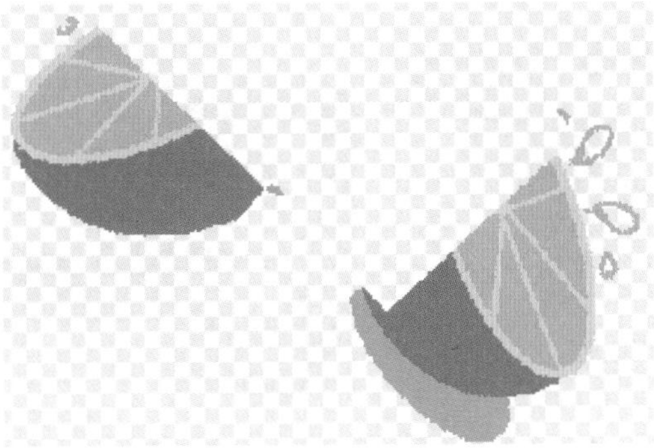

图7.3 造型orange2-b

（4）为苹果角色 Apple 添加第 1 组积木，初始化造型并克隆自己（苹果），如图 7.4 所示。添加第 2 组积木，实现克隆体移动到随机位置，如图 7.5 所示。添加第 3 组积木，实现判断是否与鼠标指针发生碰撞，如果碰撞，则切换造型，如图 7.6 所示。

图7.4　Apple的第1组积木

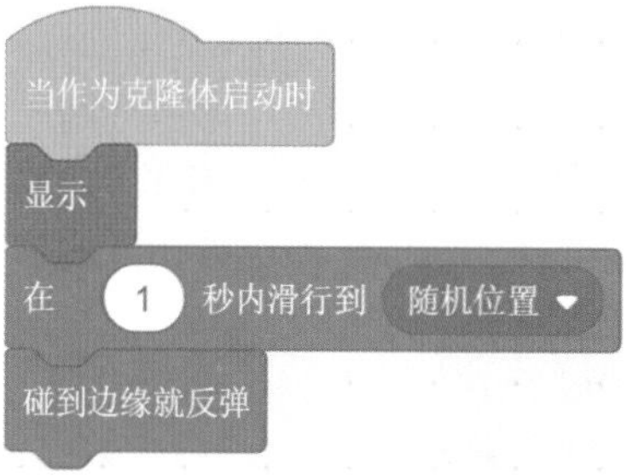

图7.5　Apple的第2组积木

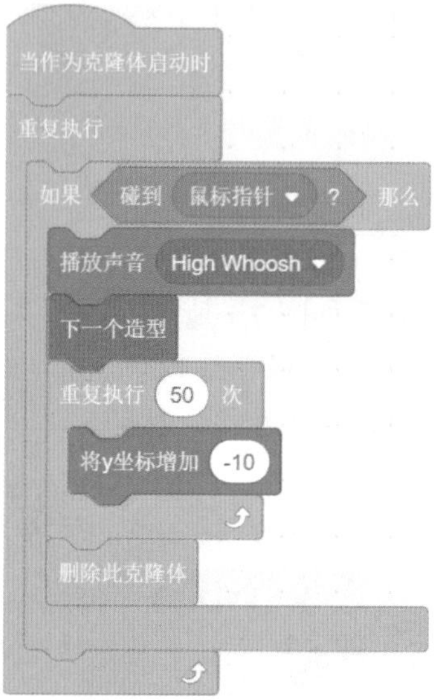

图7.6　Apple的第3组积木

（5）为橘子角色 Orange 添加第 1 组积木，初始化造型并克隆橘子，如图 7.7 所示。添加第 2 组积木，实现克隆体并移动到随机位置，如图 7.8 所示。添加第 3 组积木，实现判断是否与鼠标指针发生碰撞，如果碰撞，则切换造型，如图 7.9 所示。

图7.7　Orange的第1组积木

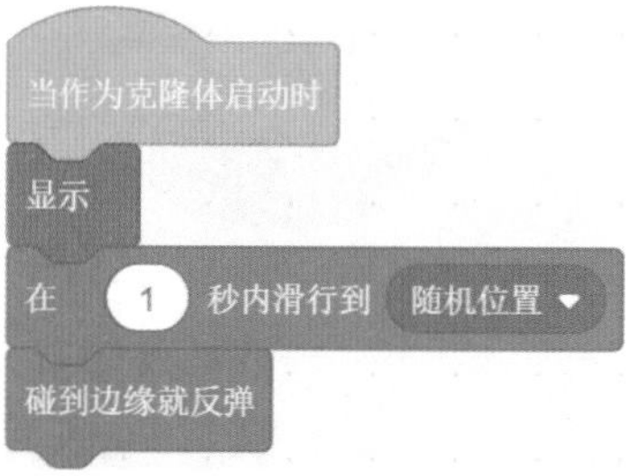

图7.8　Orange的第2组积木

（6）为行星角色 Planet2 添加积木，实现跟随鼠标移动模拟刀子的效果，如图 7.10 所示。

图7.9 Orange的第3组积木

图7.10 Planet2的积木

（7）运行程序，界面会出现苹果与橘子，如图 7.11 所示。玩家可以使用鼠标切割水果，如图 7.12 所示。

图7.11 出现水果

图7.12 切割水果

实例54 监控鼠标按键：猫抓老鼠

扫一扫，看视频

老鼠与猫是一对天敌，当老鼠出现时，猫咪会快速消灭老鼠。在该实例中，当鼠标按下后，猫会扑灭老鼠。在该例子中会使用到以下内容。

“按下鼠标？”积木：该积木会检测鼠标是否被按下，如果被按下，则会告诉程序。

下面实现猫爪老鼠的游戏。

（1）将猫角色 Cat 2、老鼠角色 Mouse1 添加到背景 Xy-grid-30px 中，并调整位置，如图 7.13 所示。

（2）为猫角色 Cat 2 添加第 1 组积木，初始化猫的位置并始终朝向鼠标指针，如图 7.14 所示。添加第 2 组积木，实现按下鼠标，克隆一只猫，如图 7.15 所示。

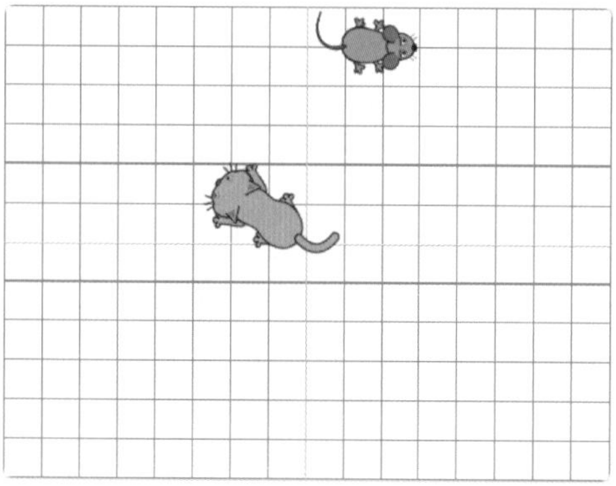

图7.13　角色与背景

图7.14　Cat 2的第1组积木

（3）为猫角色 Cat 2 添加第 3 组积木，让克隆猫向指定方向移动，如图 7.16 所示。添加第 4 组积木，判断克隆猫如果碰到舞台边缘就删除克隆猫，如图 7.17 所示。

图7.15　Cat 2的第2组积木

图7.16　Cat 2的第3组积木

（4）为老鼠角色 Mouse1 添加第 1 组积木，如图 7.18 所示。该组积木初始化老鼠为隐藏状态，并间隔 1 秒克隆 1 只老鼠。添加第 2 组积木，让克隆老鼠移动到随机位置，如

图 7.19 所示。

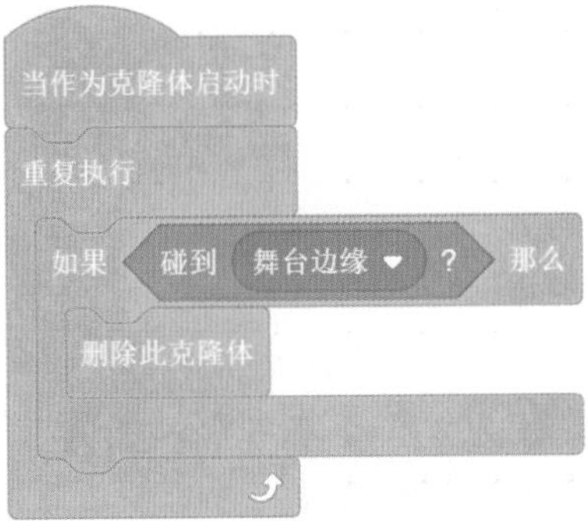

图7.17 Cat 2的第4组积木

图7.18 Mouse1的第1组积木

图7.19 Mouse1的第2组积木

（5）为老鼠角色 Mouse1 添加第 3 组积木，如图 7.20 所示。该组积木判断克隆老鼠是否被猫和舞台边缘碰到。如果碰到，删除当前克隆老鼠。

（6）运行程序。老鼠会随机出现，使用鼠标瞄准老鼠，然后点击鼠标左键，会克隆一只猫扑灭老鼠，如图 7.21 所示。

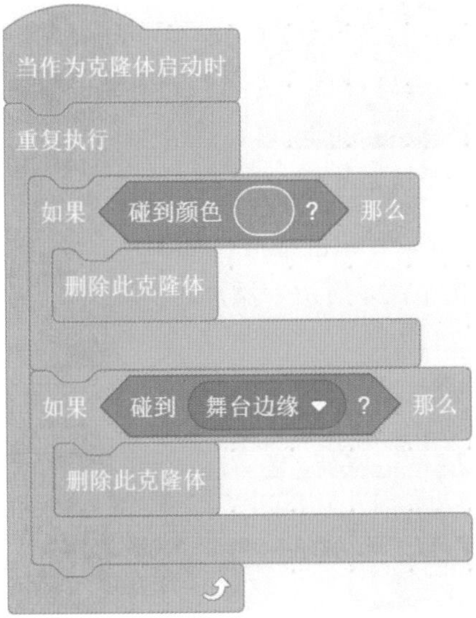

图7.20 Mouse1的第3组积木

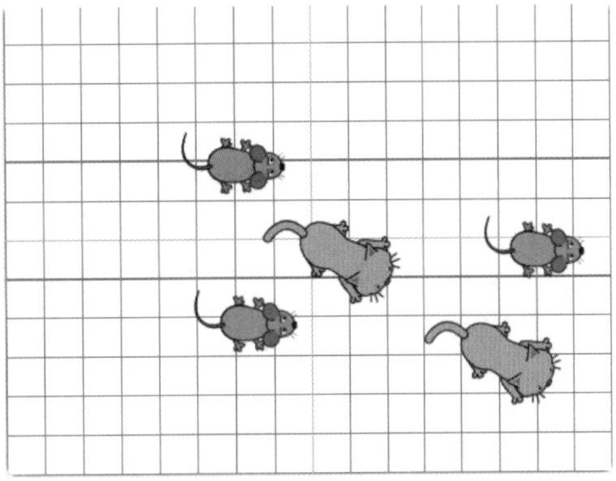

图7.21 克隆猫扑灭老鼠

扫一扫，看视频

实例55　问答交互：快乐学英语

学习英语时，单词的准确拼写十分重要。该实例会通过交互模式，让玩家拼写水果对应的单词。在该例子中会使用到以下内容。

- “询问 what’s your name? 并等待”积木：该积木提问一个问题，并等待玩家通过键盘进行回答。
- “回答”积木：该积木会保存玩家键盘输入的答案。

下面实现快乐学英语。

（1）将苹果角色 Apple、香蕉角色 Banana、橙子角色 Orange、老师角色 Avery、画板角色 Easel 添加到背景 Witch House 中，并调整位置，如图 7.22 所示。

图7.22　角色与背景

（2）为老师角色 Avery 添加第 1 组积木，实现背景音乐的播放，如图 7.23 所示。添加第 2 组积木，展示提示信息，并广播“消息 1”，如图 7.24 所示。添加第 3 组积木，实现当接收到“结束”消息后复习学习到的英文，如图 7.25 所示。

当 被点击
重复执行
播放声音 Classical Piano 等待播完

图7.23　Avery的第1组积木

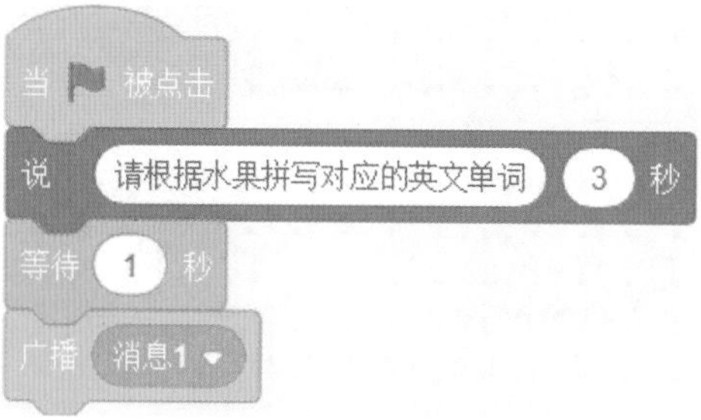
当 被点击
说 请根据水果拼写对应的英文单词 3 秒
等待 1 秒
广播 消息1

图7.24　Avery的第2组积木

图7.25 Avery的第3组积木

（3）为画板角色 Easel 添加积木，实现将画板的图层置于水果的下面，如图 7.26 所示。

（4）为苹果角色 Apple、香蕉角色 Banana、橙子角色 Orange 添加第 1 组积木，隐藏这三个角色，如图 7.27 所示。

图7.26 Easel的积木

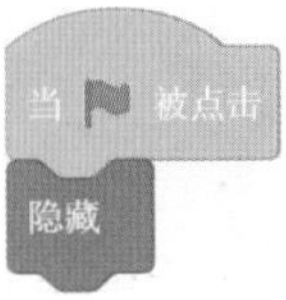

图7.27 Apple、Banana、Orange的第1组积木

（5）为苹果角色 Apple 添加第 2 组积木，如图 7.28 所示。该组积木实现当接收到“消息 1”后，询问苹果的单词如何拼写；然后判断玩家的回答是否正确；最后隐藏苹果，并发送广播“消息 2”。添加第 3 组积木，实现当接收到消息“苹果”后显示，2 秒后隐藏，如图 7.29 所示。

（6）为香蕉角色 Banana 添加第 2 组积木，如图 7.30 所示。该组积木实现当接收到“消息 2”后，询问香蕉的单词如何拼写；然后判断玩家的回答是否正确；最后隐藏香蕉，并发送广播“消息 3”。添加第 3 组积木，实现当接收到消息“香蕉”后显示，2 秒后隐藏，如图 7.31 所示。

图7.28　Apple的第2组积木

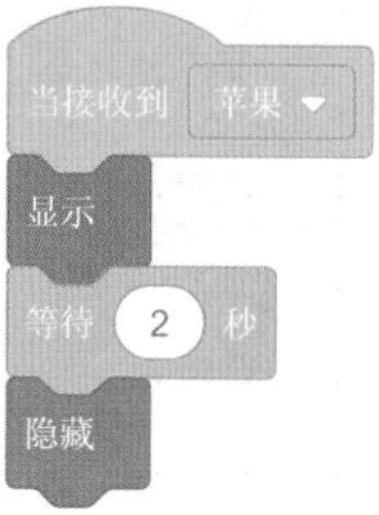

图7.29　Apple的第3组积木

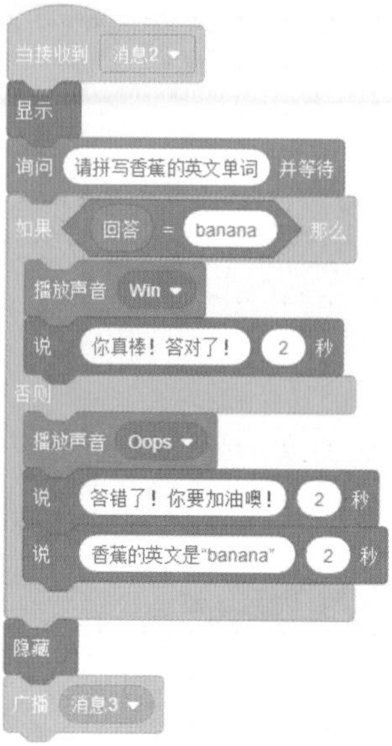

图7.30　Banana的第2组积木

（7）为橙子角色Orange添加第2组积木，如图7.32所示。该组积木实现当接收到“消息3”后，询问橙子单词如何拼写；然后判断玩家的回答是否正确；最后隐藏橙子，并发送广播“结束”。添加第3组积木，实现当接收到消息“橙子”后显示，2秒后隐藏，如图7.33所示。

图7.31　Banana的第3组积木

图7.32　Orange的第2组积木

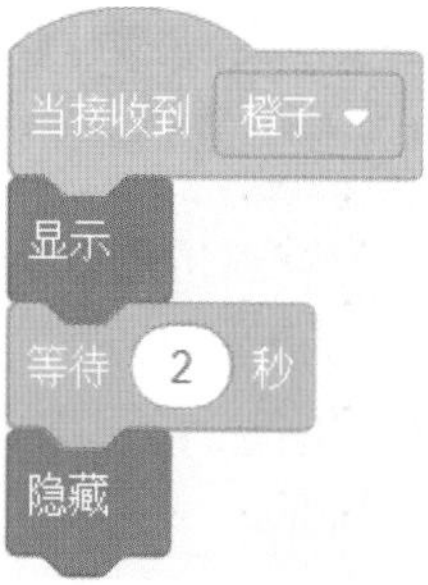

图7.33　Orange的第3组积木

（8）运行程序。老师会依次询问水果对应的单词如何拼写，然后判断拼写是否正确，如图 7.34 所示。最后，老师会复习一遍所有的拼写，如图 7.35 所示。

图7.34 询问单词拼写

图7.35 复习学习到的单词

实例56 检测鼠标的x坐标与y坐标：换装游戏

在炎热的夏天，如果想要出去郊游，一定要记得佩戴一顶遮阳帽与一双太阳镜。在本实例中，玩家可以通过移动鼠标，找到要穿戴的衣服和帽子等物品。在该例子中会使用到以下内容。

扫一扫，看视频

● “鼠标的 x 坐标”积木：该积木会存放鼠标的 x 轴坐标值。
● “鼠标的 y 坐标”积木：该积木会存放鼠标的 y 轴坐标值。

下面实现换装游戏。

（1）将帽子 Hat 与 Hat2、太阳镜 Glasses 与 Glasses2、裙子 Dress 与 Dress2、鞋子 Shoes 与 Shoes2、女孩角色 Harper 添加到背景 Bedroom 3 中，并调整位置，如图 7.36 所示。

（2）为女孩角色 Harper 添加积木，如图 7.37 所示。该组积木可以显示提示消息，并检测鼠标的坐标。如果坐标在指定位置，就广播对应的消息。

图7.36　角色与背景

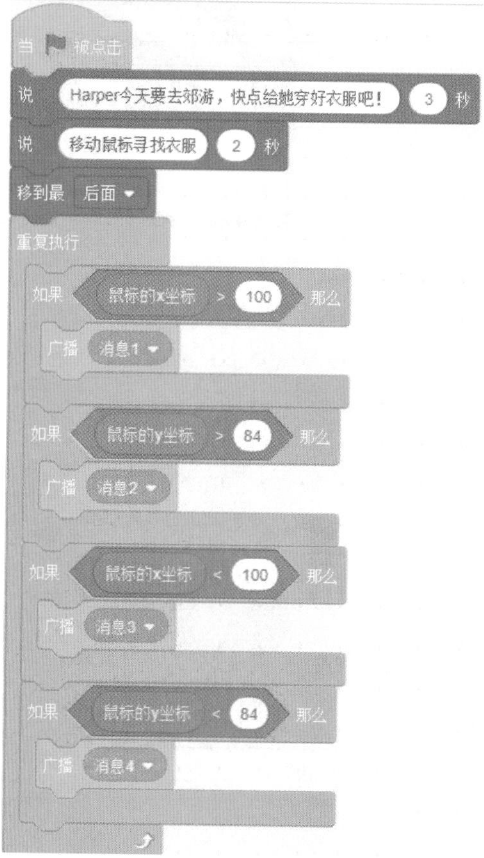

图7.37　角色Harper的积木

（3）为裙子角色 Dress 添加第 1 组积木，初始化造型、位置与隐藏状态，如图 7.38 所示。添加第 2 组积木，实现当该角色被点击时广播消息“裙子”，如图 7.39 所示。

（4）为鞋子角色 Shoes 添加第 1 组积木，初始化造型、位置与隐藏状态，如图 7.40 所示。添加第 2 组积木，实现当该角色被点击时广播消息“鞋子”，如图 7.41 所示。

图7.38 Dress的第1组积木

图7.39 Dress的第2组积木

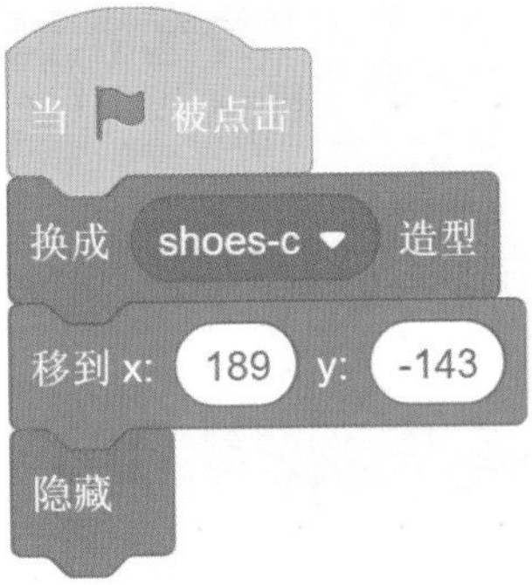

图7.40 Shoes的第1组积木

（5）为鞋子角色 Shoes、裙子角色 Dress 添加第 3 组积木，用于接收“消息 1”，并显示对应角色，如图 7.42 所示。添加第 4 组积木，用于接收“消息 3”，并隐藏对应角色，如图 7.43 所示。

图7.41 Shoes的第2组积木

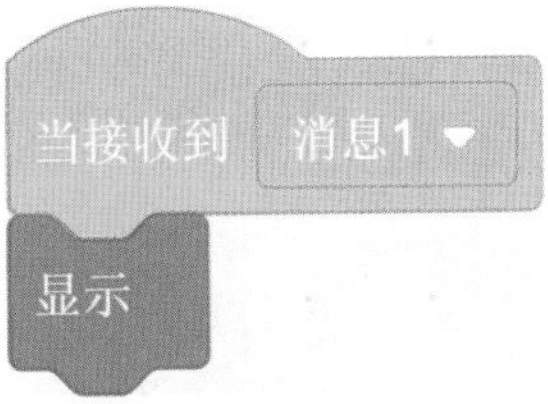

图7.42 Shoes、Dress的第3组积木

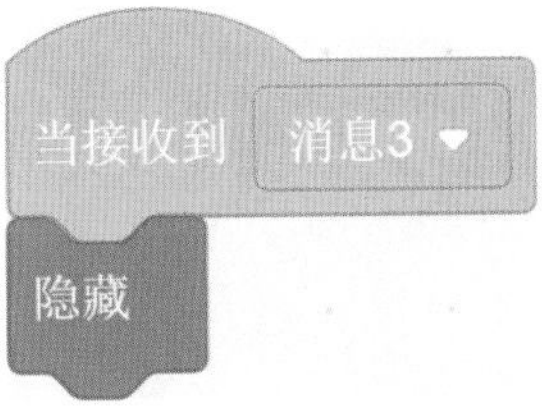

图7.43 Shoes、Dress的第4组积木

（6）为帽子角色 Hat 添加第 1 组积木，初始化造型、位置与隐藏状态，如图 7.44 所示。添加第 2 组积木，实现当该角色被点击时广播消息“帽子”，如图 7.45 所示。

（7）为眼镜角色 Glasses 添加第 1 组积木，初始化造型、位置与隐藏状态，如图 7.46 所示。添加第 2 组积木，实现当该角色被点击时广播消息“眼镜”，如图 7.47 所示。

图7.44 Hat的第1组积木

图7.45 Hat的第2组积木

图7.46 Glasses的第1组积木

（8）为帽子角色 Hat、眼镜角色 Glasses 添加第 3 组积木，用于接收“消息 2”，显示对应角色，如图 7.48 所示。添加第 4 组积木，用于接收“消息 4”，并隐藏对应角色，如图 7.49 所示。

图7.47　Glasses的第2组积木

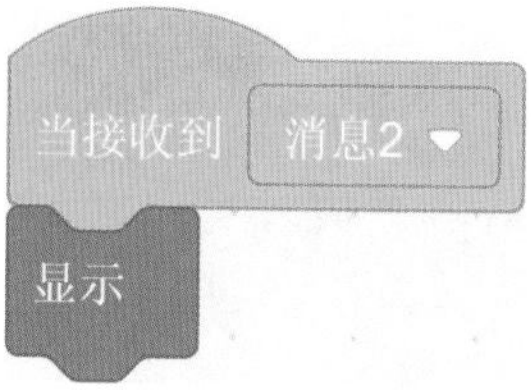

图7.48　Hat、Glasses的第3组积木

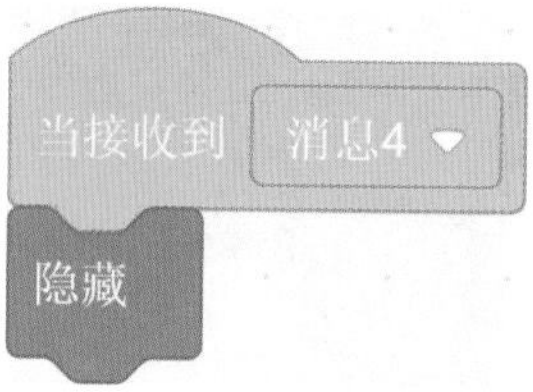

图7.49　Hat、Glasses的第4组积木

（9）为裙子角色 Dress2 添加第 1 组积木，初始化造型、位置与隐藏状态，如图 7.50 所示。添加第 2 组积木，用于接收消息“裙子”，并显示该角色，如图 7.51 所示。

（10）为鞋子角色 Shoes2 添加第 1 组积木，初始化造型、位置与隐藏状态，如图 7.52 所示。添加第 2 组积木，用于接收消息“鞋子”，并显示该角色，如图 7.53 所示。

图7.50　Dress2的第1组积木

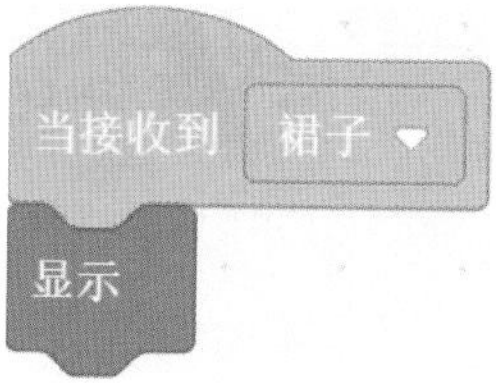

图7.51　Dress2的第2组积木

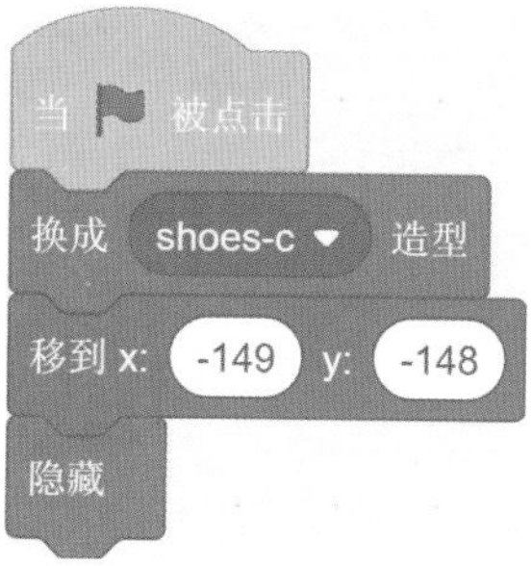

图7.52　Shoes2的第1组积木

（11）为帽子角色 Hat2 添加第 1 组积木，初始化造型、位置与隐藏状态，如图 7.54 所示。添加第 2 组积木，用于接收消息“帽子”，并显示该角色，如图 7.55 所示。

图7.53　Shoes2的第2组积木

图7.54　Hat2的第1组积木

图7.55　Hat2的第2组积木

（12）为眼镜角色 Glasses2 添加第 1 组积木，初始化造型、位置与隐藏状态，如图 7.56

所示。添加第2组积木，用于接收消息“眼镜”，并显示该角色，如图7.57所示。

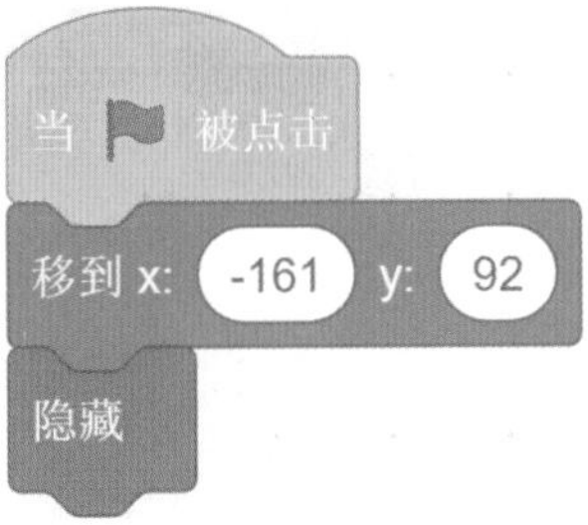
当 被点击
移到 x: -161 y: 92
隐藏

图7.56　Glasses2的第1组积木

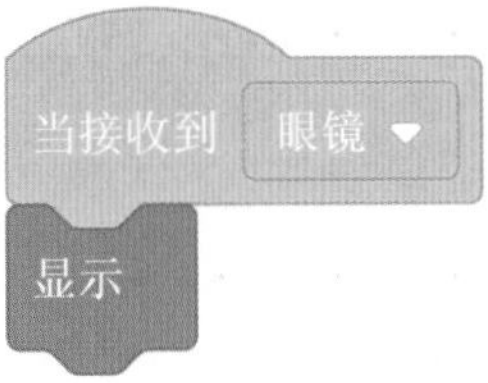
当接收到 眼镜
显示

图7.57　Glasses2的第2组积木

（13）运行程序，Harper等待穿衣服，如图7.58所示。鼠标移动到舞台上方，会显示帽子和眼镜，如图7.59所示。鼠标移动到右侧会显示裙子和鞋子，如图7.60所示。点击对应服饰，Harper会穿戴对应服饰，如图7.61所示。

Harper今天要去郊游，快点给她穿好衣服吧！

图7.58　初始状态

SCRATCH

图7.59　显示舞台上方的服饰

SCRATCH

图7.60　显示舞台右侧的服饰

SCRATCH

图7.61　穿戴好的服饰

扫一扫，看视频

实例57 监控按键按下：小小钢琴家

钢琴可以弹奏出美妙的音乐。在本实例中，用户将通过按键弹奏一段美妙的音乐。在该例子中会使用到以下内容。

“按下空格键？”积木：该积木可以监听指定按键是否被按下。默认检测空格键。

下面实现小小钢琴家。

（1）添加数字 Glow-1、Glow-2、Glow-3、Glow-4、Glow-5、Glow-6、Glow-7 和角色 Keyboard 到背景 Space City 2，并调整位置，如图 7.62 所示。

图7.62 角色与背景

（2）为数字 Glow-1 添加第 1 组积木，用于克隆两个数字 1，并间隔 1 秒，如图 7.63 所示。添加第 2 组积木，让克隆体向下移动，如图 7.64 所示。

图7.63 Glow-1的第1组积木

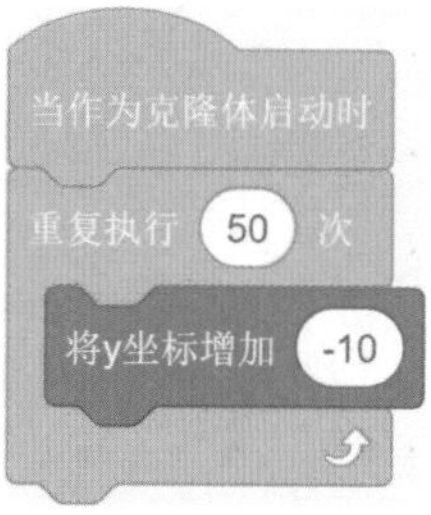

图7.64 Glow-1的第2组积木

（3）为数字 Glow-1 添加第 3 组积木，如图 7.65 所示。该组积木检测按键 1。如果按键 1 被按下，则播放声音，并删除对应克隆体。添加第 4 组积木，当接收到“消息 7”时克隆数字 1，如图 7.66 所示。

（4）为数字 Glow-2 添加第 1 组积木，如图 7.67 所示。该组积木接收到“消息 6”后，克隆两个数字 2，并间隔 1 秒，然后广播“消息 7”。添加第 2 组积木，让克隆体向下移动，如图 7.68 所示。添加第3组积木，如图7.69所示。该组积木检测按键2，如果按键2被按下，则播放声音，并删除对应克隆体。

图7.65 Glow-1的第3组积木

图7.66 Glow-1的第4组积木

图7.67 Glow-2的第1组积木

（5）为数字 Glow-3 添加第 1 组积木，如图 7.70 所示。该组积木接收到“消息 5”后，克隆两个数字 3，并间隔 1 秒，然后广播“消息 6”。添加第 2 组积木，让克隆体向下移动，如图 7.71 所示。添加第 3 组积木，如图 7.72 所示。该组积木可以检测按键 3，如果按键 3 被按下，则播放声音，并删除对应克隆体。

图7.68 Glow-2的第2组积木

图7.69 Glow-2的第3组积木

图7.70 Glow-3的第1组积木

（6）为数字 Glow-4 添加第 1 组积木，如图 7.73 所示。该组积木接收到“消息 4”后，

克隆两个数字 4，并间隔 1 秒，然后广播“消息 5”。添加第 2 组积木，让克隆体向下移动，如图 7.74 所示。添加第 3 组积木，如图 7.75 所示。该组积木会检测按键 4，如果按键 4 被按下，则播放声音，并删除对应克隆体。

图7.71 Glow-3的第2组积木

图7.72 Glow-3的第3组积木

图7.73 Glow-4的第1组积木

（7）为数字 Glow-5 添加第 1 组积木，如图 7.76 所示。该组积木接收到“消息 1”后，克隆两个数字 5，并间隔 1 秒，然后广播“消息 2”。添加第 2 组积木，让克隆体向下移动，如图 7.77 所示。

图7.74 Glow-4的第2组积木

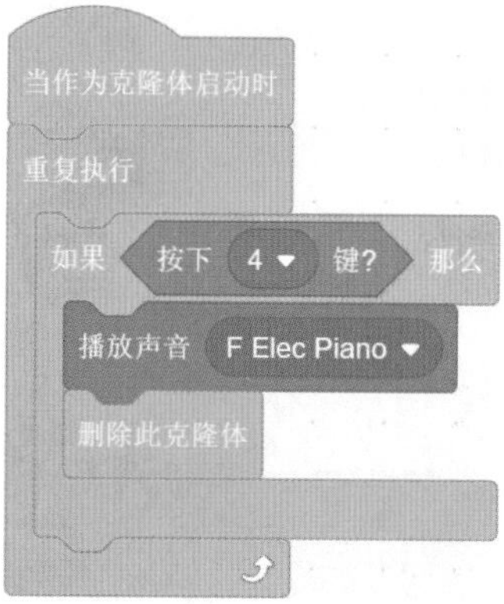

图7.75 Glow-4的第3组积木

图7.76 Glow-5的第1组积木

（8）为数字 Glow-5 添加第 3 组积木，如图 7.78 所示。该组积木会检测按键 5，如果按键 5 被按下，则播放声音，并删除对应克隆体。添加第 4 组积木，如图 7.79 所示。该组积木接收到“消息 3”后，克隆数字 5，然后广播“消息 4”。

（9）为数字 Glow-6 添加第 1 组积木，如图 7.80 所示。该组积木接收到“消息 2”后，克隆两个数字 6，并间隔 1 秒，然后广播“消息 3”。添加第 2 组积木，让克隆体向下移动，如图 7.81 所示。添加第 3 组积木，如图 7.82 所示。该组积木会检测按键 6，如果按键 6 被

按下，则播放声音，并删除对应克隆体。

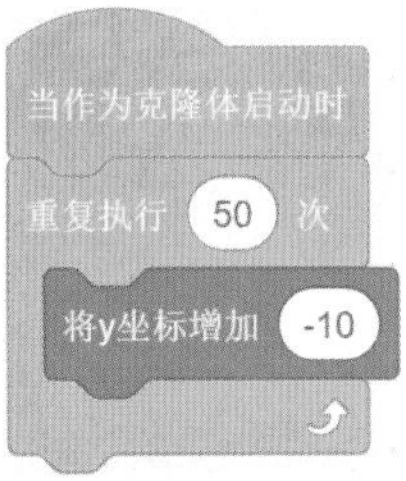

图7.77　Glow-5的第2组积木

图7.78　Glow-5的第3组积木

图7.79　Glow-5的第4组积木

图7.80　Glow-6的第1组积木

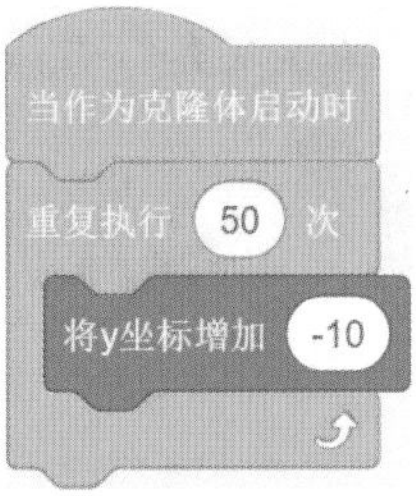

图7.81　Glow-6的第2组积木

图7.82　Glow-6的第3组积木

（10）为角色 Keyboard 添加积木，让该角色的图层位于数字的后面，如图 7.83 所示。

（11）运行程序，会有音符掉落，当按下对应按键后，音符消失，播放对应音乐，如图 7.84 所示。

图7.83　Keyboard的积木

图7.84　掉落数字

扫一扫，看视频

实例58　到目标对象的距离：水果保卫战

一只贪吃的企鹅发现了一个水果，它想要吃掉这个水果。勇敢的水果发起了反击，一场保卫水果乐园的战争开始了！该实例通过判断企鹅的距离决定是否发射炮弹。在该例子中会使用到以下内容。

“到鼠标指针的距离”积木：该积木会检测当前角色到鼠标指针的距离。它也可以检测当前角色到指定角色的距离。

下面实现水果保卫战。

（1）选择背景 Circles。在其背景界面中，使用矩形工具□与线段工具／绘制一条道路，如图 7.85 所示。

（2）将香蕉角色 Banana、企鹅角色 Penguin 添加到背景 Circles 中，并调整位置，如图 7.86 所示。

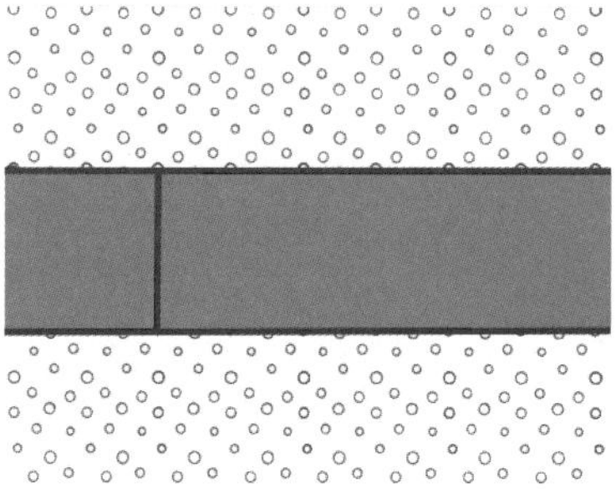

图7.85　背景Circles

图7.86　角色与背景

（3）为香蕉角色 Banana 添加第 1 组积木，判断香蕉与企鹅的距离，如果小于 200 就发射香蕉，如图 7.87 所示。

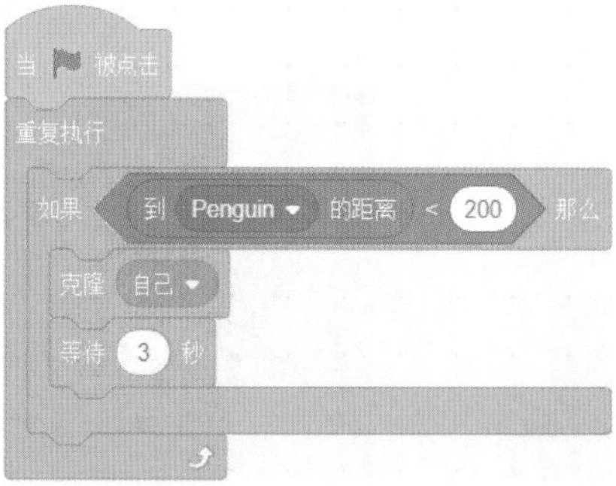
当 被点击
重复执行
如果 到 Penguin 的距离 < 200 那么
克隆 自己
等待 3 秒

图7.87　Banana的第1组积木

（4）为香蕉角色Banana添加第2组积木，实现克隆的香蕉向企鹅发射，如图7.88所示。添加第3组积木，实现当接收到“消息2”后删除香蕉克隆体，如图7.89所示。

图7.88　Bananas的第2组积木

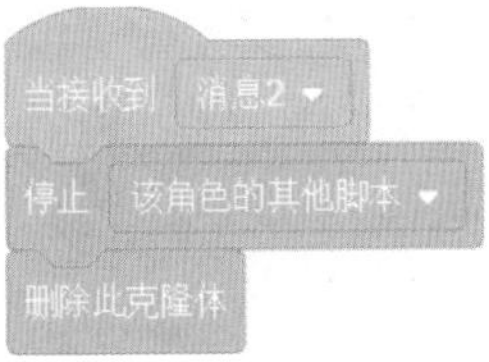

图7.89　Banana的第3组积木

（5）为企鹅角色Penguin添加第1组积木，实现企鹅向香蕉移动，如图7.90所示。添加第2组积木，实现碰到香蕉克隆体后隐藏企鹅并广播“消息2”，如图7.91所示。添加第3组积木，实现当接收到“消息2”后停止当前角色的其他脚本，如图7.92所示。

图7.90　Penguin的第1组积木

图7.91　Penguin的第2组积木

图7.92　Penguin的第3组积木

（6）运行程序，企鹅会向香蕉进攻，如图7.93所示。当企鹅靠近香蕉后，香蕉会发射炮弹反击，如图7.94所示。

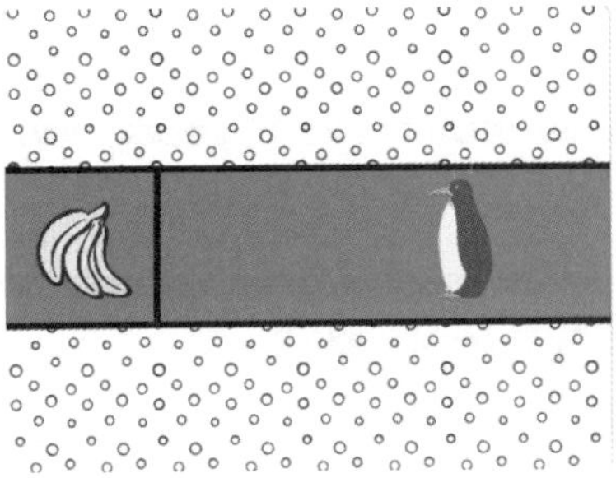

图7.93　企鹅向香蕉进攻

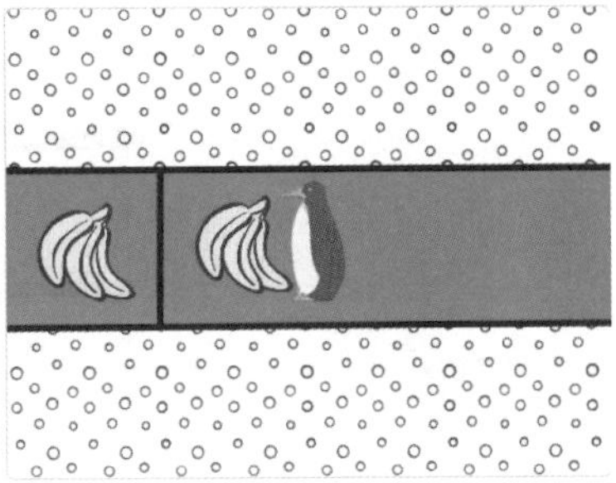

图7.94　香蕉的反击

扫一扫，看视频

实例59　碰到角色：鸡蛋找妈妈

鸡蛋经过母鸡孵化后会破壳而出变成小鸡。在本实例中，有一只落单的鸡蛋，需要闯过两只幽灵的拦截，找到它的妈妈，才能变成小鸡。在该例子中会使用到以下内容。

“碰到鼠标指针”积木：该实例使用该积木的备用选项检测是否与指定角色发生碰撞。

下面实现鸡蛋找妈妈。

（1）选择小鸡角色 Chick，将该角色的造型 chick-a 复制到鸡蛋角色 Egg 中。这样，角色 Egg 拥有 6 个造型，如图 7.95 所示。

（2）将鸡蛋角色 Egg、母鸡角色 Hen、三条横线角色 Line1、Line2、Line3 以及两个幽灵角色 Ghost、Ghost2 添加到背景 1 中，如图 7.96 所示。

图7.95　角色Egg的6个造型

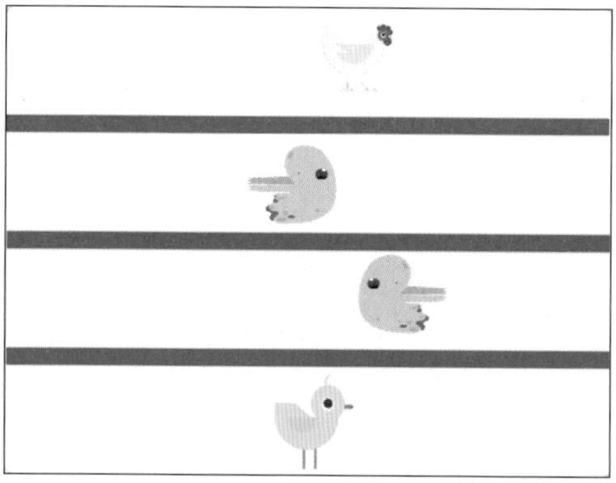

图7.96　角色与背景

（3）为幽灵角色 Ghost 添加积木，用于初始化位置并重复移动，判断是否碰到角色 Egg，如图 7.97 所示。

（4）为幽灵角色 Ghost2 添加积木，用于初始化位置并重复移动，判断是否碰到角色 Egg，如图 7.98 所示。

图7.97 Ghost的积木

图7.98 Ghost2的积木

（5）为鸡蛋角色 Egg 添加第 1 组积木，用于使用向上键控制角色向上移动，如图 7.99 所示。添加第 2 组积木，用于使用向下键控制角色向下移动，如图 7.100 所示。

图7.99 Egg的第1组积木

图7.100 Egg的第2组积木

（6）为鸡蛋角色 Egg 添加第 3 组积木，用于使用向左键控制角色向左移动，如图 7.101 所示。添加第 4 组积木，用于使用向右键控制角色向右移动，如图 7.102 所示。

图7.101　Egg的第3组积木

图7.102　Egg的第4组积木

（7）为鸡蛋角色 Egg 添加第 5 组积木，用于检查 Egg 是否碰到指定颜色或角色 Hen，如图 7.103 所示。添加第 6 组积木，用于接收“消息 1”，并停止该角色的其他脚本，如图 7.104 所示。

图7.103　Egg 的第5组积木

图7.104　Egg的第6组积木

（8）运行程序。使用方向键控制鸡蛋移动。当碰到幽灵时，游戏结束，如图 7.105 所示；当碰到母鸡时，通关成功，鸡蛋变为小鸡，如图 7.106 所示。

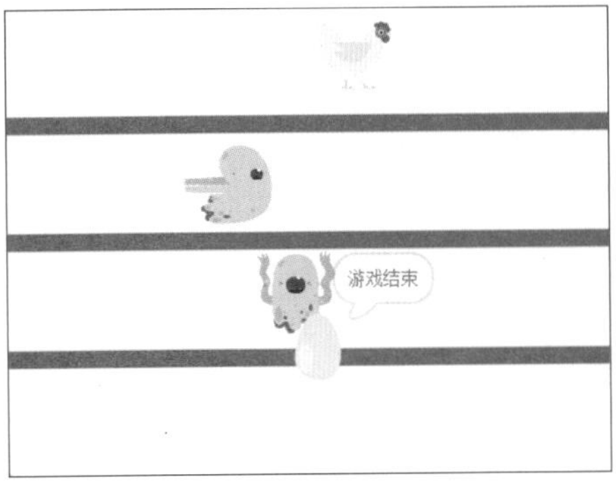

图7.105 碰到幽灵游戏结束

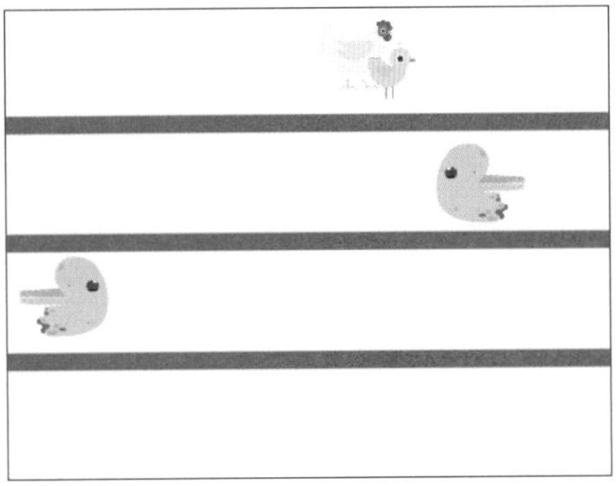
图7.106 碰到母鸡通关成功

实例60 碰到颜色：打砖块

扫一扫，看视频

打砖块是通过反弹一个小球，消灭砖块的游戏。该实例通过判断颜色，实现反弹小球以及消除砖块的效果。在该例子中会使用到以下内容。

- “碰到颜色 ？”积木：该积木会监视当前角色是否与指定颜色进行碰撞。
- “在 1 和 10 之间取随机数”积木：该积木会在指定范围产生一个随机数。

下面实现反弹球打砖块。

（1）选择按钮角色 Button2。在该角色的造型界面中，使用选择工具修改造型，如图 7.107 所示。

（2）选择小球角色 Ball。在该角色的造型界面中，使用选择工具修改造型，如图 7.108 所示。

图7.107 角色Button2

图7.108 角色Ball

（3）复制角色 Button2 形成新的角色 Button3、Button4、Button5、Button6，代表 5 个砖块。

（4）将 5 个砖块角色、小球角色 Ball、底线角色 Line、反弹板角色 Paddle 添加到背景

Wall 1 中，并调整位置，如图 7.109 所示。

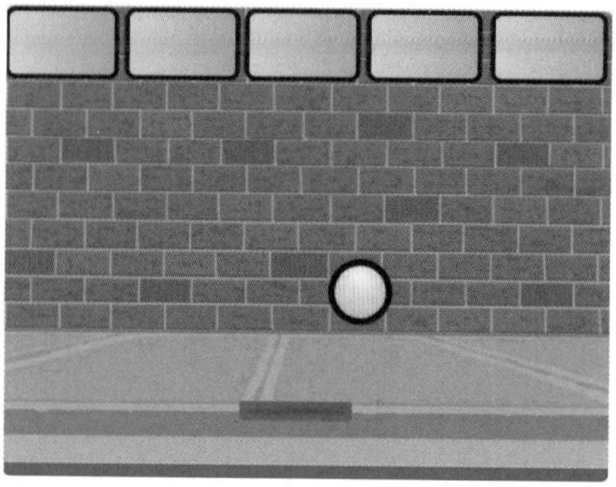

图7.109　角色与背景

（5）为小球角色 Ball 添加第 1 组积木，用于初始化小球的位置以及向上移动，如图 7.110 所示。添加第 2 组积木，用于检测是否碰到砖块的黑色边界，如果碰到广播“消息 2”，如图 7.111 所示。

图7.110　Ball的第1组积木

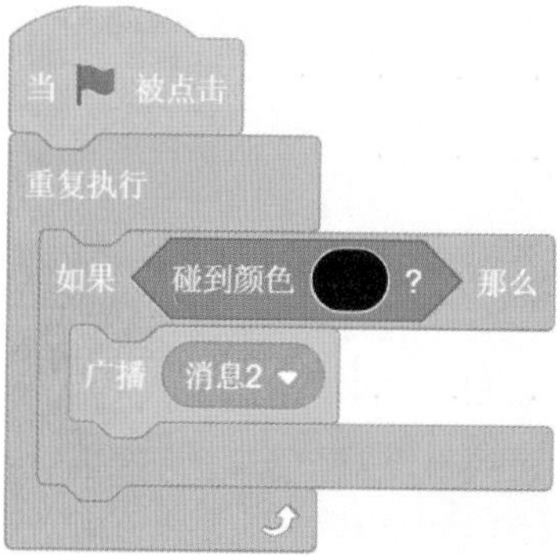

图7.111　Ball的第2组积木

（6）为小球角色 Ball 添加第 3 组积木，实现当接收到“消息 1”后随机选择一个向上的角度，如图 7.112 所示。添加第 4 组积木，实现当接收到“消息 2”后随机选择一个向下的角度，如图 7.113 所示。

图7.112　Ball的第3组积木

图7.113　Ball的第4组积木

（7）为小球角色 Ball 添加第 5 组积木，实现碰到底部红色，结束游戏，如图 7.114

所示。

（8）为反弹板角色 Paddle 添加第 1 组积木，实现检测是否碰到小球，如果碰到广播“消息 1”，如图 7.115 所示。添加第 2 组积木，用于控制反弹板向左移动，如图 7.116 所示。添加第 3 组积木，用于控制反弹板向右移动，如图 7.117 所示。

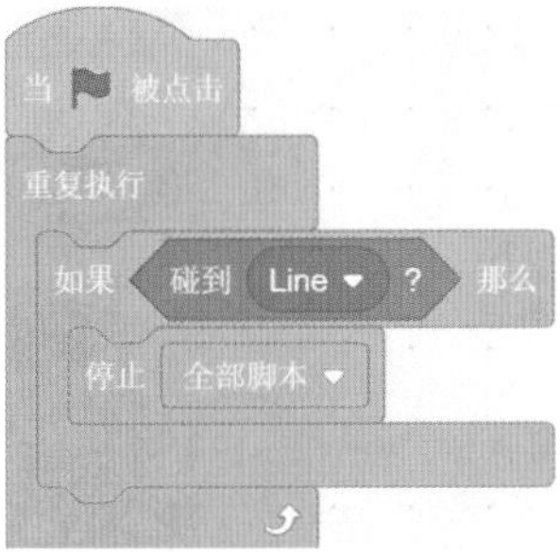

图7.114 Ball的第5组积木

图7.115 Paddle的第1组积木

图7.116 Paddle的第2组积木

图7.117 Paddle的第3组积木

（9）为 5 个砖块角色 Button2、Button3、Button4、Button5、Button6 添加积木，实现侦测是否与小球的黑色边框碰撞，如果碰撞隐藏当前对象并停止当前脚本，如图 7.118 所示。

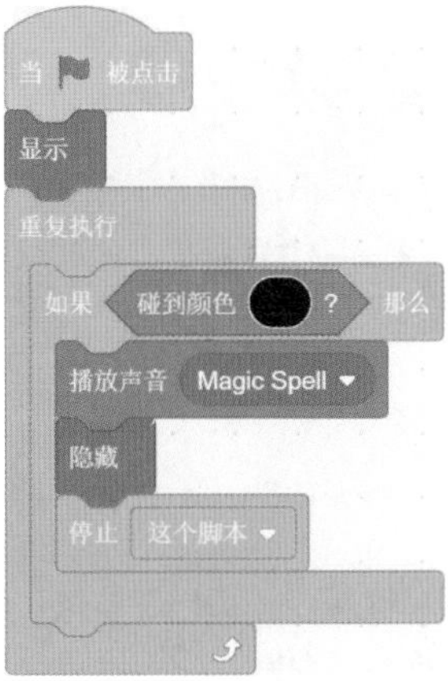

图7.118 Button2、Button3、Button4、Button5、Button6的积木

（10）运行程序，小球会向上移动消除砖块，如图 7.119 所示。当小球与反弹板发生碰撞，小球会被反弹，如图 7.120 所示。当小球与红线发生碰撞将结束游戏，如图 7.121 所示。

图7.119　小球消除砖块

图7.120　反弹板反弹小球

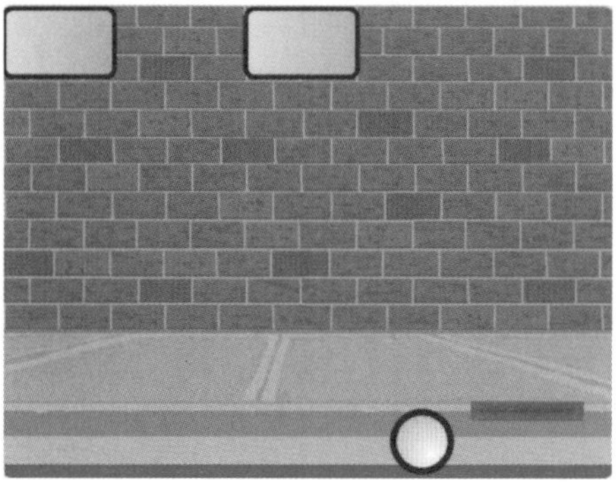

图7.121　游戏结束

扫一扫，看视频

实例61　克隆与颜色判断：消灭泡泡球

吹泡泡是很多小朋友喜欢玩的一个小游戏。在阳光下，由于光的折射作用，空中飘荡的泡泡总是五颜六色，十分漂亮。本实例实现使用颜色判断消除相同颜色的泡泡。在该例子中会使用到以下内容。

“碰到颜色 ？”积木与“克隆自己”积木混合使用，实现随机布置泡泡，并通过颜色检查消灭泡泡。

下面实现消灭泡泡球。

（1）将 6 个小球角色 Ball、Ball2、Ball3、Ball4、Ball5、Ball6 与箭头角色 Arrow1 添加到背景 Blue Sky 2 中，设置位置与造型，小球角色 Ball6 与箭头重合，如图 7.122 所示。

其中为了方便检测颜色碰撞，设置小球角色 Ball6 的所有造型都为纯颜色，如图 7.123 所示。

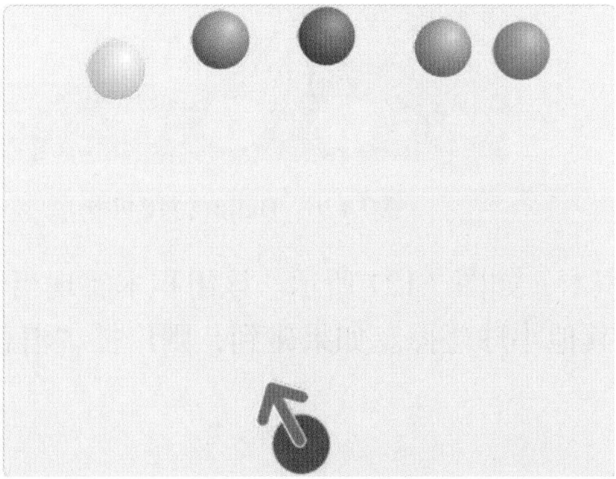

图7.122 角色与背景

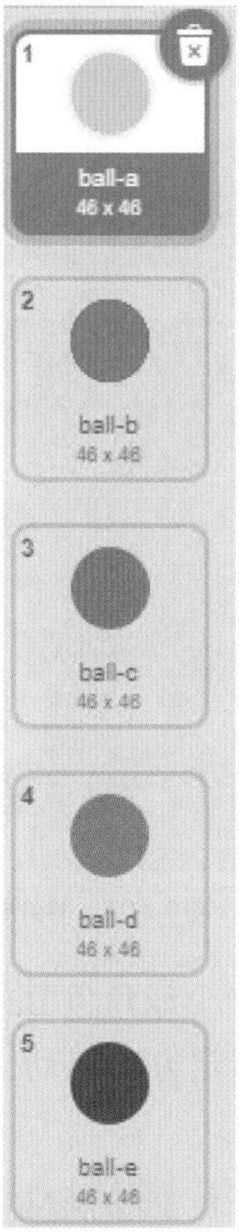

图7.123 小球角色Ball6的纯色造型

（2）新建变量朝向，并为箭头角色 Arrow1 添加积木，如图 7.124 所示。该组积木可以将箭头朝向鼠标，并将变量“朝向”设置为“方向”。

图7.124 Arrow1的积木

（3）为小球角色 Ball6 添加第 1 组积木，用于初始化位置，并随机设置造型，然后在按下鼠标后克隆自己，如图 7.125 所示。添加第 2 组积木，用于接收“消息 1”，并随机切换造型，如图 7.126 所示。

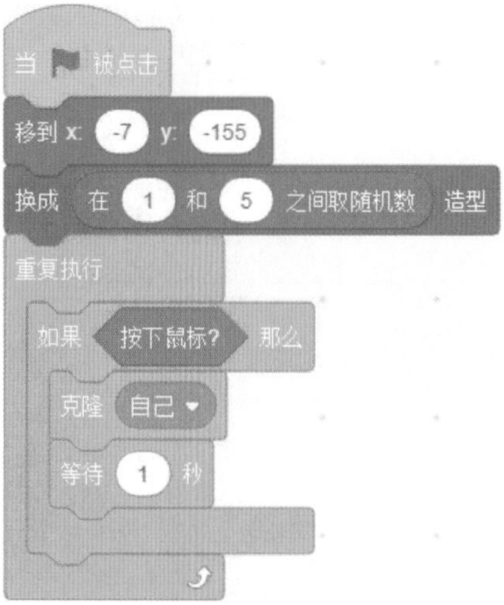
当 被点击
移到 x: -7 y: -155
换成 在 1 和 5 之间取随机数 造型
重复执行
如果 按下鼠标? 那么
克隆 自己
等待 1 秒

图7.125　Ball6的第1组积木

当接收到 消息1
换成 在 1 和 5 之间取随机数 造型

图7.126　Ball6的第2组积木

（4）为小球角色 Ball6 添加第 3 组积木，如图 7.127 所示。该组积木实现当作克隆体启动时面向指定方向移动，并判断是否与其他小球碰撞。如果碰到，则广播“消息 1”，并删除此克隆体。

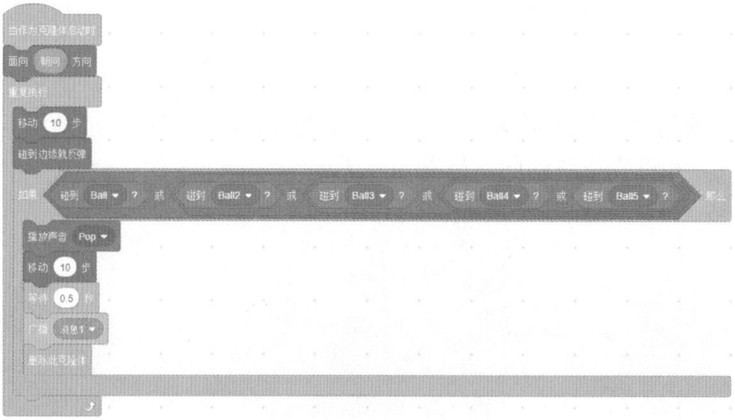
当作为克隆体启动时
面向 朝向 方向
重复执行
移动 10 步
碰到边缘就反弹
如果 碰到 Ball ? 或 碰到 Ball2 ? 或 碰到 Ball3 ? 或 碰到 Ball4 ? 或 碰到 Ball5 ? 那么
播放声音 Pop
移动 10 步
等待 0.5 秒
广播 消息1
删除此克隆体

图7.127　Ball6的第3组积木

（5）为小球角色 Ball、Ball2、Ball3、Ball4、Ball5 添加第 1 组积木，用于初始化位置，并重复克隆自己，让泡泡球随机到移动位置，如图 7.128 所示。

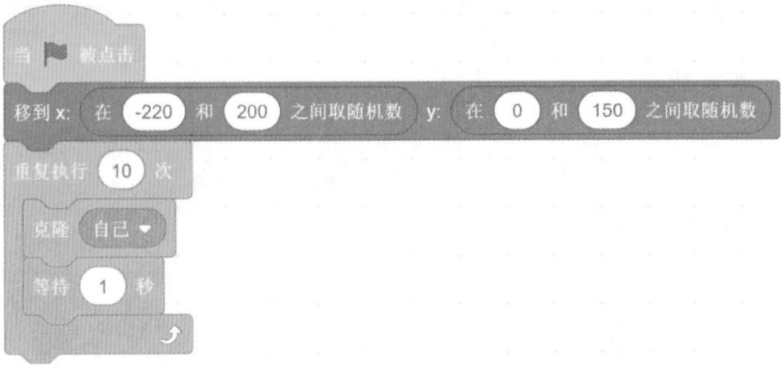

图7.128 Ball、Ball2、Ball3、Ball4、Ball5的第1组积木

（6）为小球角色 Ball 添加积木，如图 7.129 所示。该组积木判断是否碰到黄色。如果碰到，删除此克隆体。

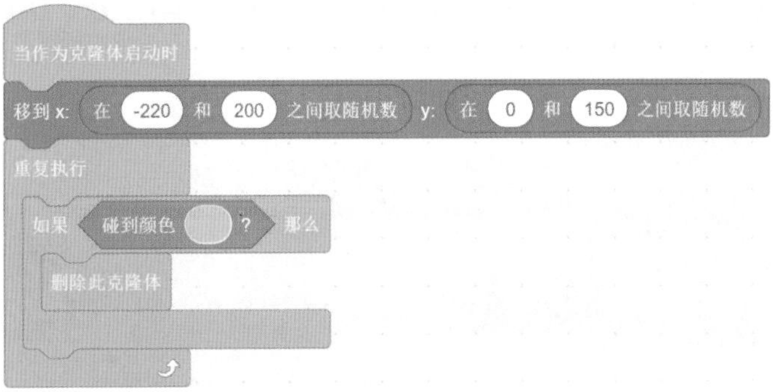

图7.129 Ball的第2组积木

（7）为小球角色 Ball2 添加积木，如图 7.130 所示。该组积木用于判断是否碰到青色。如果碰到，删除此克隆体。

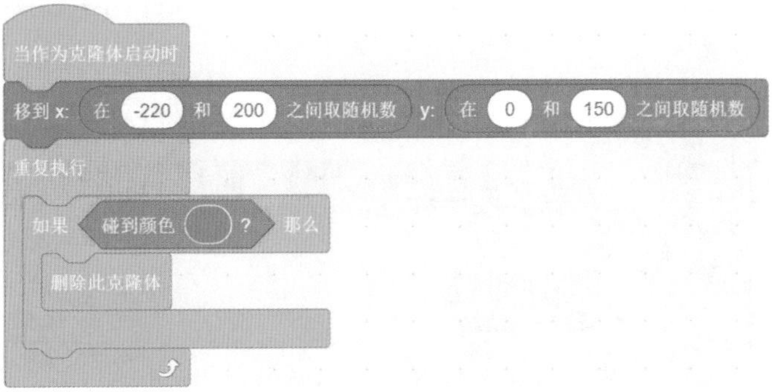

图7.130 Ball2的第2组积木

（8）为小球角色 Ball3 添加积木，如图 7.131 所示。该组积木用于判断是否碰到粉色。

如果碰到，删除此克隆体。

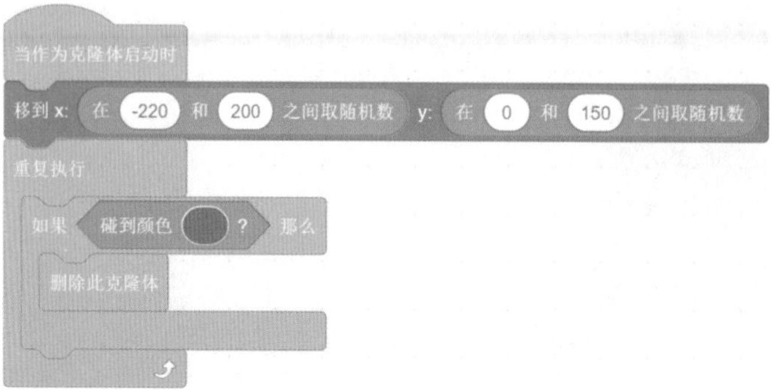

图7.131　Ball3的第2组积木

（9）为小球角色 Ball4 添加积木，如图 7.132 所示。该组积木用于判断是否碰到绿色。如果碰到，删除此克隆体。

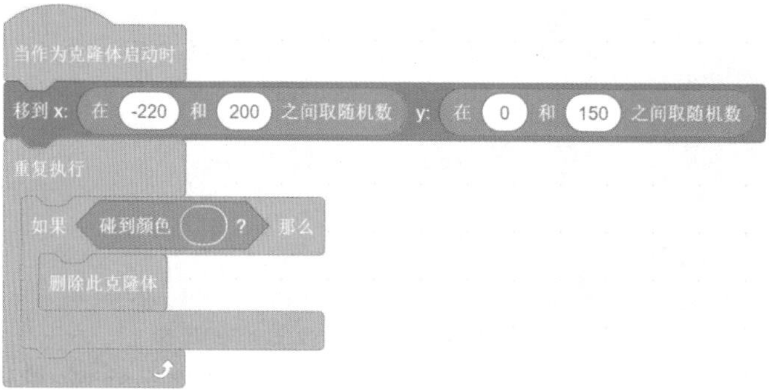

图7.132　Ball4的第2组积木

（10）为小球角色 Ball5 添加积木，如图 7.133 所示。该组积木用于判断是否碰到紫色。如果碰到，删除此克隆体。

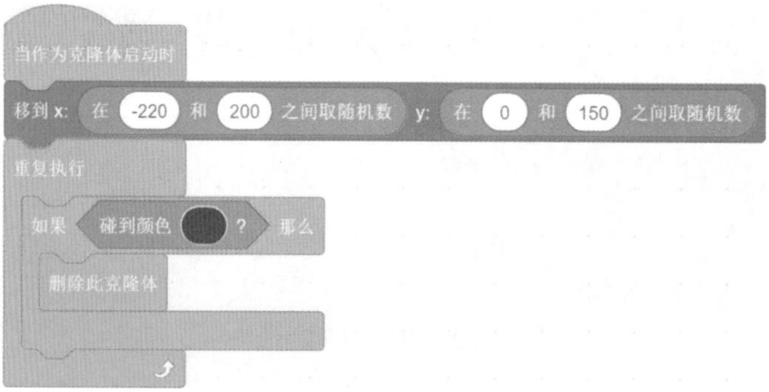

图7.133　Ball5的第2组积木

（11）运行游戏，五种颜色的泡泡球会在舞台中散开，如图 7.134 所示。点击鼠标，下方的小球会向上方的小球移动，当相邻的小球颜色相同时，相同颜色的泡泡球会消失，如图 7.135 所示。

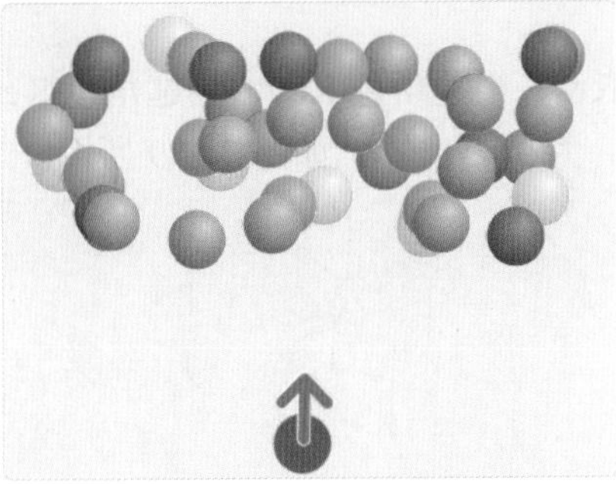

图7.134 泡泡球散开

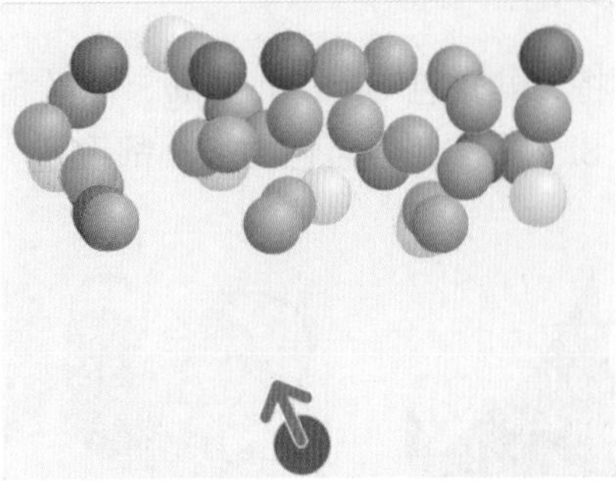

图7.135 消灭了左侧的粉色泡泡球

实例62 颜色碰到颜色：冰火双娃

扫一扫，看视频

颜色不同，引起的联想不同。例如，红色属于暖色调，可以让人联想到火焰（火焰是危险的，不要玩火），给人炙热的感觉。蓝色属于冷色调，可以让人联想到寒冰（寒冰会导致冻伤，所以要注意保暖），给人寒冷的感觉。本实例将通过冰火两个小人进入不同的位置获取钥匙实现颜色碰撞颜色的检测。在该例子中会使用到以下内容。

“颜色 碰到 ？”积木：该积木会检测当前角色的指定颜色是否与另外的指定颜色发生碰撞。

下面实现冰火双娃。

（1）选择背景 Blue Sky。在其背景界面中，使用矩形工具与选择工具修改背景，如图 7.136 所示。

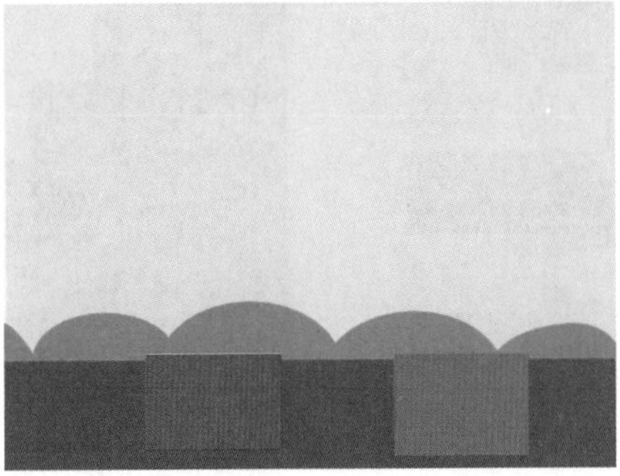

图7.136 背景Blue Sky

（2）选择角色 Giga Walking。在该角色的造型界面中，使用选择工具修改其边线为红色，如图 7.137 所示。

（3）选择角色 Tera。在该角色的造型界面中，使用选择工具修改其边线为蓝色，如图 7.138 所示。

（4）将火娃角色 Giga Walking、冰娃角色 Tera、钥匙角色 Key、钥匙角色 Key2 添加到背景 Blue Sky 中。四个角色的大小都设置为 30，并调整位置，如图 7.139 所示。

图7.137　角色Giga Walking

图7.138　角色Tera

图7.139　角色与背景

（5）为火娃角色 Giga Walking 添加第 1 组积木，如图 7.140 所示。该组积木用于初始化位置和旋转方式，并检测是否碰到红色。如果碰到，就修改其 y 轴坐标值，实现进入红色世界的效果。

（6）为火娃角色 Giga Walking 添加第 2 组积木，如图 7.141 所示。该组积木用于检测红色是否碰到褐色。如果碰到，就修改 y 轴坐标值，实现移动到陆地的效果。

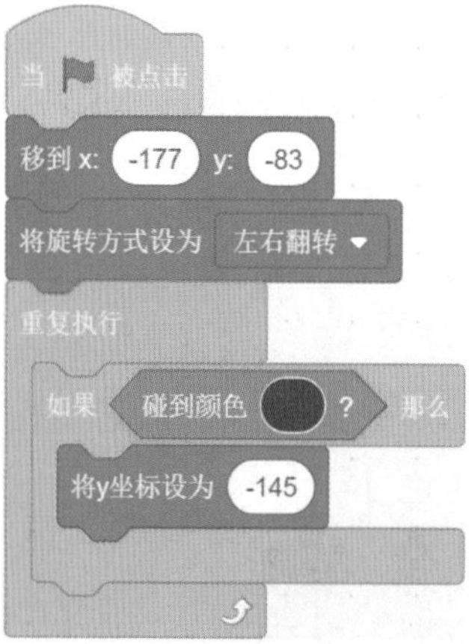

图7.140　Giga Walking的第1组积木

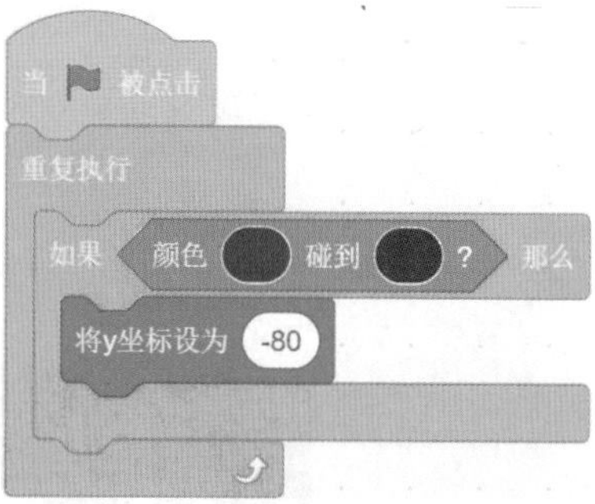

图7.141　Giga Walking的第2组积木

（7）为火娃角色 Giga Walking 添加第 3 组积木，实现使用向左键控制向左移动，如图 7.142 所示。添加第 4 组积木，实现使用向右键控制向右移动，如图 7.143 所示。

（8）为冰娃角色 Tera 添加第 1 组积木，如图 7.144 所示。该组积木用于初始化位置、旋转方式与朝向，并检测是否碰到蓝色。如果碰到，就修改其 y 轴坐标值，实现进入蓝色世界的效果。

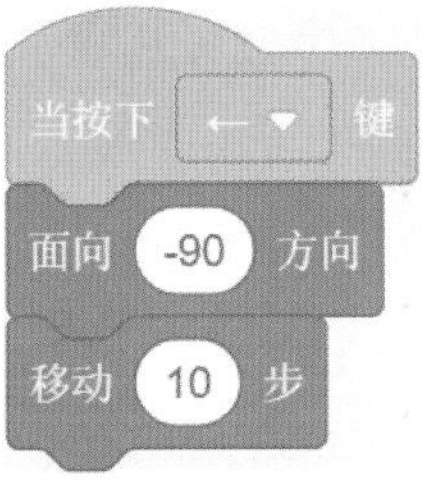

图7.142 Giga Walking的第3组积木

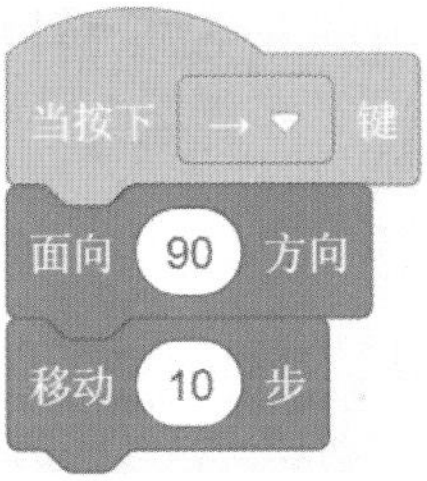

图7.143 Giga Walking的第4组积木

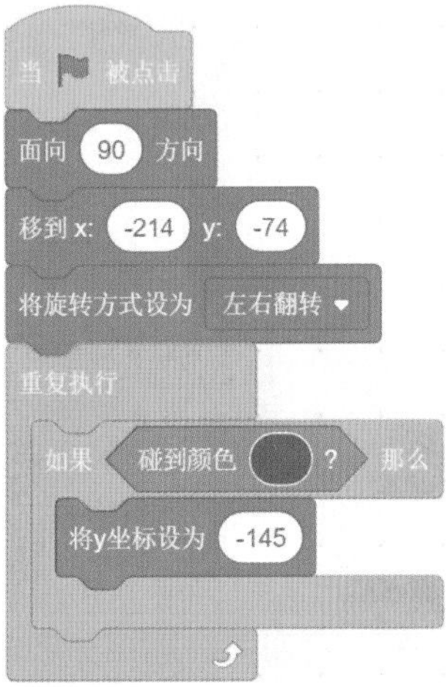

图7.144 Tera的第1组积木

（9）为冰娃角色 Tera 添加第 2 组积木，如图 7.145 所示。该组积木用于检测蓝色是否碰到褐色。如果碰到，就修改其 y 轴坐标值，实现移动到陆地的效果。

（10）为冰娃角色 Tera 添加第 3 组积木，实现使用 a 键控制向左移动，如图 7.146 所示。添加第 4 组积木，实现使用 d 键控制向右移动，如图 7.147 所示。

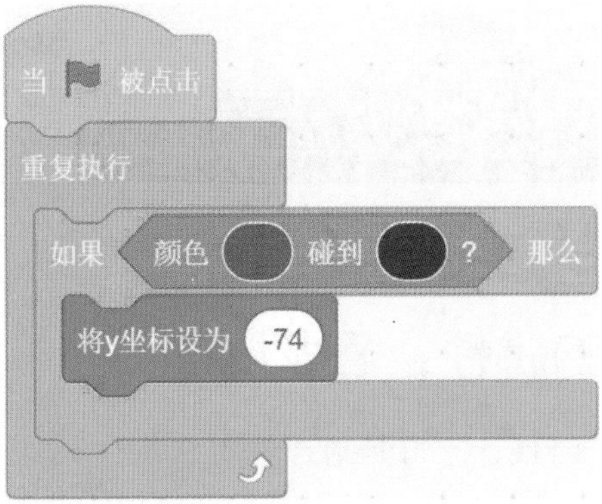

图7.145 Tera的第2组积木

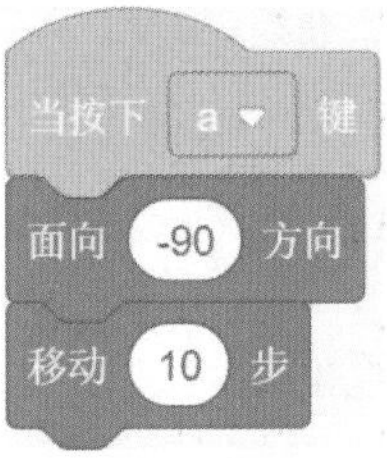

图7.146 Tera的第3组积木

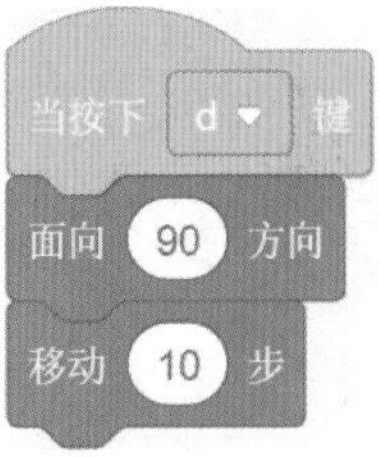

图7.147 Tera的第4组积木

（11）为钥匙角色 Key 添加积木，实现判断火娃是否碰到钥匙。如果碰到，则移动到

指定位置，如图 7.148 所示。为钥匙角色 Key2 添加积木，实现判断冰娃是否碰到钥匙。如果碰到，则移动到指定位置，如图 7.149 所示。

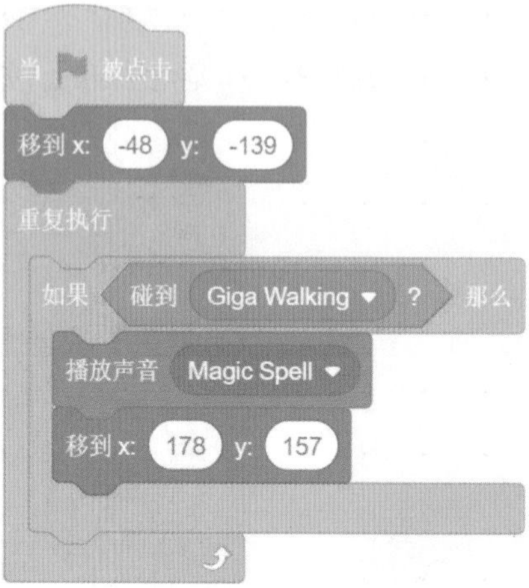

图7.48　Key的积木

图7.149　Key2的积木

（12）运行程序。移动火娃，火娃会取得火海中的钥匙，如图 7.150 所示。移动冰娃，冰娃会取得冰海中的钥匙，如图 7.151 所示。

图7.150　火娃取得钥匙

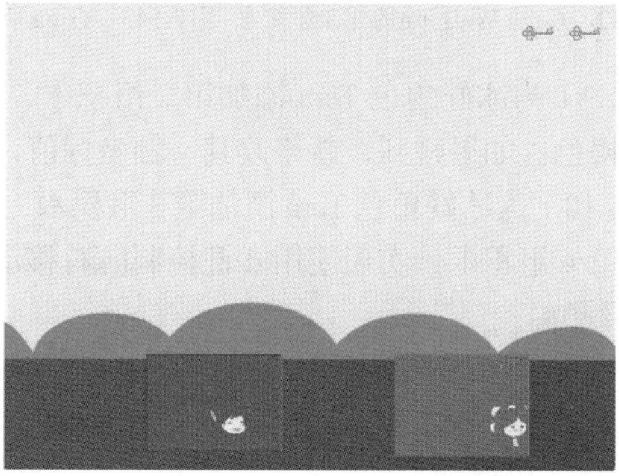

图7.151　冰娃取得钥匙

扫一扫，看视频

实例63　角色、背景、舞台的属性：恐龙降临

恐龙虽然是一种已经灭绝的生物，但是在侏罗纪时代，它可是地球的主人。有一天，一只恐龙无意间掉入时空旋涡，来到现代都市。本实例通过判断角色属性的变化触发背景变化，营造出一只暴躁的恐龙降临的场景。在该例子中会使用到以下内容。

“舞台的背景编号”积木：该积木可以获取到舞台、背景、角色所属属性的值。例如，可以获取到舞台的背景编号、角色的大小属性、旋转角度等信息。

下面实现恐龙降临。

（1）将恐龙角色 Dinosaur5、红心角色 Heart 添加到背景 Night City 中，并调整位置，如图 7.152 所示。

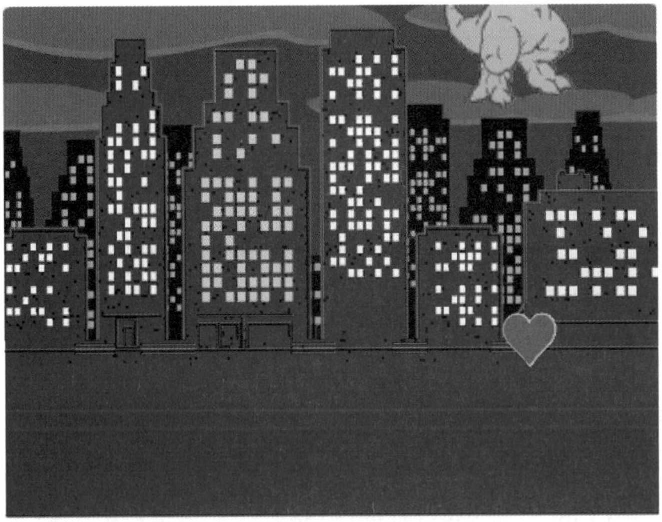

图7.152 角色与背景

（2）为角色 Dinosaur5 添加声音 Whinny。在其声音界面中，单击“机械化”与“慢一点”按钮，修改声音效果，如图 7.153 所示。

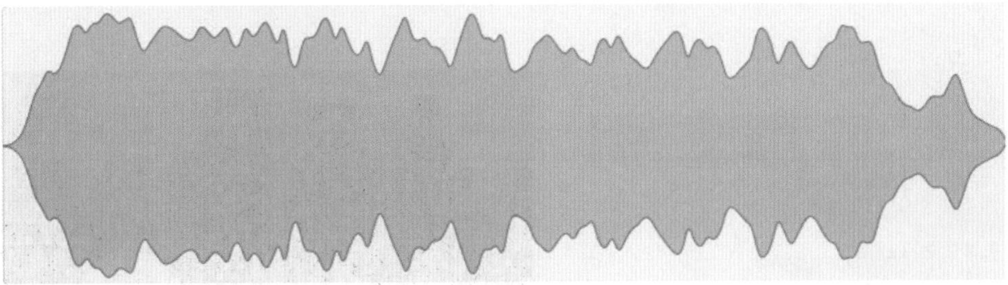

图7.153 嘶吼声

（3）为恐龙角色 Dinosaur5 添加积木，实现向红心移动，并改变造型与大小，如图 7.154 所示。

（4）为红心角色 Heart 添加积木，如图 7.155 所示。该组积木检测恐龙的大小，如果大小超过 100，则隐藏红心角色。

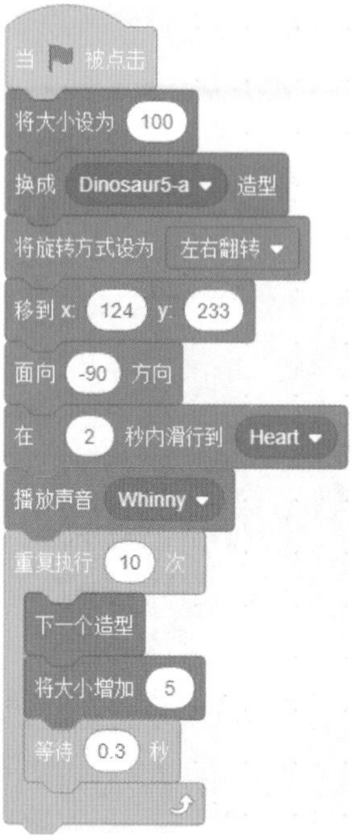

图7.154　Dinosaur5的积木

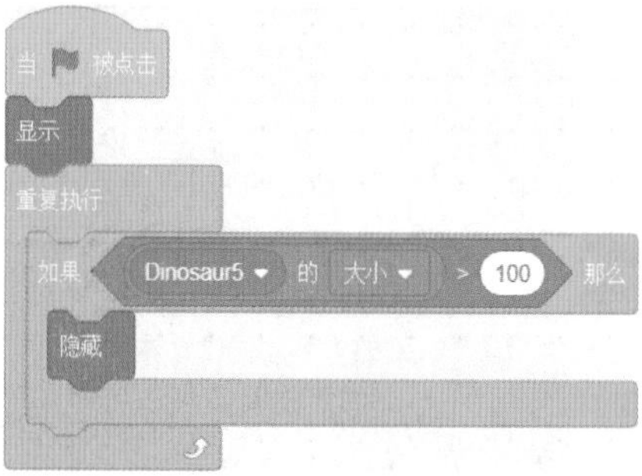

图7.155　Heart的积木

（5）为背景 Night City 添加角色，如图 7.156 所示。该组积木检测恐龙的大小，当大小超过 100 时，则改变背景的颜色，并播放声音。

（6）运行程序，恐龙从天而降。伴随着电光闪烁，恐龙不断嘶吼并变大，犹如末世降临，如图 7.157 所示。

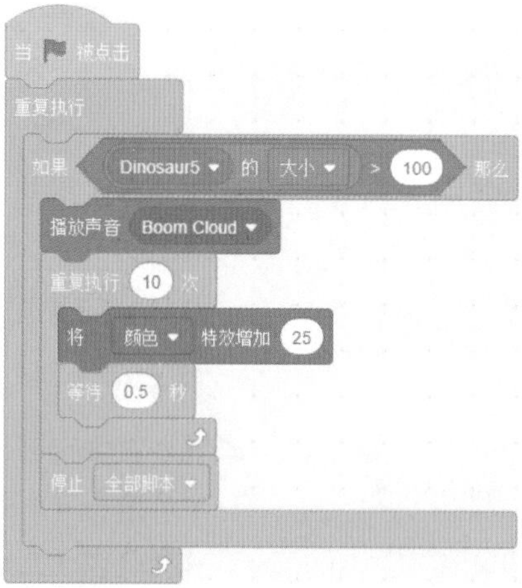

图7.156　背景Night City的积木

图7.157　恐龙降临

实例64　修改拖动模式：神奇的拼图

扫一扫，看视频

拼图游戏是一个开发智力与观察力的游戏。本实例将实现一个拼图游戏。在游戏中，当拼图碎片放到正确位置后，会切换为无法移动状态。在该例子中会使用到以下内容。

“将拖动模式设为可拖动”积木：该积木可以将角色设置为可拖动模式。备用选项为不可拖动。

下面实现神奇的拼图。

（1）准备拼图碎片。选择角色 City Bus，在其造型界面中，使用线段工具，绘制公交车的轮廓，然后将其创建为角色 7，如图 7.158 所示。

（2）选择角色 City Bus，单击“转换为位图”按钮。然后，使用选择工具将公交车分为 6 份，每份分别创建一个角色并命名为“角色 1”“角色 2”“角色 3”“角色 4”“角色 5”“角色 6”，如图 7.159 所示。

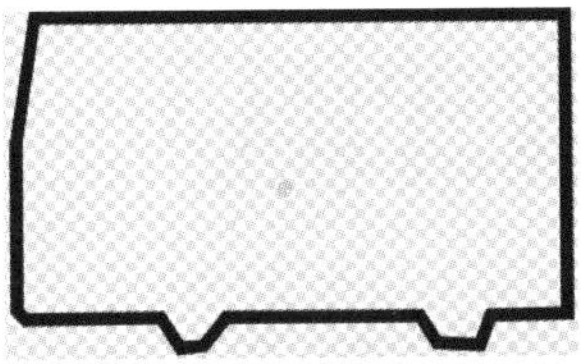

图7.158　角色7

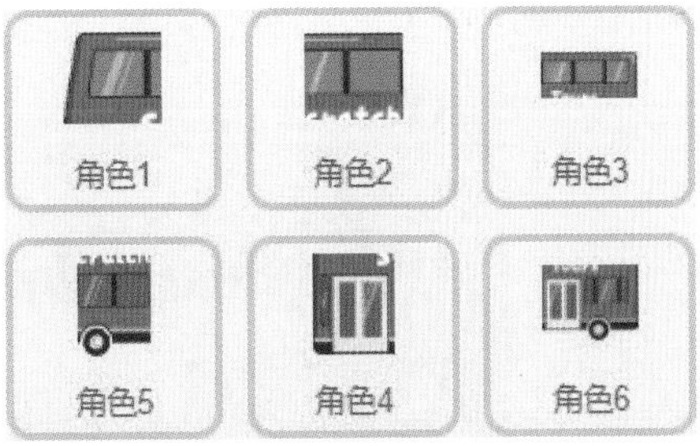

图7.159　角色1、角色2、角色3、角色4、角色5、角色6

（3）将素材库中的角色 City Bus、拼图碎片角色 1、角色 2、角色 3、角色 4、角色 5、角色 6 和角色 7 添加到背景 City Bus 中，并调整位置，其中角色 City Bus 放在舞台左上角，用于引导玩家拼图，如图 7.160 所示。

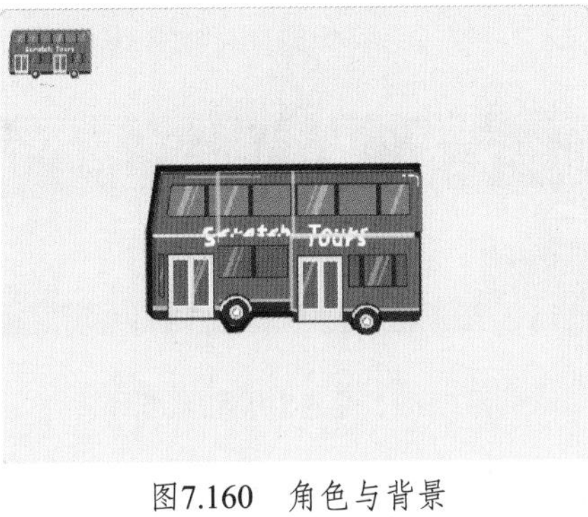

图7.160　角色与背景

（4）为角色 1、角色 2、角色 3、角色 4、角色 5、角色 6 添加第 1 组积木，如图 7.161 所示。该组积木将拼图碎片移动到随机位置，并且避免覆盖左上角的引导图。

当 被点击
移到 随机位置
将拖动模式设为 可拖动
重复执行
如果 碰到 City Bus ? 那么
移到 随机位置

图7.161　角色1、角色2、角色3、角色4、角色5、角色6的第1组积木

（5）为角色 1 添加第 2 组积木，实现当该碎片移动到指定位置后，切换为不可拖动模式，如图 7.162 所示。

当 被点击
重复执行
如果 绝对值 x坐标 - -91 < 5 与 绝对值 y坐标 - 34 < 5 那么
移到x: -91 y: 34
将拖动模式设为 不可拖动

图7.162　角色1的第2组积木

（6）为角色 2 添加第 2 组积木，实现当该碎片移动到指定位置后，切换为不可拖动模式，如图 7.163 所示。

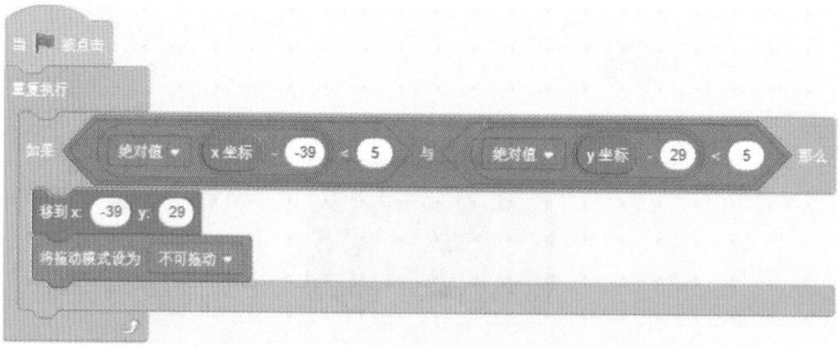
当 被点击
重复执行
如果 绝对值 x坐标 - -39 < 5 与 绝对值 y坐标 - 29 < 5 那么
移到x: -39 y: 29
将拖动模式设为 不可拖动

图7.163　角色2的第2组积木

（7）为角色 3 添加第 2 组积木，实现当该碎片移动到指定位置后，切换为不可拖动模

式，如图 7.164 所示。

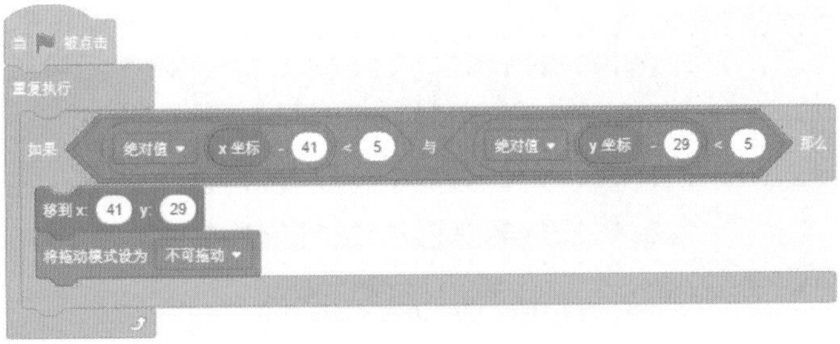
当 被点击
重复执行
如果 绝对值 x坐标 - 41 < 5 与 绝对值 y坐标 - 29 < 5 那么
移到x: 41 y: 29
将拖动模式设为 不可拖动

图7.164 角色3的第2组积木

（8）为角色 4 添加第 2 组积木，实现当该碎片移动到指定位置后，切换为不可拖动模式，如图 7.165 所示。

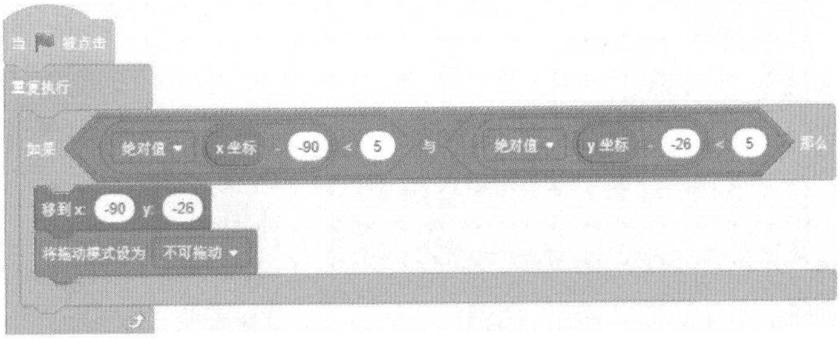
当 被点击
重复执行
如果 绝对值 x坐标 - -90 < 5 与 绝对值 y坐标 - -26 < 5 那么
移到x: -90 y: -26
将拖动模式设为 不可拖动

图7.165 角色4的第2组积木

（9）为角色 5 添加第 2 组积木，实现当该碎片移动到指定位置后，切换为不可拖动模式，如图 7.166 所示。

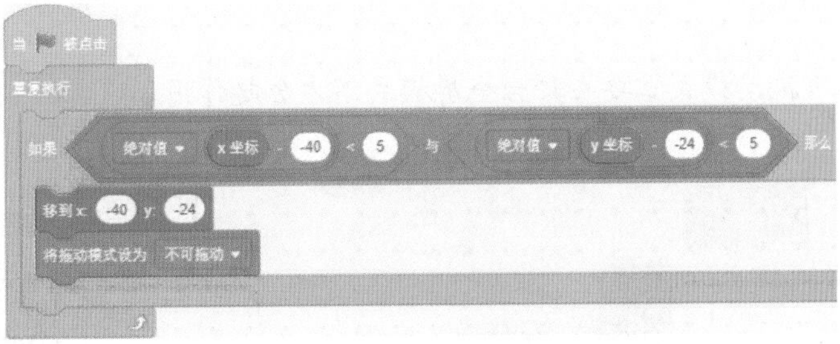
当 被点击
重复执行
如果 绝对值 x坐标 - -40 < 5 与 绝对值 y坐标 - -24 < 5 那么
移到x: -40 y: -24
将拖动模式设为 不可拖动

图7.166 角色5的第2组积木

（10）为角色 6 添加第 2 组积木，实现当该碎片移动到指定位置后，切换为不可拖动模式，如图 7.167 所示。

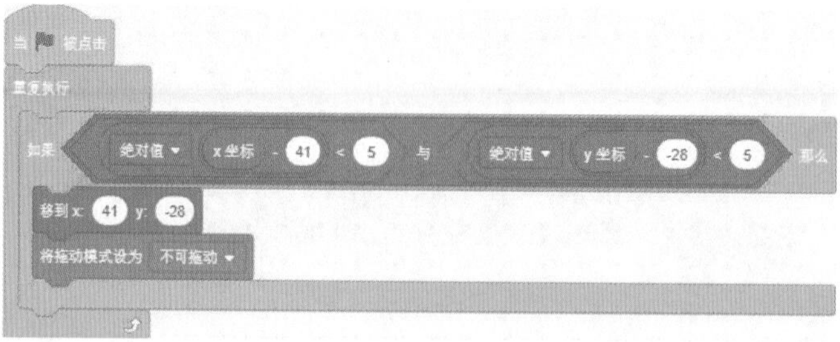
当 被点击
重复执行
如果 绝对值 x坐标 - 41 < 5 与 绝对值 y坐标 - -28 < 5 那么
移到 x: 41 y: -28
将拖动模式设为 不可拖动

图7.167　角色6的第2组积木

（11）为引导图角色 City Bus2 添加积木，用于显示提示信息，如图 7.168 所示。

（12）为轮廓角色 7 添加积木，用于初始化它的位置，如图 7.169 所示。

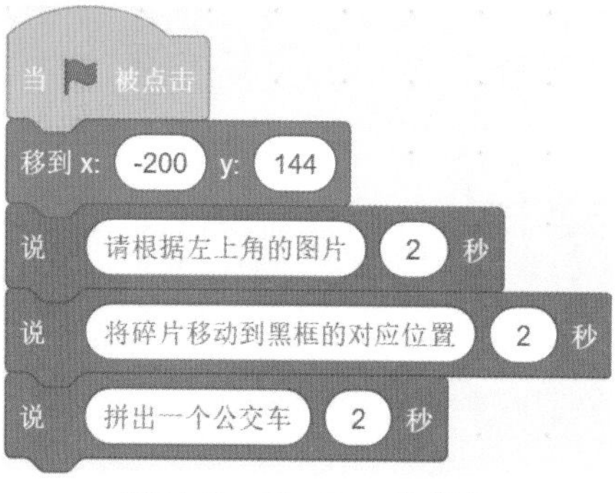
当 被点击
移到 x: -200 y: 144
说 请根据左上角的图片 2 秒
说 将碎片移动到黑框的对应位置 2 秒
说 拼出一个公交车 2 秒

图7.168　City Bus2的积木

当 被点击
移到 x: -13 y: -12

图7.169　角色7的积木

（13）运行程序。拼图碎片会移动到随机位置，如图 7.170 所示。单击舞台右上角的全屏按钮，进入全屏模式。移动碎片，如果碎片位置正确则无法继续移动，如图 7.171 所示。

注意：角色不可拖动模式需要在舞台全屏模式下才会起作用。

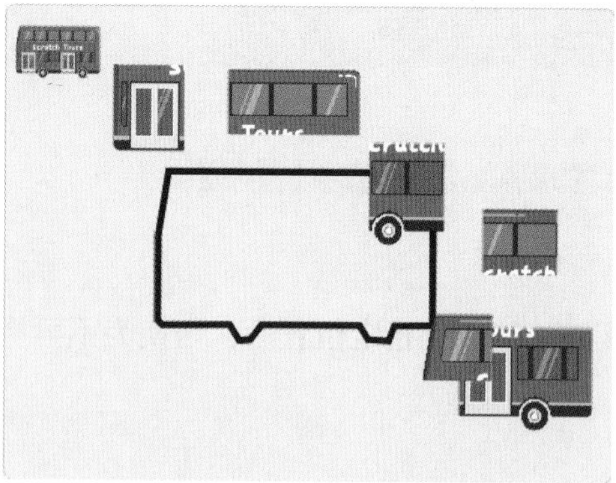

图7.170　碎片移动到随机位置

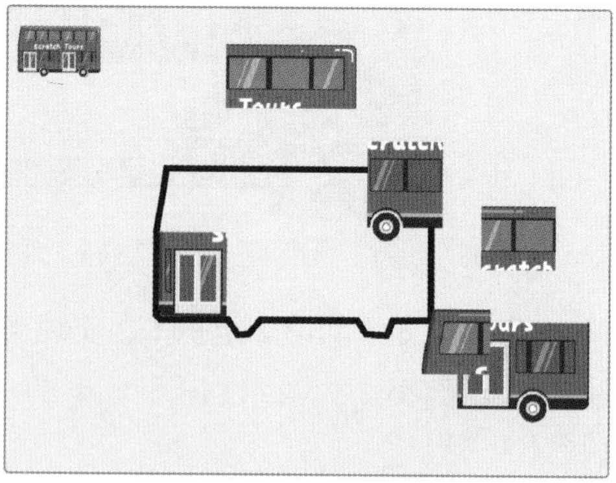

图7.171　碎片无法拖动

实例65 当前时间：电子表

扫一扫，看视频

“逝者如斯夫，不舍昼夜”，人的一生会伴随着时间的不断流逝。本实例实现一个电子表功能，可以展示年、月、日、时、分、秒 6 种信息。通过本例，希望大家拥有珍惜时间的概念。在该例子中会使用到以下内容。

“当前时间的年”积木：该积木会获取当前的时间，默认选项为年份，备用选项为月、星期、时、分、秒。

下面实现电子表。

（1）选择数字 1 角色，命名为 1。在其造型界面中，单击“复制”按钮。然后，选择数字 0 角色，在其造型界面中，复制造型 Glow-0 为一个新造型，命名为 Glow-2。删除造型 Glow-2 中的数字 0，单击“粘贴”按钮，将数字角色 1 粘贴到角色 0 的第 2 个造型 Glow-2 中。使用该方法，将数字 2 ～ 9 依次复制到角色 1 中，角色 1 的最终造型如图 7.172 所示。选中该角色，右击，从弹出的快捷菜单中选择“导出”命令，将该角色保存到本地文件中，命名为 1.sprite3。

（2）复制 13 个角色 1，依次命名为 2、3、4、5、6、7、8、9、10、11、12、13、14。

（3）在角色窗口中依次“单击选择一个角色”按钮 |“绘制”按钮，进入造型界面。使用文本工具，绘制角色年。使用相同的方式绘制角色月、日、时、分、秒，如图 7.173 所示。

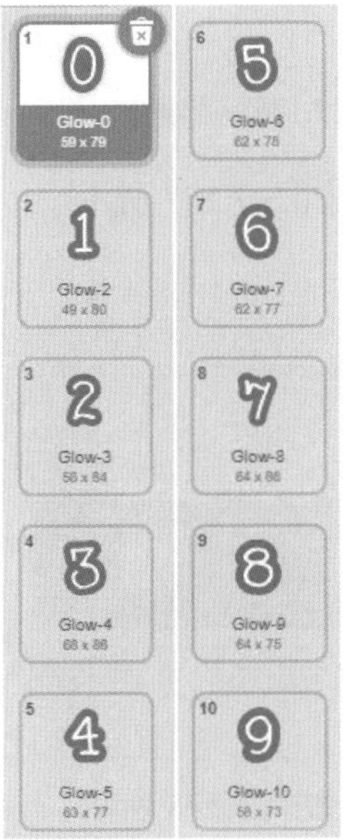

图7.172 角色1的10个造型

图7.173 角色年、月、日、时、分、秒

（4）在角色 14 的声音界面中，单击“选择一个声音”按钮，添加声音 Clock Ticking。使用鼠标选择1秒的声音，单击“新拷贝”按钮，复制出一个新的声音Clock Ticking 2，如图 7.174 所示。

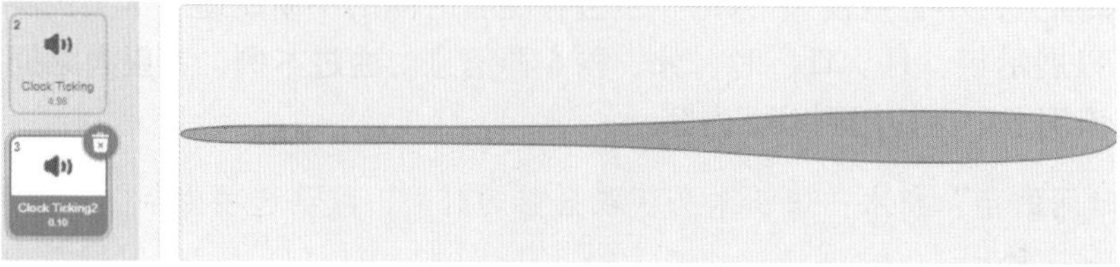

（a）　　　　　　　　（b）

图7.174　制作时间走动的声音

（5）依次将角色 1 ～ 14 以及角色年、月、日、时、分、秒添加到背景 Blue Sky 2 中，并调整位置，如图 7.175 所示。添加年、月、日、时、分、秒的变量，如图 7.176 所示。

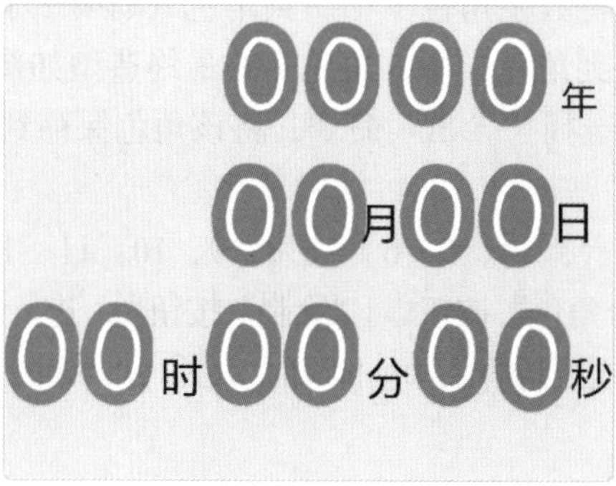

图7.175　角色与背景

图7.176　变量年、月、日、时、分、秒

（6）为角色 1 添加积木，获取年份的第 1 位数字，如图 7.177 所示。

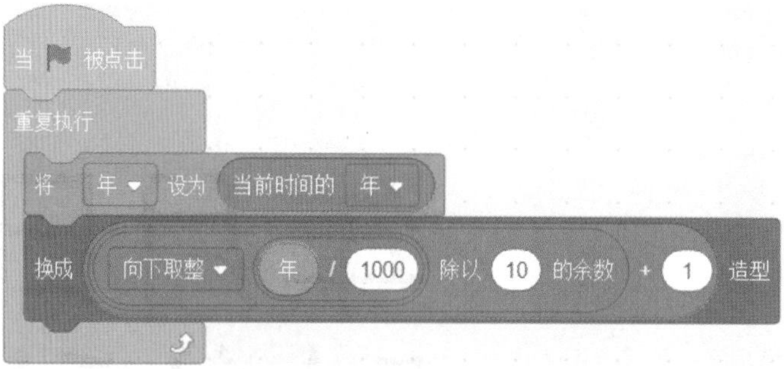

图7.177　角色1的积木

（7）为角色 2 添加积木，获取年份的第 2 位数字，如图 7.178 所示。

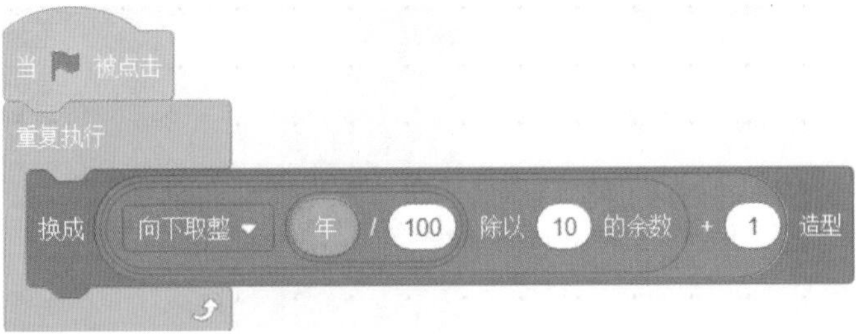

图7.178 角色2的积木

（8）为角色 3 添加积木，获取年份的第 3 位数字，如图 7.179 所示。

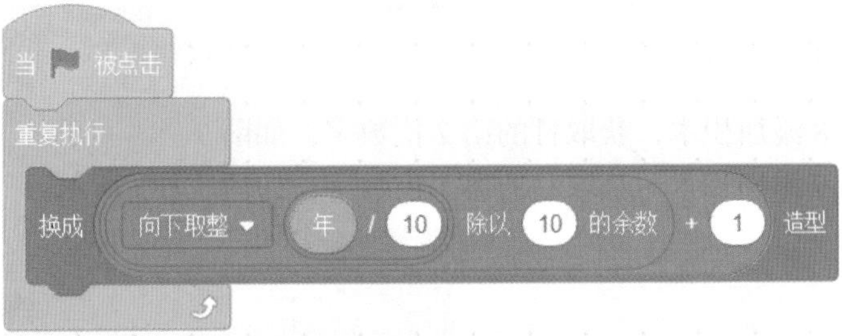

图7.179 角色3的积木

（9）为角色 4 添加积木，获取年份的第 4 位数字，如图 7.180 所示。

（10）为角色 5 添加积木，获取月份的第 1 位数字，如图 7.181 所示。

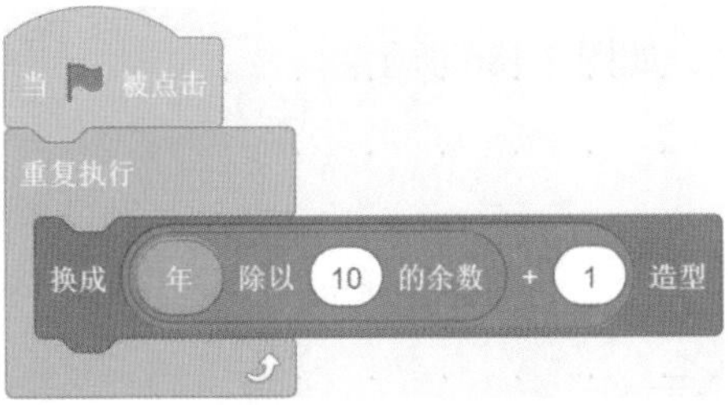

图7.180 角色4的积木

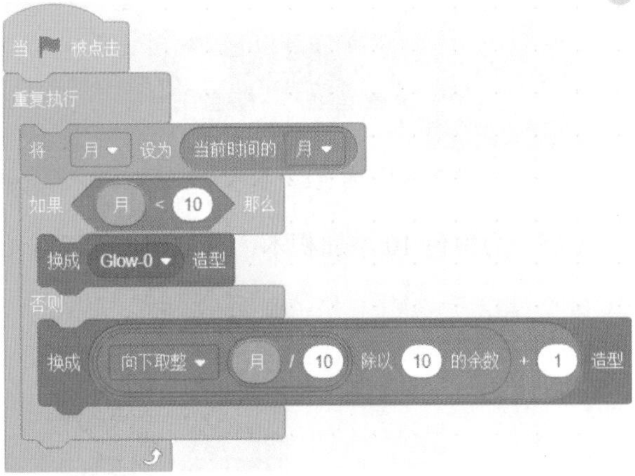

图7.181 角色5的积木

（11）为角色 6 添加积木，获取月份的第 2 位数字，如图 7.182 所示。

（12）为角色 7 添加积木，获取日的第 1 位数字，如图 7.183 所示。

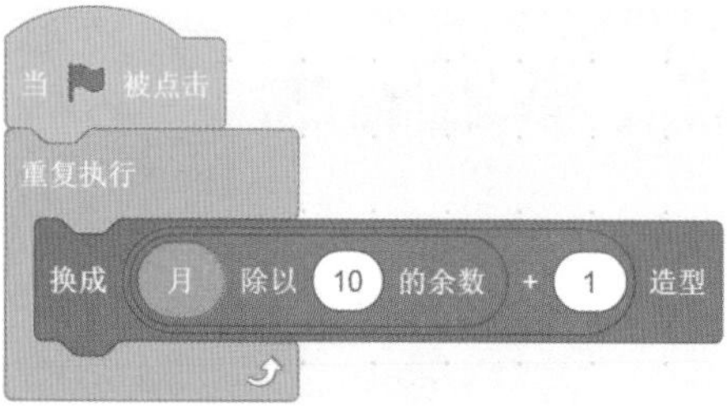
当 被点击
重复执行
换成 月 除以 10 的余数 + 1 造型

图7.182　角色6的积木

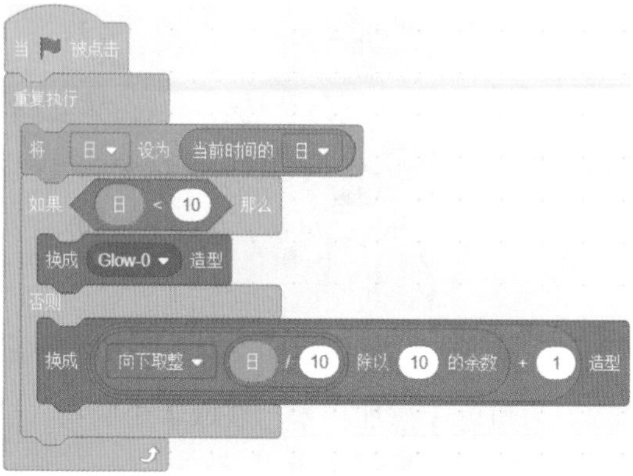
当 被点击
重复执行
将 日 设为 当前时间的 日
如果 日 < 10 那么
换成 Glow-0 造型
否则
换成 向下取整 日 / 10 除以 10 的余数 + 1 造型

图7.183　角色7的积木

（13）为角色 8 添加积木，获取日的第 2 位数字，如图 7.184 所示。

（14）为角色 9 添加积木，获取时的第 1 位数字，如图 7.185 所示。

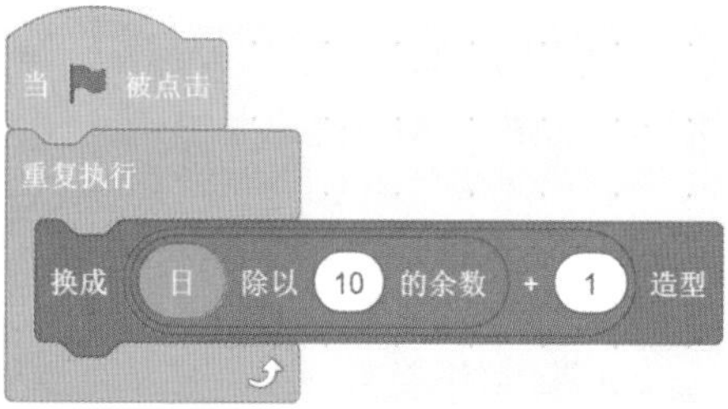
当 被点击
重复执行
换成 日 除以 10 的余数 + 1 造型

图7.184　角色8的积木

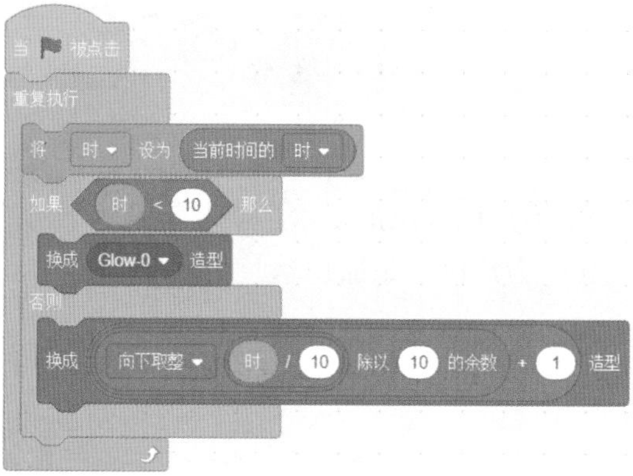
当 被点击
重复执行
将 时 设为 当前时间的 时
如果 时 < 10 那么
换成 Glow-0 造型
否则
换成 向下取整 时 / 10 除以 10 的余数 + 1 造型

图7.185　角色9的积木

（15）为角色 10 添加积木，获取时的第 2 位数字，如图 7.186 所示。

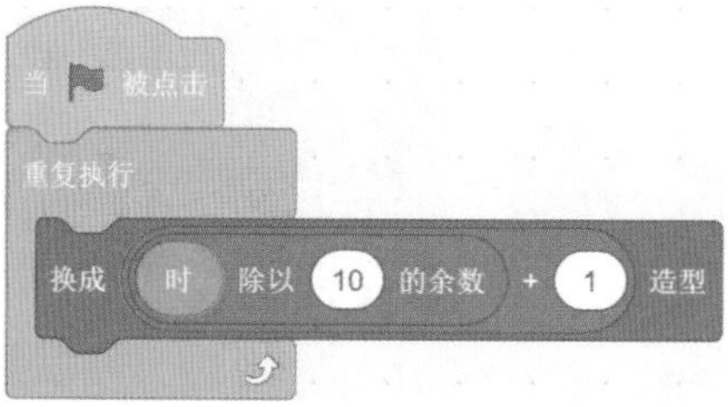
当 被点击
重复执行
换成 时 除以 10 的余数 + 1 造型

图7.186　角色10的积木

（16）为角色 11 添加积木，获取分的第 1 位数字，如图 7.187 所示。

（17）为角色 12 添加积木，获取分的第 2 位数字，如图 7.188 所示。

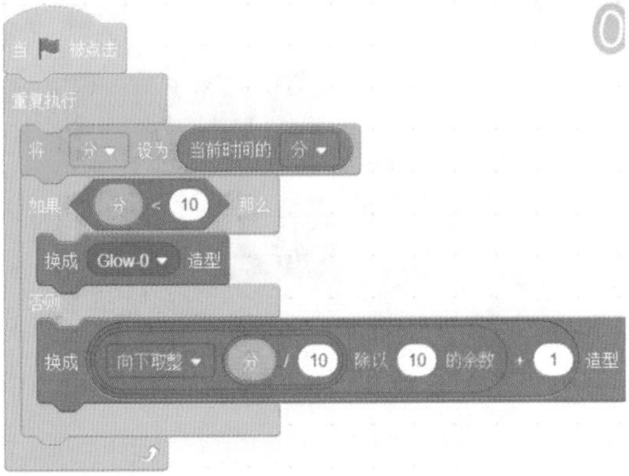

图7.187　角色11的积木

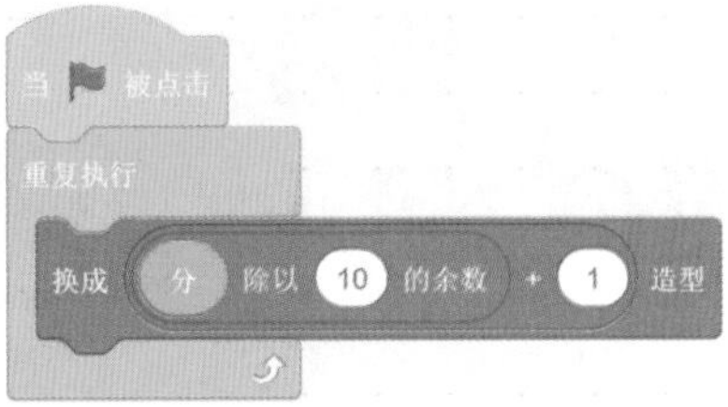

图7.188　角色12的积木

（18）为角色 13 添加积木，获取秒的第 1 位数字，如图 7.189 所示。

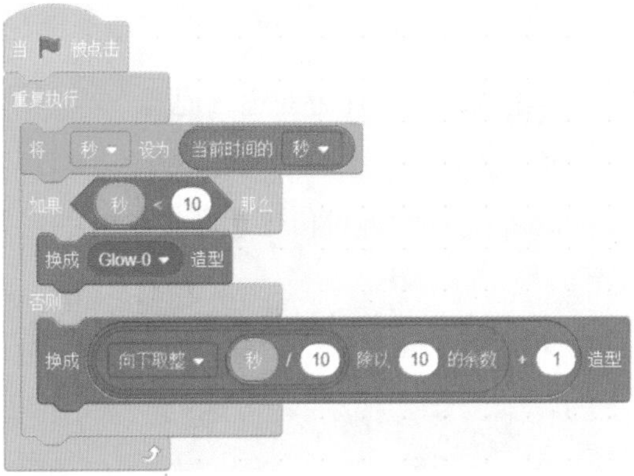

图7.189　角色13的积木

（19）为角色 14 添加积木，获取秒的第 2 位数字，如图 7.190 所示。添加第 2 组积木，播放时间走动的声音，如图 7.191 所示。

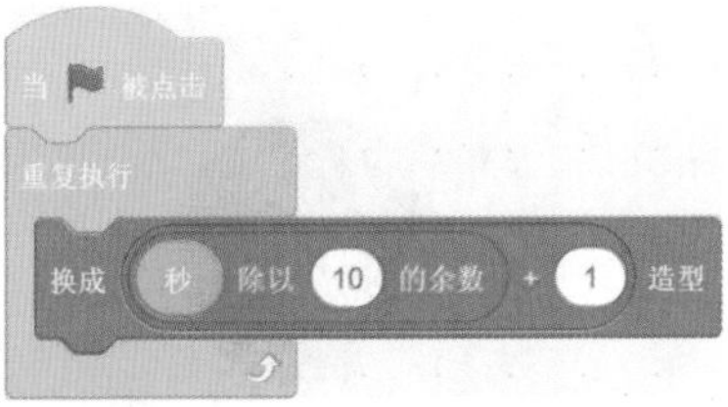

图7.190　角色14的第1组积木

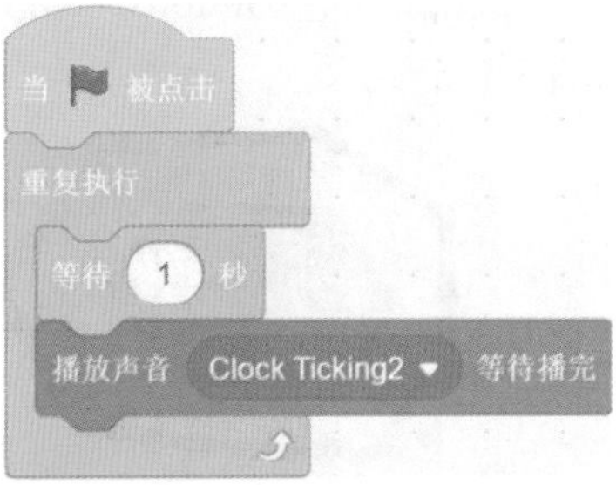

图7.191　角色14的第2组积木

（20）运行程序。舞台界面会显示当前的时间，如图 7.192 所示。并且，每秒会走动一个数字，如图 7.193 所示。

图7.192　显示当前时间

图7.193　电子表会根据当前时间改变

扫一扫，看视频

实例66　计时器：瓢虫赛跑

本实例是实现一场瓢虫赛跑的游戏。在游戏中，通过计时器计算出瓢虫跑一圈的时间。在该例子中会使用到以下内容。

- “计时器”积木：该积木会将花费的时间记录在该积木中。当该积木的复选框被选中后，会显示在舞台中。
- “计时器归零”积木：该积木可以将计时器归零。这样，每执行一次，计时器都会从 0 开始计时。

下面实现瓢虫赛跑。

（1）绘制一条赛道。在角色窗口中，依次单击“选择一个角色”按钮 |“绘制”按钮，进入造型界面。使用线段工具与选择工具绘制赛道角色，并命名为赛道，如图 7.194 所示。

（2）选择开始按钮角色 Button1，在其造型界面中，使用文本工具修改造型为“开始”按钮，如图 7.195 所示。

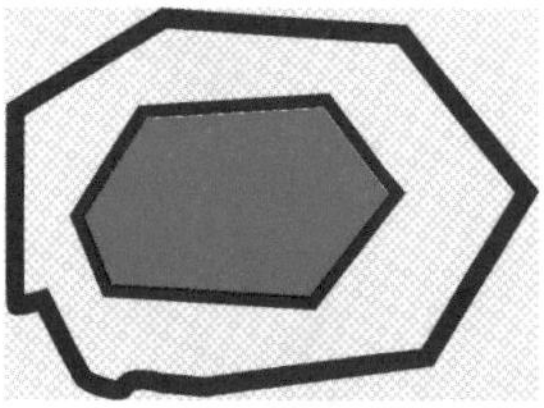
图7.194　赛道角色

图7.195　角色Button1

（3）将赛道角色、开始按钮角色 Button1、瓢虫角色 Ladybug1、终点线角色 Paddle 添加到背景 Blue Sky 2 中。将瓢虫大小设置为 30,“计时器” 积木复选框被选中，并调整位置，如图 7.196 所示。

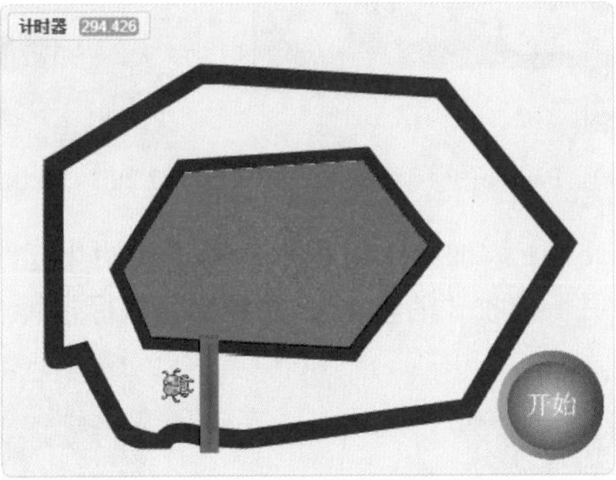

图7.196 角色与背景

（4）为终点线角色 Paddle 添加第 1 组积木，用于介绍玩法，如图 7.197 所示。

（5）为终点线角色 Paddle 添加第 2 组积木，用于接收到“消息 1”后显示用时，如图 7.198 所示。添加第 3 组积木，用于接收到“消息 2”后显示最终用时并广播“消息 3”，如图 7.199 所示。

图7.197 Paddle的第1组积木

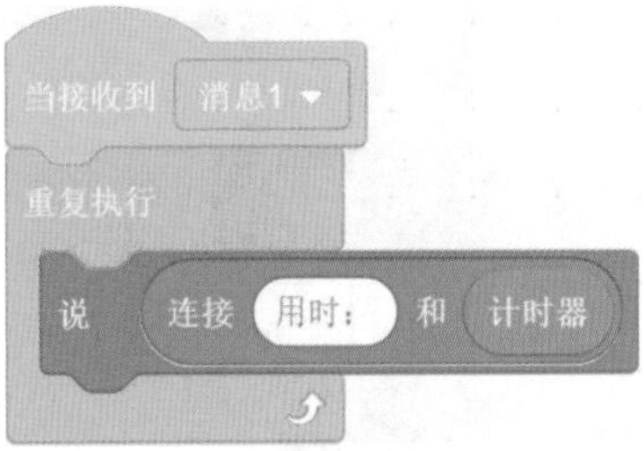

图7.198 Paddle的第2组积木

（6）为开始按钮角色 Button1 添加第 1 组积木，用于角色被点击后，广播“消息 1”，并播放背景音乐，如图 7.200 所示。添加第 2 组积木，用于接收“消息 3”，并停止背景音乐播放，如图 7.201 所示。

图7.199　Paddle的第3组积木

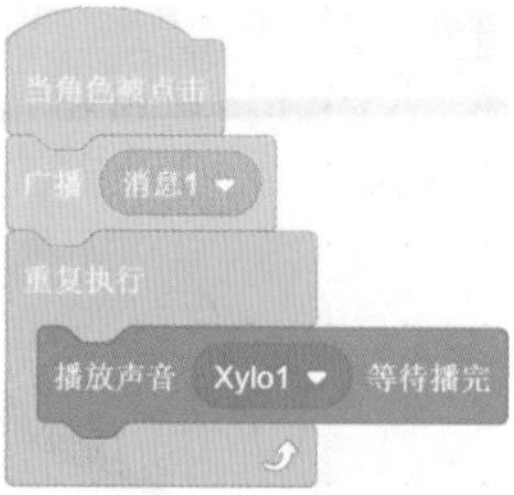

图7.200　Button1的第1组积木

（7）为瓢虫角色 Ladybug1 添加第 1 组积木，用于初始化起跑位置与朝向，如图 7.202 所示。添加第 2 组积木，用于接收“消息 1”，并开始朝鼠标指针移动，如图 7.203 所示。

图7.201　Button1的第2组积木

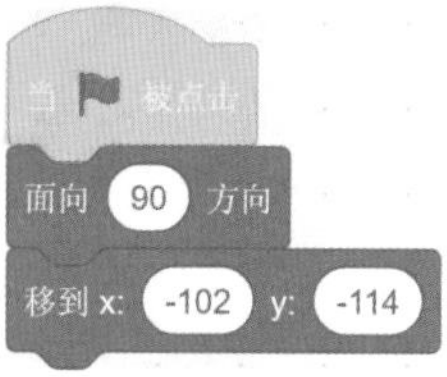

图7.202　Ladybug1的第1组积木

（8）为瓢虫角色 Ladybug1 添加第 3 组积木，判断瓢虫是否碰到赛道边缘，如果碰到会减速，如图 7.204 所示。添加第 4 组积木，判断瓢虫是否进入处罚区，如果进入，会被处罚从起始点附近重新开始赛跑，如图 7.205 所示。

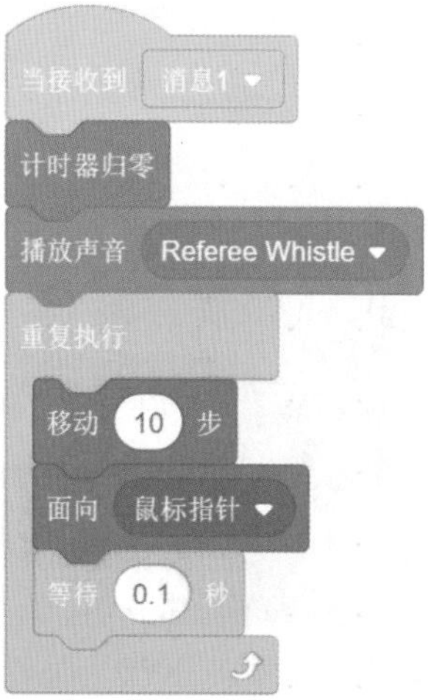

图7.203　Ladybug1的第2组积木

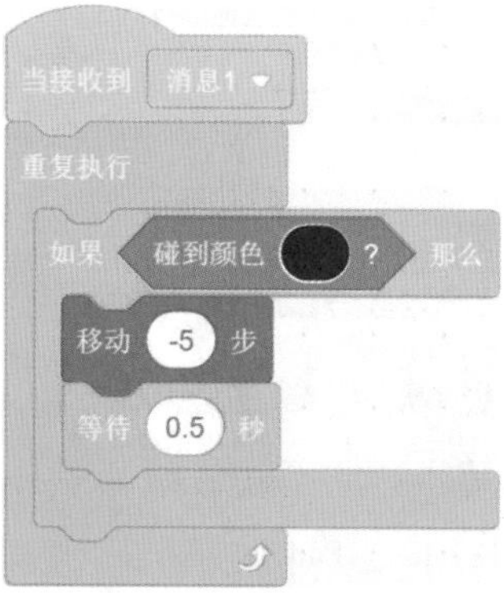

图7.204　Ladybug1的第3组积木

（9）为瓢虫角色 Ladybug1 添加第 5 组积木，判断瓢虫是否抵达终点，如果抵达广播“消息 2”，停止全部脚本，如图 7.206 所示。

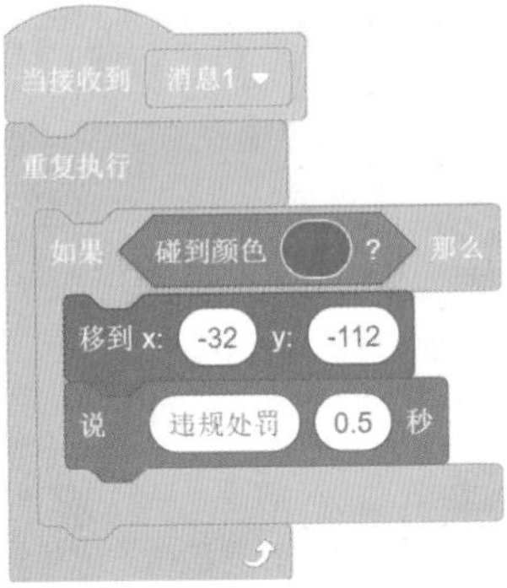

图7.205 Ladybug1的第4组积木

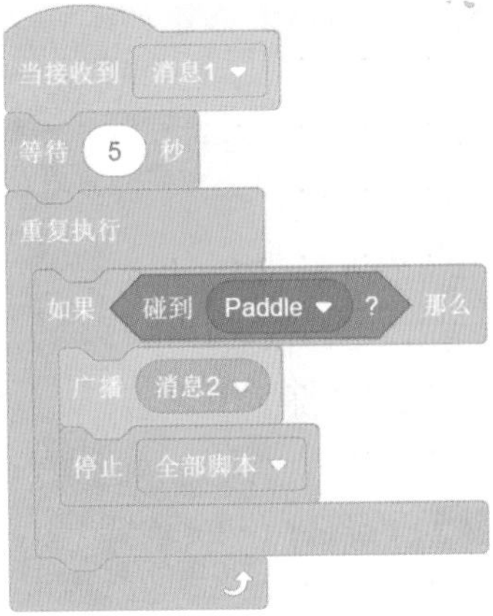

图7.206 Ladybug1的第5组积木

（10）运行程序，会介绍游戏玩法。点击开始按钮，瓢虫会跟随鼠标移动，如图 7.207 所示。当瓢虫达到终点，会展示比赛最终花费时间，如图 7.208 所示。

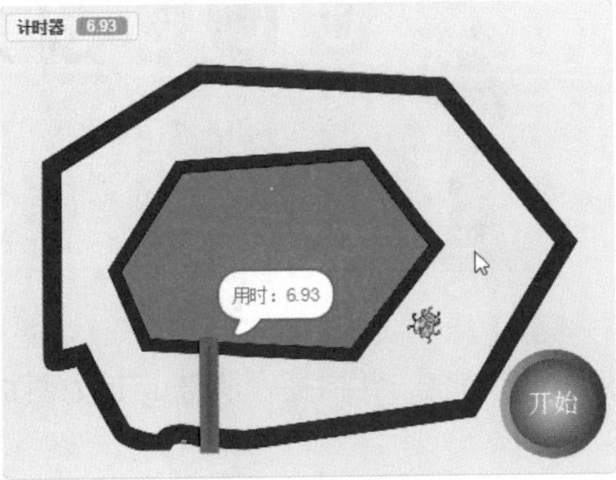

图7.207 开始比赛

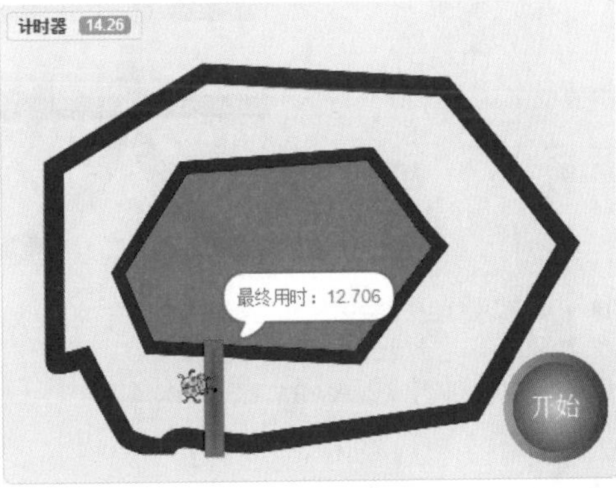

图7.208 比赛结束

实例67 距离2000年已过多少天：世纪宝宝

扫一扫，看视频

一百年为一个世纪。经过 2000 年，人类跨入了 21 世纪。2000 年出生的孩子都被称为世纪宝宝。本实例将实现计算第 1 个世纪宝宝已经出生了多少天。在该例子中会使用到以下内容。

“2000 年至今的天数”积木：该积木可以计算 2000 年至今已经过去了多少天。

下面实现计算世纪宝宝出生的天数。

（1）选择数字 1 角色，命名为 1。在其造型界面中，单击“复制”按钮。选择数字 0 角色，在其造型界面中，复制造型 Glow-0 为一个新造型，命名为 Glow-2。删除造型 Glow-2 中的数字 0，单击“粘贴”按钮，将数字角色 1 粘贴到角色 0 的第 2 个造型 Glow-2 中。使用该方法，将数字 2 ~ 9 依次复制到角色 1 中，角色 1 的最终造型如图 7.209 所示。

（2）复制 3 个角色 1，依次命名为 2、3、4。

（3）在角色窗口中，依次单击“选择一个角色”按钮 | “绘制”按钮，进入造型界面。使用文本工具T，绘制角色天，如图 7.210 所示。

（4）将数字角色 1 ~ 4、角色天、老师角色 Avery 添加到背景 Blue Sky 2 中，并调整位置，如图 7.211 所示。

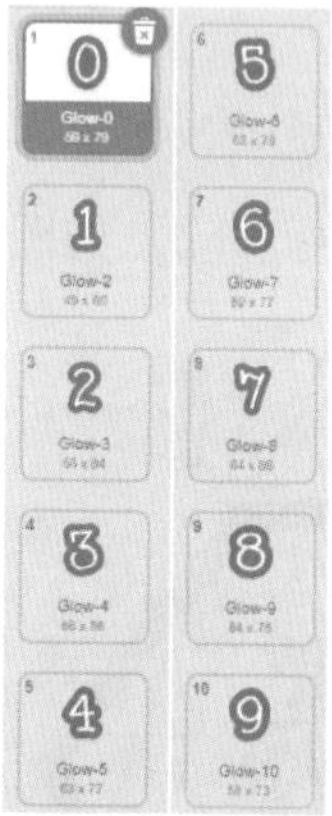

图7.209　角色1的10个造型

图7.210　角色天

图7.211　角色与背景

（5）为老师角色 Avery 添加积木，用于显示提示信息，并广播“消息 1”，如图 7.212 所示。

（6）为角色 1、2、3、4 添加第 1 组积木，初始化它们为隐藏状态，如图 7.213 所示。

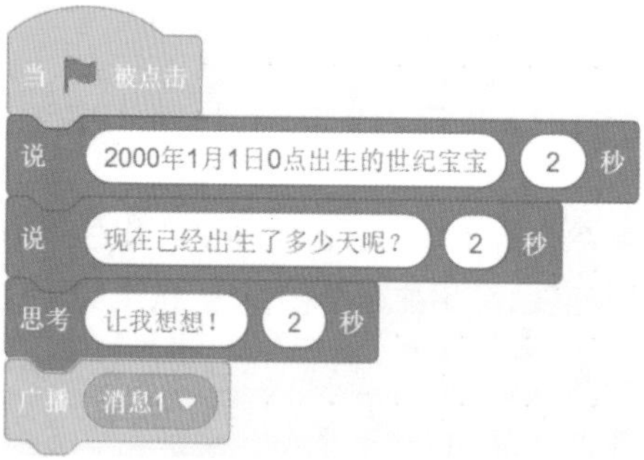

图7.212　Avery的积木

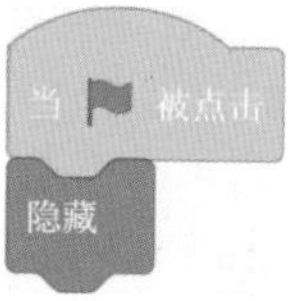

图7.213　角色1、2、3、4的第1组积木

（7）为角色 1 添加第 2 组积木，用于获取天数的第 1 位数字，如图 7.214 所示。

图7.214 角色1的第2组积木

（8）为角色 2 添加第 2 组积木，用于获取天数的第 2 位数字，如图 7.215 所示。

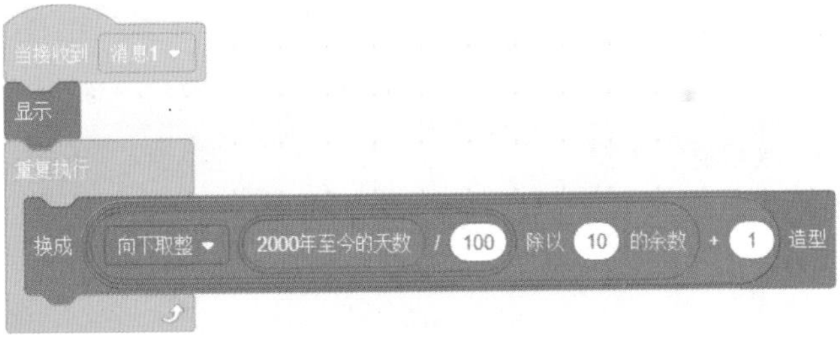

图7.215 角色2的第2组积木

（9）为角色 3 添加第 2 组积木，用于获取天数的第 3 位数字，如图 7.216 所示。

图7.216 角色3的第2组积木

（10）为角色 4 添加第 2 组积木，用于获取天数的第 4 位数字，如图 7.217 所示。

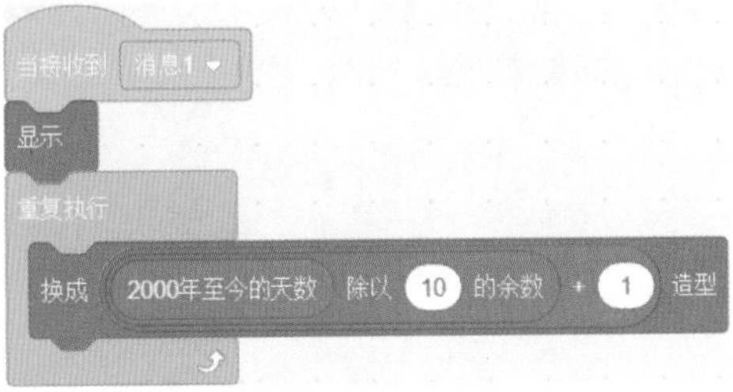

图7.217 角色4的第2组积木

（11）运行程序，老师会展示提示信息，如图 7.218 所示。然后，显示 2000 年距今的天数，如图 7.219 所示。

现在已经出生了多少天呢？
天

图7.218　展示提示信息

7815天

图7.219　展示天数

第8章

变 量

变量是用于存放变化的数据。我们可以将变量理解为一个钱包。钱包可以存放各种各样的钱，无论是美元，还是人民币。钱包中的钱会不断变化，但是钱包始终不会改变。钱就是数据，钱包就是变量。Scratch的变量积木包括创建变量、设置变量的值以及让变量的值持续变化三种。本章将通过多个实例讲解这些积木的使用。

扫一扫，看视频

实例68 设置我的变量：跨年倒计时

在跨年的时候，春节联欢晚会都会进行跨年倒计时，从而庆祝新一年的开始。本实例通过设置变量的值，从而改变倒计时的数字。在该例子中会使用到以下内容。

- "我的变量"积木：该积木可以存放一个变化的数字。这个数字可以是纯粹的数字，也可以是角色、背景、舞台的专属属性的编号，如图层编号、造型编号。
- "将我的变量设为0"积木：该积木可以将指定变量的值设置为指定值，默认将"我的变量"设置为0。
- "将我的变量增加1"积木：该积木可以将指定变量增加指定的值，默认将"我的变量"的值增加1。

下面实现跨年倒计时。

（1）在角色窗口中，依次单击"选择一个角色"按钮 |"上传"按钮，选择本地文件1.sprite3。该文件为数字角色1，它拥有0 ~ 9共10个数字造型，修改角色名称为"倒计时"。为角色倒计时添加数字10的造型，命名为Glow-11，如图8.1所示。这样，角色倒计时就拥有11个造型，包括数字0 ~ 10。

（2）在角色窗口中依次单击"选择一个角色"按钮 |"绘制"按钮，进入造型界面。使用文本工具T绘制"新年快乐！"角色，命名为"口号"，如图8.2所示。

图8.1 造型Glow-11

图8.2 角色口号

（3）将倒计时角色、口号角色与3个伴舞人员角色Cassy Dance、Cassy Dance2、Cassy Dance3添加到背景Concert中，并调整位置，如图8.3所示。

（4）为倒计时角色添加积木，如图8.4所示。该组积木实现跨年倒计时功能，变量存放的值会不断减少，对应的造型也会跟着改变；倒计时结束后，该积木会隐藏数字，并广播"消息1"。

图8.3 角色与背景

图8.4 倒计时角色的积木

（5）为口号角色添加第 1 组积木，用于初始化为隐藏状态，如图 8.5 所示。添加第 2 组积木，接收“消息 1”后，切换为显示状态，并不断变化颜色，如图 8.6 所示。

（6）为口号角色添加第 3 组积木，用于接收“消息 1”，并播放欢呼声，如图 8.7 所示。添加第 4 组积木，用于接收“消息 1”，并播放背景音乐，如图 8.8 所示。

图8.5 口号的第1组积木

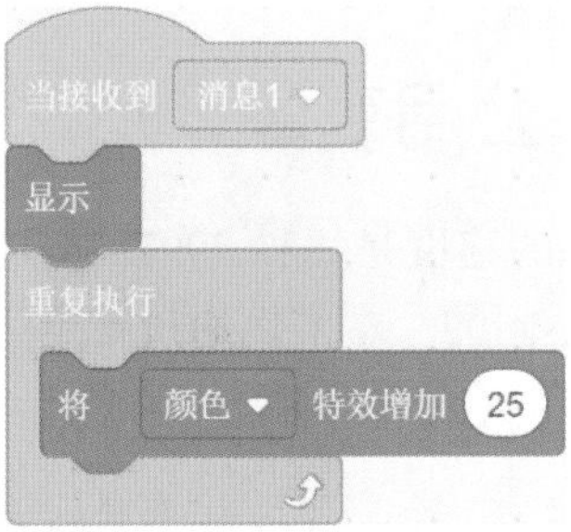

图8.6 口号的第2组积木

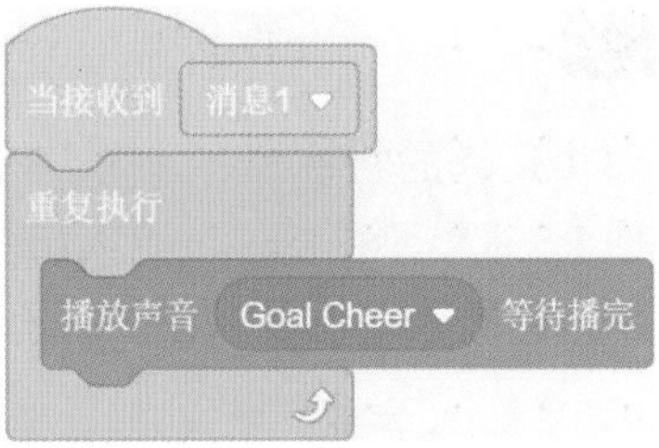

图8.7 口号的第3组积木

（7）为 3 个伴舞人员角色 Cassy Dance、Cassy Dance2、Cassy Dance3 添加积木，用于接收“消息 1”，并开始跳舞，如图 8.9 所示。

（8）为背景 Concert 添加积木，用于接收“消息 1”，并开始灯光秀，如图 8.10 所示。

图8.8　口号的第4组积木

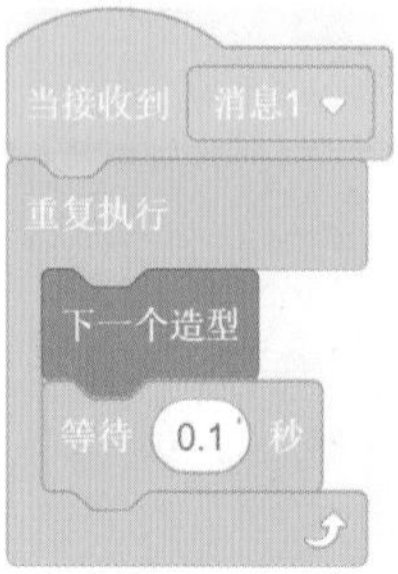

图8.9　Cassy Dance、Cassy Dance2、Cassy Dance3的积木

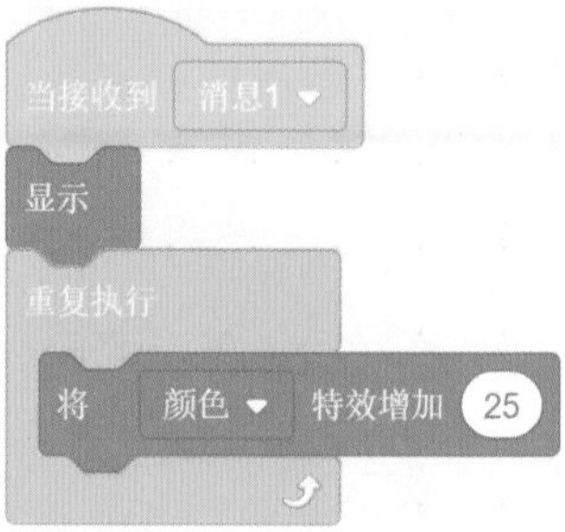

图8.10　Concert的积木

（9）运行程序。开始跨年倒计时，如图 8.11 所示。倒计时结束出现口号开始狂欢，如图 8.12 所示。

图8.11　跨年倒计时

图8.12　开始狂欢

扫一扫，看视频

实例69　自定义公用变量：加速运动

每个运动的物体都有速度。例如，光的速度是每秒 299792458 米；人走路的平均速度为每秒 1.5 米。不同的速度给人感受度是不同的。本实例通过自定义公用变量改变速度，从而改变角色的移动快慢。在该例子中会使用到以下内容。

“建立一个变量”积木：该积木可以建立一个变量。该变量可以为公用变量，也被称为公有变量；也可以为私用变量，也称为私有变量。公用变量可以用于任何角色与背景，而私用变量只能用于当前角色或背景。

注意：简单理解，公用变量就是公用的，谁都可以用，就像公交车，每个人都有权乘坐。私用变量就是私人使用的，就像私家车，不是所有人都能乘坐。

下面实现加速运动。

（1）将四种球体角色 Ball、Basketball、Baseball、Soccer Ball 添加到背景 1 中。其中，Ball 的方向为 -45，Basketball 方向为 18，Baseball 方向为 -137，Soccer Ball 方向为 113，并调整位置，如图 8.13 所示。

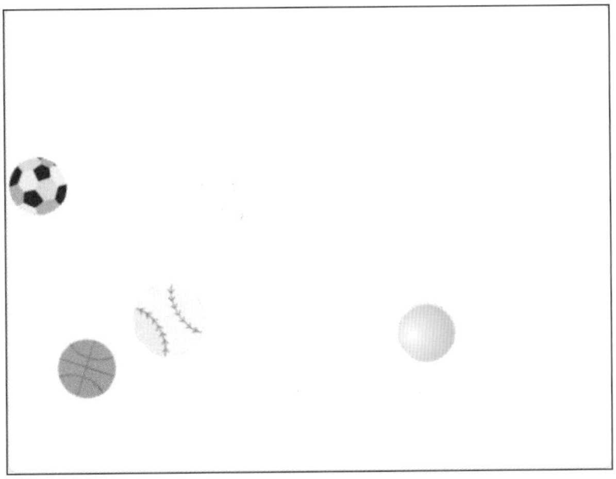

图8.13 角色与背景

（2）选择 Ball 角色，单击“建立一个变量”积木，弹出“新建变量”对话框。该对话框包含一个输入文本框与两个复选按钮，如图 8.14 所示。这三个选项作用如下所示。

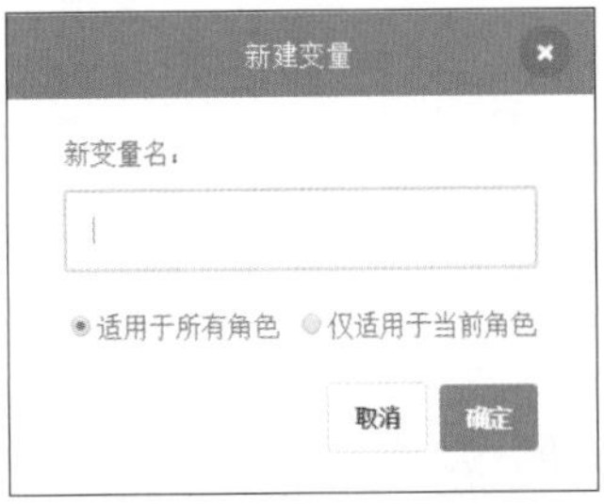

图8.14 新建变量窗口

- 新变量名：该选项可以填写新建的变量名称。变量名称可以由文字、数字、字母、下划线、符号组成。
- 适用于所有角色：该选项表示新建的变量为公用变量，该变量可以被所有角色与背景使用。
- 仅适用于当前角色：该选项表示新建的变量为私用变量，该变量只能被当前角色使用，其他角色或背景是看不到该变量的。

（3）填写“新变量名”为“速度”，选择“适用于所有角色”选项，单击“确定”按钮，自定义公用变量“速度”新建完毕。该变量会在积木窗口显示，如图 8.15 所示。选中“速度”前的复选按钮，该变量会显示在舞台中，如图 8.16 所示。

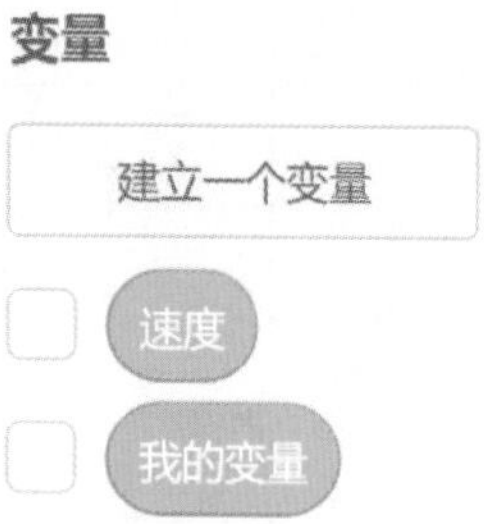

图8.15　公用变量速度

图8.16　变量速度显示在舞台

（4）为角色 Ball、Basketball、Baseball、Soccer Ball 添加积木，如图 8.17 所示。该组积木可以根据公用变量“速度”，同时控制四个球体的移动速度。

（5）为角色 Ball 添加第 2 组积木，控制公用变量“速度”的值不断增加，如图 8.18 所示。

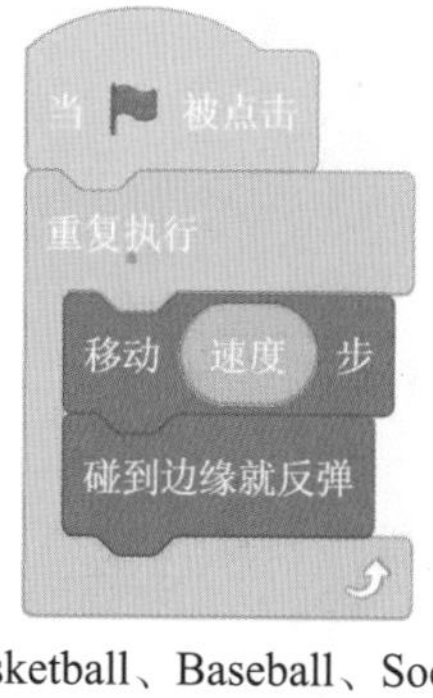

图8.17　Ball、Basketball、Baseball、Soccer Ball的第1组积木

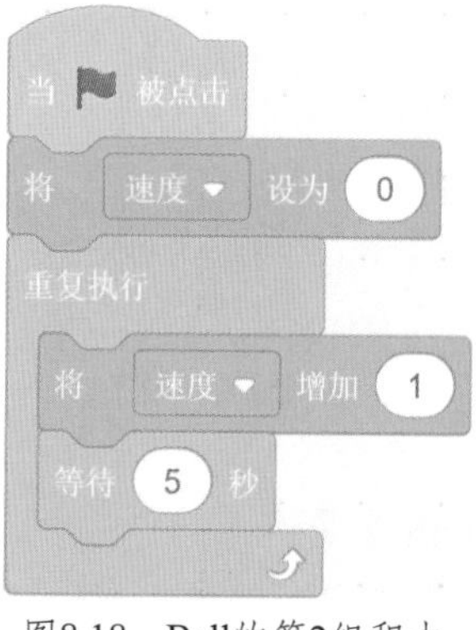

图8.18　Ball的第2组积木

（6）运行程序。各个球体会从“速度”为 1 的状态下开始缓慢移动，如图 8.19 所示。随着变量的值不断增加，各个球体的移动速度也会逐渐变快，如图 8.20 所示。

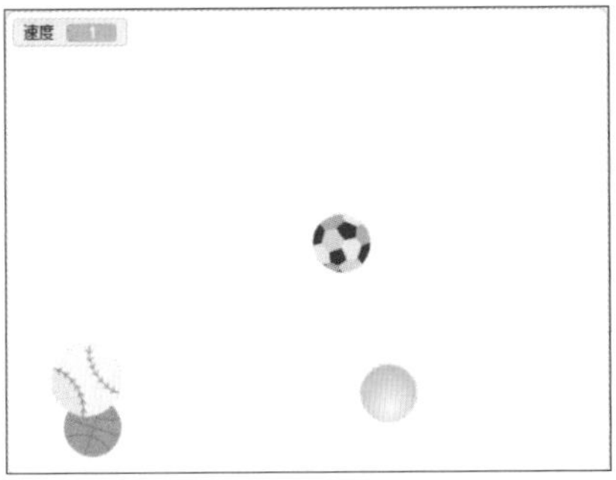

图8.19 四个小球缓慢移动

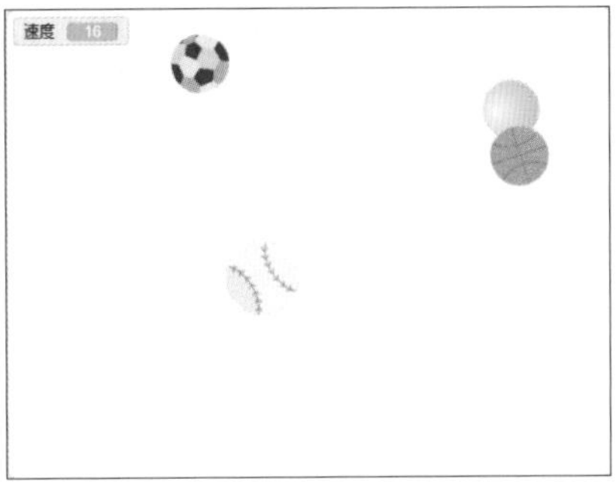

图8.20 四个小球移动速度改变

扫一扫，看视频

实例70 自定义私用变量：蝴蝶谷

在蝴蝶谷中有一群美丽的蝴蝶，它们五颜六色，飞来飞去。本实例通过“克隆”积木克隆出多只蝴蝶，并使用私用变量为每只克隆的蝴蝶编号。然后，通过编号判断克隆的蝴蝶，并为其添加颜色特效。在该例子中会使用到以下内容。

“建立一个变量”积木：该积木可以建立一个变量。本实例使用该积木，建立了私用变量。

下面实现蝴蝶谷。

（1）将蝴蝶角色 Butterfly 2 添加到背景 Forest 中并调整位置，如图 8.21 所示。

（2）选择蝴蝶角色 Butterfly 2，单击“建立一个变量”积木，弹出“新建变量”对话框，填写“新变量名”为“克隆序列号”，选择“仅适用于当前角色”选项，如图 8.22 所示。单击“确定”按钮，自定义私用变量“克隆序列号”新建完毕。该变量会在积木窗口显示，如图 8.23 所示。

图8.21 角色与背景

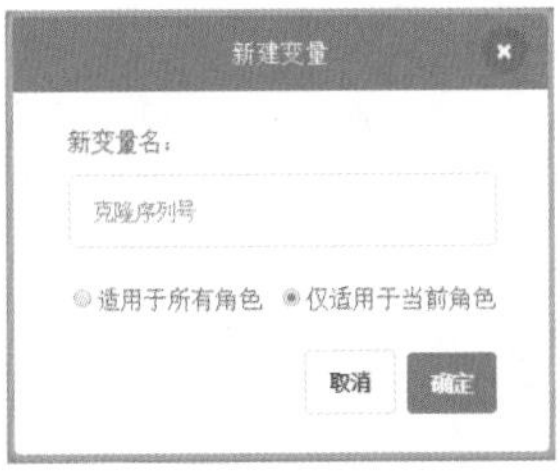

图8.22 新建私用变量克隆序列号

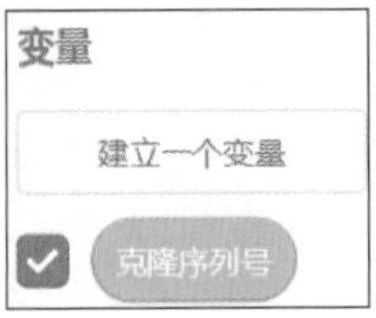

图8.23 变量克隆序列号

（3）为蝴蝶角色 Butterfly 2 添加第 1 组积木，用于每克隆一只蝴蝶，就为其设置一个序列号，如图 8.24 所示。添加第 2 组积木，用于根据私有变量值的不同，设置不同克隆体蝴蝶为不同颜色，并移动到随机位置，如图 8.25 所示。

图8.24　Butterfly 2 的第1组积木

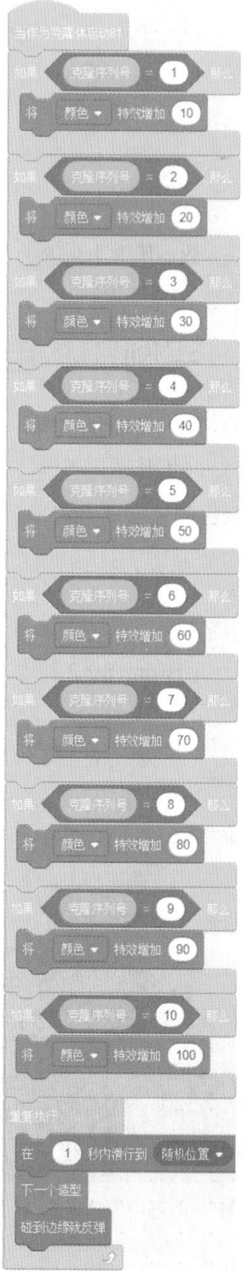

图8.25　Butterfly 2 的第2组积木

（4）运行程序。在蝴蝶谷中，飞舞着 11 种不同颜色的蝴蝶，如图 8.26 所示。

图8.26 11种不同颜色的蝴蝶

扫一扫，看视频

实例71 点击增加变量的值：找动物

找碴儿是一款非常火爆的游戏。本实例以动物为主角，实现一个动物版的找碴儿游戏。在本实例中，点击鼠标改变变量的值，从而判断是否将指定动物全部找出。在该例子中会使用到以下内容。

“将我的变量设为 0”积木：该积木可以将指定变量的值设置为指定值，默认将“我的变量”设置为 0。

下面实现找动物。

（1）在角色窗口中，依次单击“选择一个角色”按钮 |“上传”按钮，选择本地文件 1.sprite3。该文件为数字角色 1，它拥有 0 ~ 9 共 10 个数字造型，修改角色名称为“倒计时”。为角色倒计时添加数字 10 的造型，命名为 Glow-11，造型编号为 11。这样角色倒计时拥有 11 个造型，包括数字 0 ~ 10。使用鼠标拖动的方式调整该角色的 11 个造型的编号。使数字 10 造型的编号为 1，数字 9 造型的编号为 2，以此类推，数字 0 的造型编号为 11。

（2）在角色窗口中，依次单击“选择一个角色”按钮 |“绘制”按钮，进入造型界面。使用选择工具与矩形工具绘制角色 1，如图 8.27 所示。

（3）在角色窗口中，依次单击“选择一个角色”按钮 |“绘制”按钮，进入造型界面。使用选择工具与文本工具绘制角色 2，如图 8.28 所示。使用相同的方式绘制角色 3 与角色 4，

如图 8.29 和图 8.30 所示。

图8.27　角色1

图8.28　角色2

图8.29　角色3

图8.30　角色4

（4）将角色 1、角色 2、角色 3、角色 4、倒计时角色以及多个动物角色 Butterfly1、Dinosaur1、Dog2、Dove、Hare、Bat、Duck、Frog、Lama、Monkey、Hedgehog、Octopus、Owl、Penguin 添加到背景 Blue Sky 2，并调整位置，如图 8.31 所示。

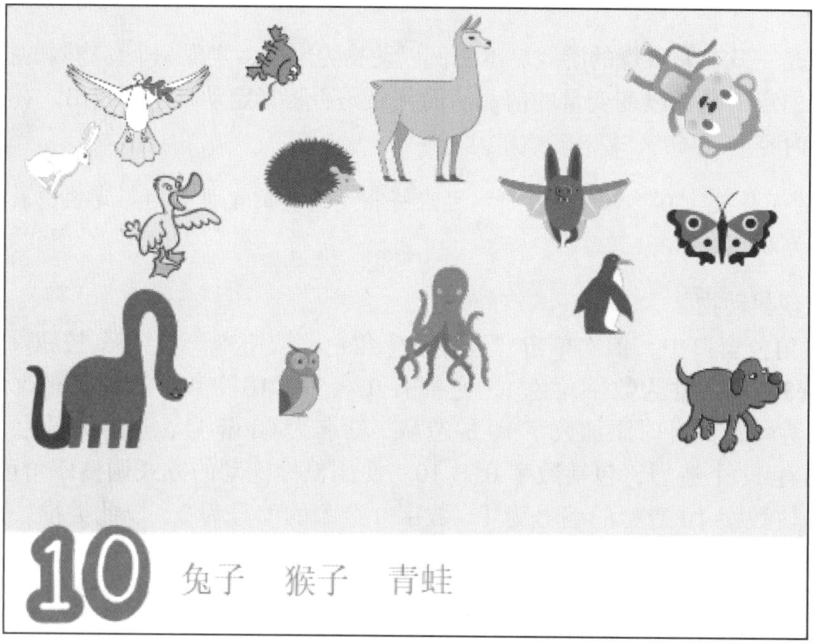

图8.31　角色与背景

（5）为动物角色 Butterfly1、Dinosaur1、Dog2、Dove、Bat、Duck、Lama、Hedgehog、

Octopus、Owl、Penguin 添加第 1 组积木，用于设置角色大小为 50，如图 8.32 所示。添加第 2 组积木，实现被点击后播放声音，如图 8.33 所示。

（6）为兔子角色 Hare、青蛙角色 Frog、猴子角色 Monkey 添加第 1 组积木，如图 8.34 所示。该组积木实现当角色被点击时，触发旋转消失特效，并让我的变量加 1。

图8.32 多个动物的第1组积木

图8.33 多个动物的第2组积木

图8.34 Hare、Frog、Monkey的第1组积木

（7）为兔子角色 Hare 添加第 2 组积木，用于初始化显示状态与大小，并设置“我的变量”为 0，如图 8.35 所示。

（8）为青蛙角色 Frog、猴子角色 Monkey 添加第 2 组积木，用于初始化显示状态与大小，如图 8.36 所示。

（9）为倒计时角色添加第 1 组积木，实现倒计时功能，如图 8.37 所示。添加第 2 组积木，如图 8.38 所示。该组积木判断在倒计时结束前，是否找到三个动物。如果找到，广播“挑战成功”，并停止全部脚本。

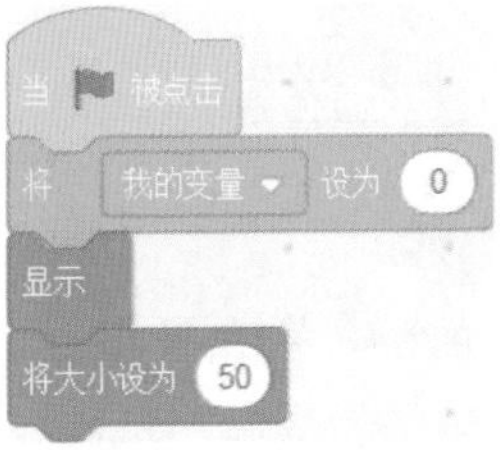

图8.35 Hare的第2组积木

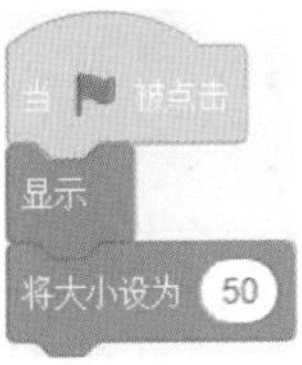

图8.36 Frog、Monkey的第2组积木

图8.37 倒计时角色的第1组积木

（10）为倒计时角色添加第 3 组积木，如图 8.39 所示。该组积木实现倒计时角色的造型编号大于 5（显示的数字小于 5）后，广播“消息 1”，并停止这个脚本。添加第 4 组积木，如图 8.40 所示。该组积木实现倒计时结束后，广播“游戏结束”，并停止全部脚本。

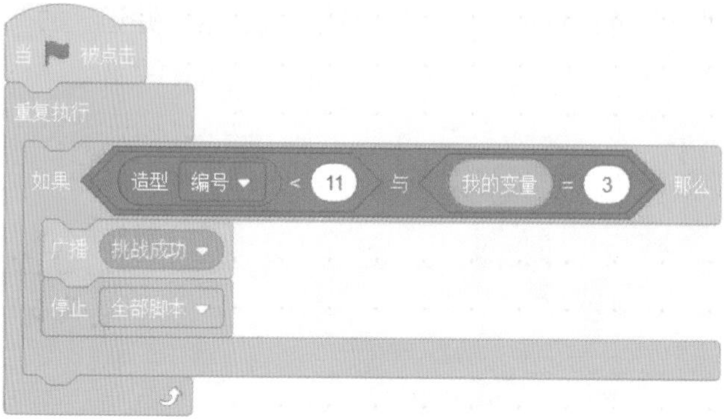

图8.38　倒计时角色的第2组积木

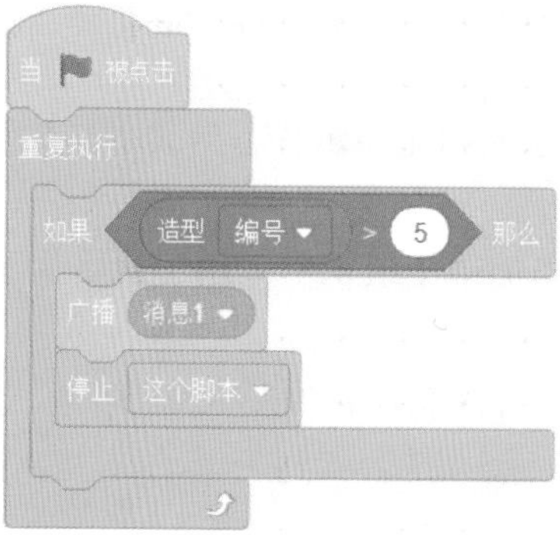

图8.39　倒计时角色的第3组积木

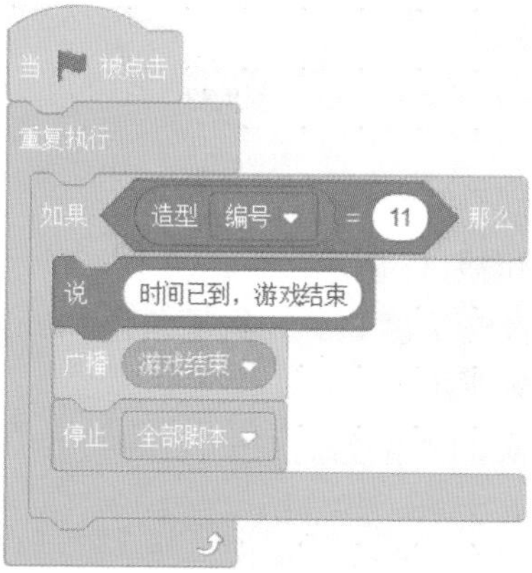

图8.40　倒计时角色的第4组积木

（11）为角色 3 添加第 1 组积木，用于初始化为隐藏状态，如图 8.41 所示。添加第 2 组积木，用于接收到消息“游戏结束”后切换为显示状态，如图 8.42 所示。

图8.41　角色3的第1组积木

图8.42　角色3的第2组积木

图8.43　角色4的第1组积木

（12）为角色 4 添加第 1 组积木，用于初始化为隐藏状态，如图 8.43 所示。添加第 2 组积木，用于接收到消息“游戏结束”后切换为显示状态，如图 8.44 所示。

（13）为背景 Blue Sky 2 添加积木，用于接收到“消息 1”后变换背景颜色，并播放警告声，提示时间不足，如图 8.45 所示。

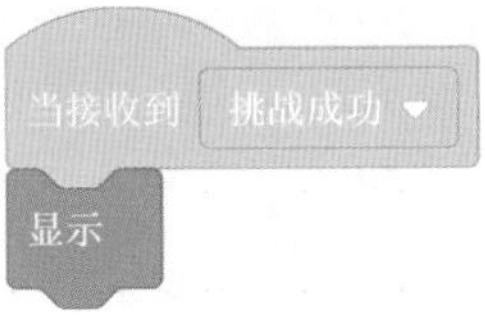

图8.44　角色4的第2组积木

图8.45　Blue Sky 2的积木

（14）运行程序，开始倒计时，如图 8.46 所示。在规定时间内找到兔子、猴子、青蛙后，提示挑战成功，如图 8.47 所示。

图8.46　开始倒计时

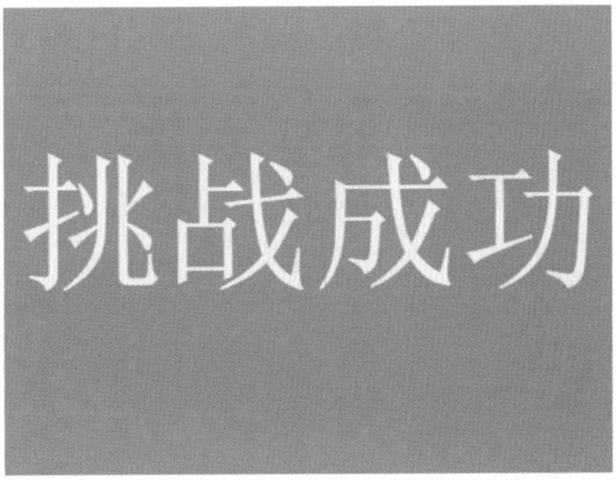

图8.47　挑战成功

第9章

运　算

运算是一件十分有趣的事情，通过运算，我们可以对程序运行进行精准的控制。例如，通过运算可以计算出角色移动的抛物线轨迹，让角色移动更加真实。Scratch提供大量的运算积木，其中包括随机数、四则运算、其他运算以及字符串处理四种。本章将通过多个实例讲解这些积木的使用。

实例72 产生随机数：敲猴子

扫一扫，看视频

一只调皮的猴子在洞中钻来钻去，快点使用锤子把它赶跑。在该例子中会使用到以下内容。

“在 1 和 10 之间取随机数”积木：该积木会在指定范围产生一个随机数。

下面实现敲猴子。

（1）在角色窗口中，依次单击“选择一个角色”按钮 | “绘制”按钮，进入造型界面。使用圆形工具绘制一个洞口，命名为角色 1，如图 9.1 所示。复制 5 个洞口角色，依次命名为角色 2、3、4、5、6。

（2）在角色窗口中，依次单击“选择一个角色”按钮 | “绘制”按钮，进入造型界面。使用圆形工具、矩形工具、变形工具，绘制一个锤子，命名为“锤子”，如图 9.2 所示。

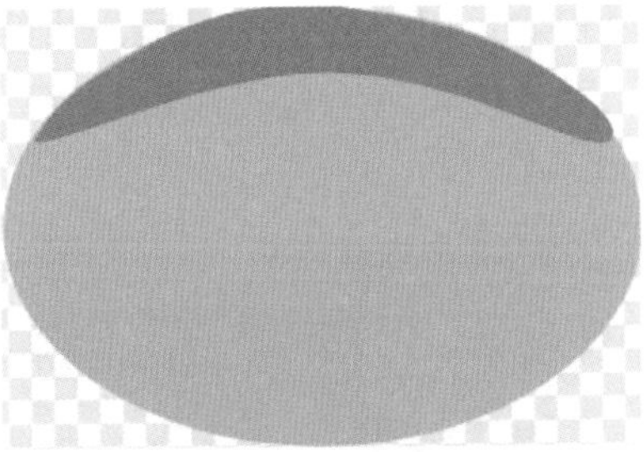
图9.1　洞口角色

图9.2　锤子

（3）选择背景 Blue Sky，在其背景界面使用选择工具移动地面，并修改背景，如图 9.3 所示。

（4）将锤子角色，6 个洞口角色 1、2、3、4、5、6，猴子角色 Monkey 添加到背景 Blue Sky 中。调整位置后，如图 9.4 所示。

图9.3　背景Blue Sky

图9.4　背景与角色

（5）为锤子角色添加第 1 组积木，用于初始化图层、造型以及跟随鼠标移动，如图 9.5 所示。添加第 2 组积木，用于锤子被点击后，实现一次锤子敲击动作，如图 9.6 所示。

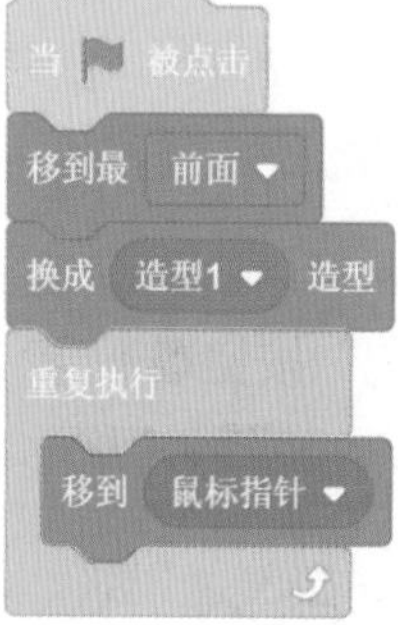

图9.5 锤子的第1组积木

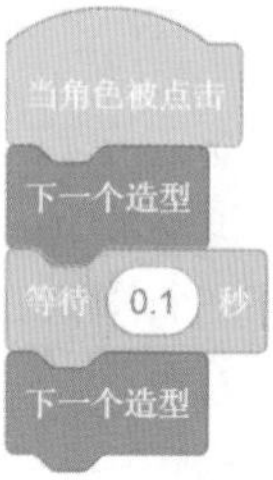

图9.6 锤子的第2组积木

（6）为猴子角色 Monkey 添加第 1 组积木，用于初始化图层，并重复判断是否被锤子砸中，如图 9.7 所示。添加第 2 组积木，用于接收到消息“开始”后，让猴子随机移动到任意洞口中，如图 9.8 所示。

图9.7 Monkey的第1组积木

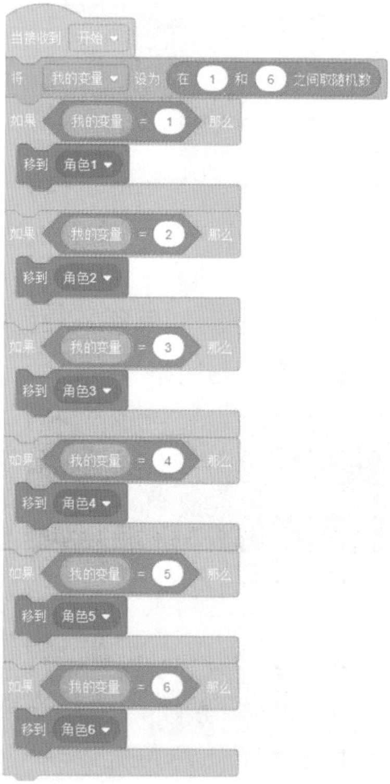

图9.8 Monkey的第2组积木

（7）运行程序。猴子会随机出现在任意一个洞口处，如图 9.9 所示。移动锤子按下鼠标，锤子会击打洞口的猴子。猴子被击打后，会随机移动移到其他洞口，如图 9.10 所示。

图9.9 猴子随机移动到任意洞口

图9.10 猴子被击打

实例73 加法运算：九宫格

扫一扫，看视频

九宫格是一款经典的数字游戏，起源于河图洛书。九宫格游戏包含 9 个格子，每个格子对应 1 ~ 9 之中的一个数字。并且，无论是纵向、横向、斜向，三条线上的三个数字的和皆等于 15。本实例将实现一个九宫格的游戏。在该例子中会使用到以下内容。

“加法运算”积木：该积木会将两个数进行相加，并将和告诉程序。

下面实现九宫格游戏。

（1）在角色窗口中，依次单击“选择一个角色”按钮 |“绘制”按钮，进入造型界面。使用矩形工具与线段工具绘制一个九宫格，如图 9.11 所示。

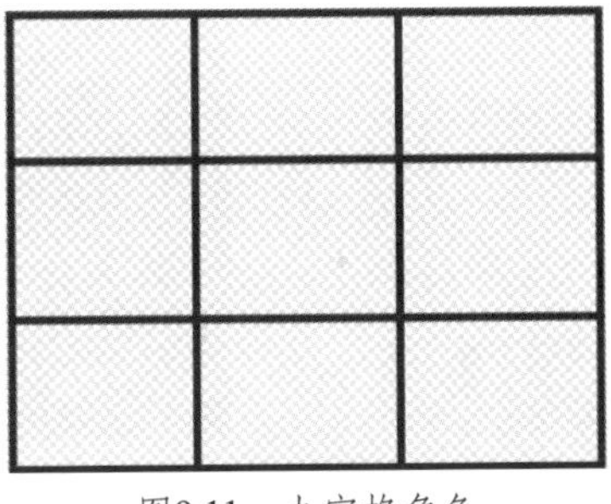

图9.11 九宫格角色

（2）在角色窗口中，依次单击“选择一个角色”按钮 |“上传”按钮，选择本地文件 1.sprite3，角色 1 拥有 0 ~ 9 共 10 个数字造型。

（3）删除数字角色 1 的中的 Glow-10 造型，然后复制 8 个数字角色 1，依次命名为 2、

3、4、5、6、7、8、9。添加的 9 个变量，如图 9.12 所示。

（4）选择按钮角色 Button2。在其造型界面中，使用文本工具T修改该按钮为“提交”按钮，如图 9.13 所示。

（5）将 9 个数字角色、九宫格角色、“提交”按钮角色添加到背景 Blue Sky 2 中，并调整位置，如图 9.14 所示。

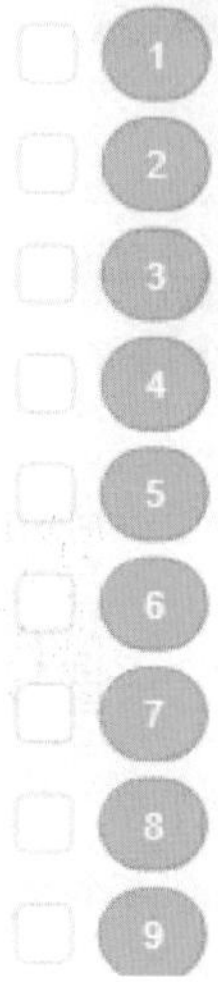

图9.12　9个变量

图9.13　“提交”按钮角色

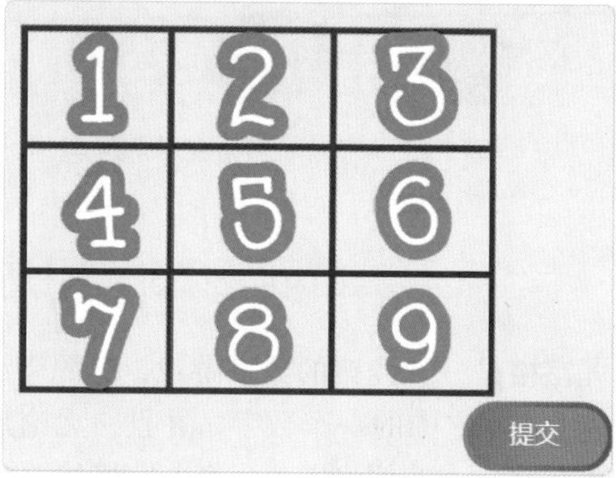

图9.14　角色与背景

（6）为角色 1 添加积木，如图 9.15 所示。该组积木实现点击当前角色后，角色切换为下一个造型，并且将变量 1 的值修改为造型的编号。

（7）为角色 2 添加积木，如图 9.16 所示。该组积木实现点击当前角色后，角色切换为下一个造型，并且将变量 2 的值修改为造型的编号。

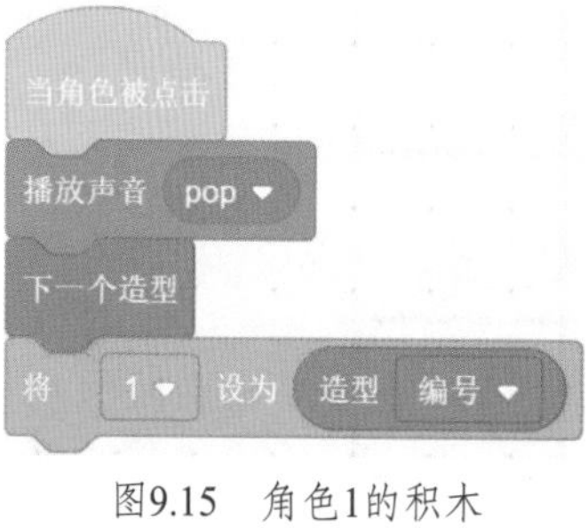

图9.15　角色1的积木

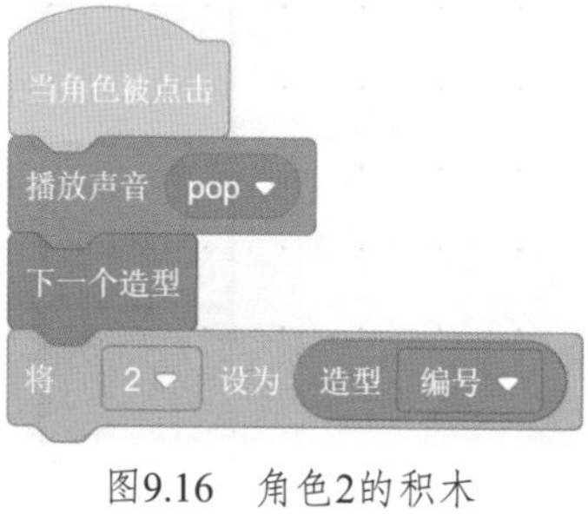

图9.16　角色2的积木

（8）为角色 3 添加积木，如图 9.17 所示。该组积木实现点击当前角色后，角色切换为下一个造型，并且将变量 3 的值修改为造型的编号。

（9）为角色 4 添加积木，如图 9.18 所示。该组积木实现点击当前角色后，角色切换为

下一个造型，并且将变量 4 的值修改为造型的编号。

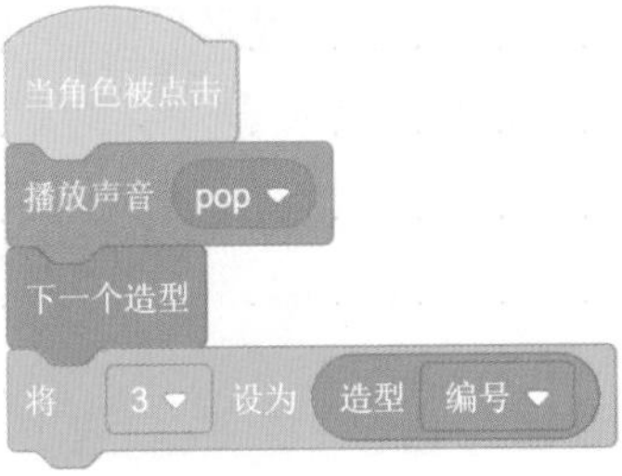

图9.17 角色3的积木

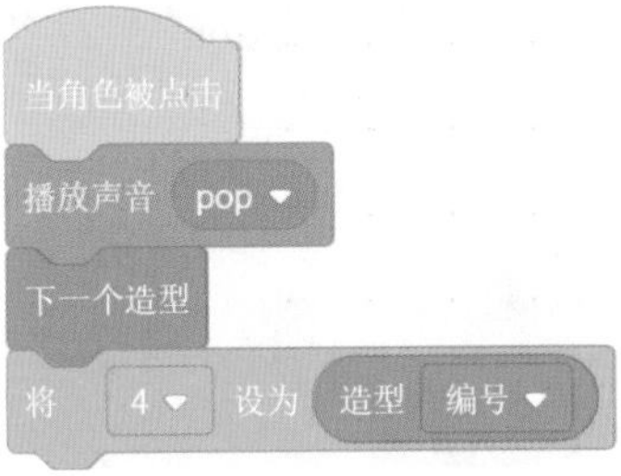

图9.18 角色4的积木

（10）为角色 5 添加积木，如图 9.19 所示。该组积木实现点击当前角色后，角色切换为下一个造型，并且将变量 5 的值修改为造型的编号。

（11）为角色 6 添加积木，如图 9.20 所示。该组积木实现点击当前角色后，角色切换为下一个造型，并且将变量 6 的值修改为造型的编号。

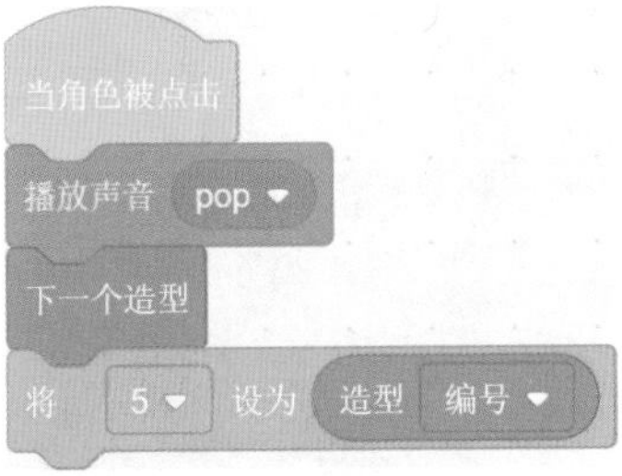

图9.19 角色5的积木

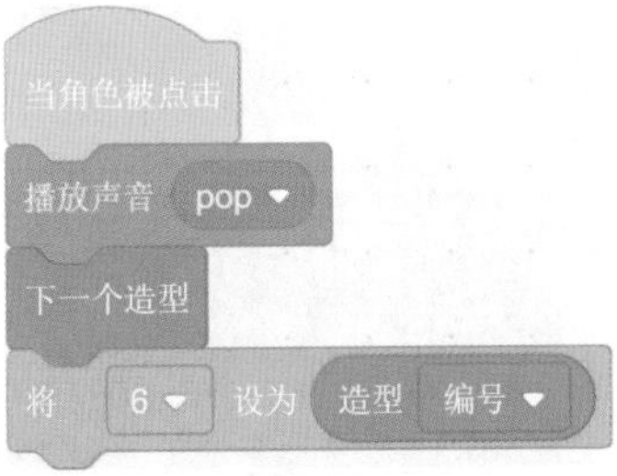

图9.20 角色6的积木

（12）为角色 7 添加积木，如图 9.21 所示。该组积木实现点击当前角色后，角色切换为下一个造型，并且将变量 7 的值修改为造型的编号。

（13）为角色 8 添加积木，如图 9.22 所示。该组积木实现点击当前角色后，角色切换为下一个造型，并且将变量 8 的值修改为造型的编号。

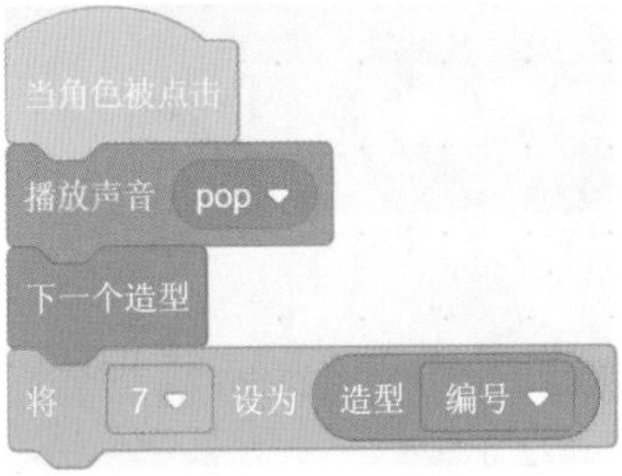

图9.21 角色7的积木

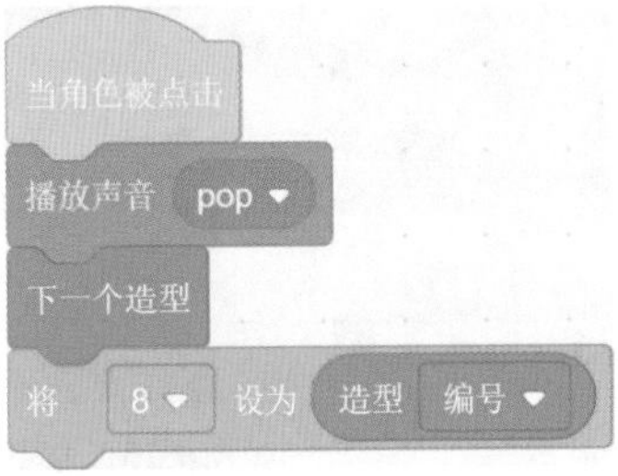

图9.22 角色8的积木

（14）为角色 9 添加积木，如图 9.23 所示。该组积木实现点击当前角色后，角色切换为下一个造型，并且将变量 9 的值修改为造型的编号。

（15）为“提交”按钮 Button2 添加第 1 组积木，实现显示提示信息，如图 9.24 所示。添加第 2 组积木，验证九宫格的横、竖以及两条斜线各自的和是否等于 15，并且它们不相等，如图 9.25 所示。

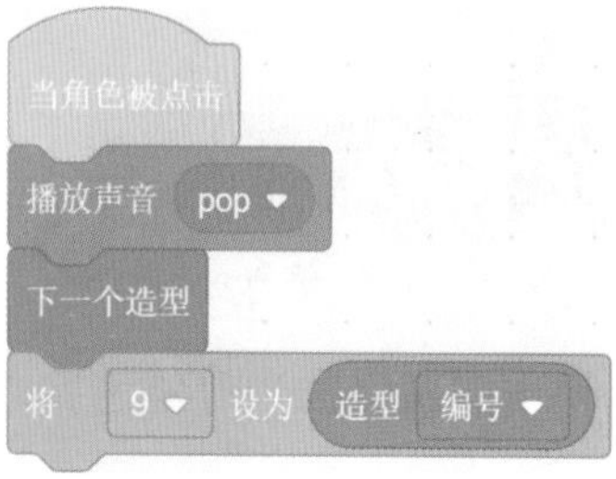

图9.23　角色9的积木

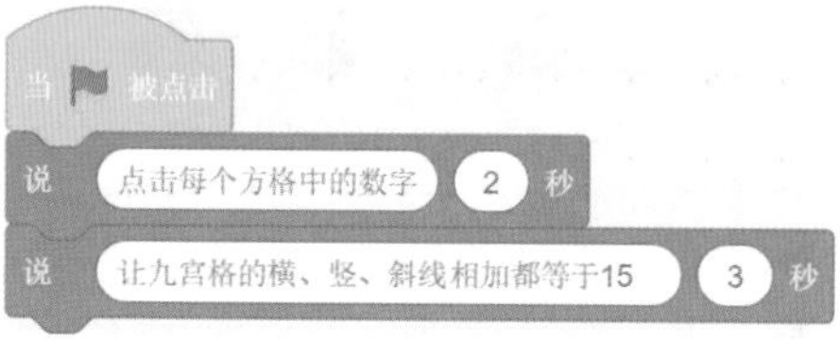

图9.24　按钮Button2的第1组积木

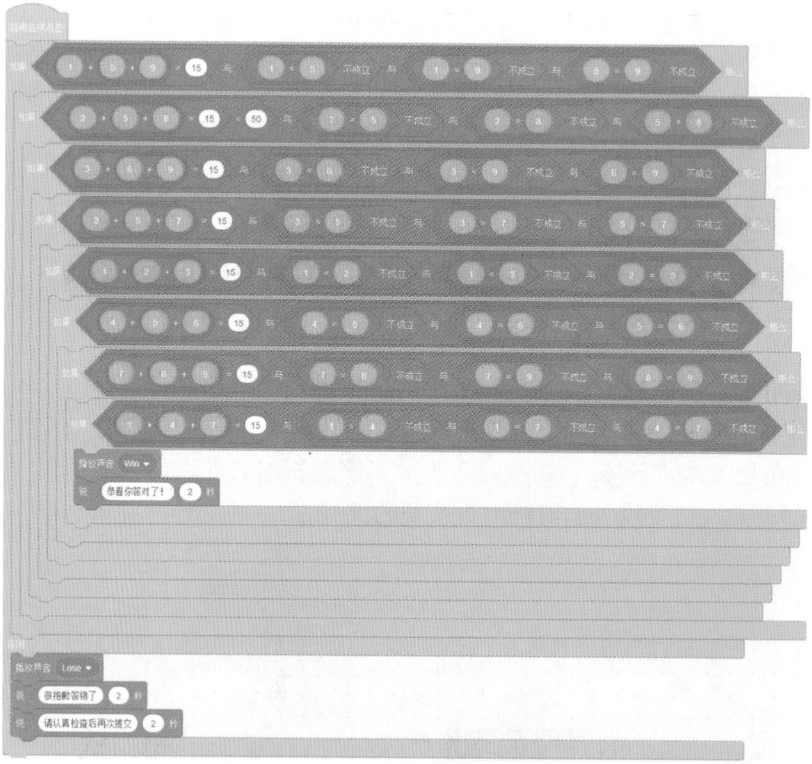

图9.25　按钮Button2的第2组积木

（16）运行程序，展示游戏规则。点击每个方格的数字，确认答案后，点击“提交”按钮。如果回答正确会提示答对了，如图 9.26 所示；否则提示回答错误，如图 9.27 所示。

图9.26 回答正确

图9.27 回答错误

实例74 减法运算：快乐学减法

扫一扫，看视频

当一个物体被吃掉、消失了或减少了，都需要使用减法去计算。本实例结合吃苹果，实现一个减法运算。在该例子中会使用到以下内容。

"减法运算"积木：该积木会将两个数进行相减，并将差告诉程序。

下面实现快乐学减法。

（1）在角色窗口中，依次单击"选择一个角色"按钮 |"上传"按钮，选择本地文件 1.sprite3。该文件为数字角色 1，它拥有 0 ~ 9 共 10 个数字造型。复制两个数字角色 1，依次命名为角色 2、角色 3。添加 3 个变量，如图 9.28 所示。

（2）选择按钮角色 Button2。在其造型界面中，使用文本工具修改该按钮为"提交"按钮，如图 9.29 所示。

（3）在角色窗口中，依次单击"选择一个角色"按钮 |"绘制"按钮，进入造型界面。使用文本工具绘制减号角色，如图 9.30 所示。使用相同的方法绘制等于号角色，如图 9.31 所示。

图9.28 3个变量

图9.29 "提交"按钮Button2

图9.30 减号角色

图9.31 等于号角色

（4）将 3 个数字角色 1、2、3，5 个苹果角色 Apple、Apple2、Apple3、Apple4、Apple5，以及"提交"按钮 Button2、减号角色、等于号角色、小鸟角色 Parrot 添加到背景 Jungle 中，并调整位置，如图 9.32 所示。

图9.32　角色与背景

（5）为数字角色 1 添加积木，如图 9.33 所示。该组积木用于初始化造型，询问树上有几个苹果，并根据回答的数字，切换为对应编号的造型，然后将变量 1 的值设置为“回答”的值，最后广播“消息 1”。

（6）为数字角色 2、角色 3 添加第 1 组积木，初始化它们的造型，如图 9.34 所示。

图9.33　角色1的积木

图9.34　角色2、角色3的第1组积木

（7）为数字角色 2 添加第 2 组积木，如图 9.35 所示。该组积木实现当接收到“消息 2”时，询问树上还剩几个苹果，并根据回答的数字，切换为对应编号的造型，然后将变量 2 的值设置为“回答”的值，最后广播“消息 3”。

（8）为数字角色 3 添加第 2 组积木，如图 9.36 所示。该组积木接收到“消息 3”后，询问小鸟吃掉几个苹果，并根据回答的数字，切换为对应编号的造型，然后将变量 3 的值设置为“回答”的值。

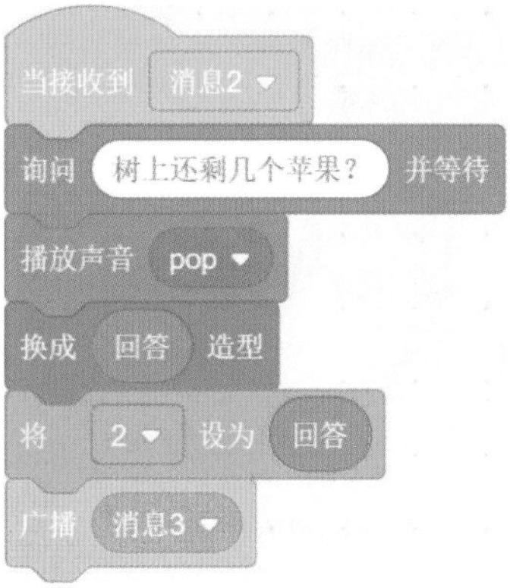

图9.35 角色2添加第2组积木

图9.36 角色3添加第2组积木

（9）为“提交”按钮角色 Button2 添加积木，判断减法运算是否正确，如图 9.37 所示。

（10）为苹果角色 Apple、Apple2、Apple3 添加积木，实现当碰到小鸟后消失，如图 9.38 所示。

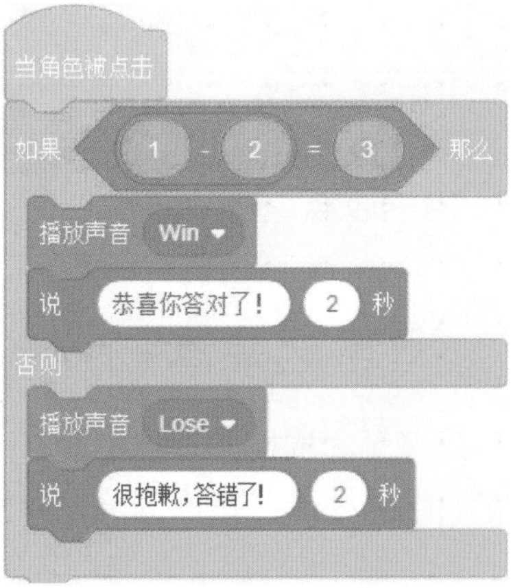

图9.37 角色Button2的积木

图9.38 角色Apple、Apple2、Apple3的积木

（11）为小鸟角色 Parrot 添加第 1 组积木，初始化小鸟的位置、旋转方式以及为隐藏状态，如图 9.39 所示。添加第 2 组积木，如图 9.40 所示。该组积木实现当接收到“消息 1”后显示小鸟，然后将小鸟移动到指定位置后，广播“消息 2”，并隐藏小鸟。

（12）运行程序。询问树上有几个苹果，回答后，被减数变为指定值。小鸟吃完苹果，询问树上还剩几个苹果，回答后，减数变为指定值。最后问小鸟吃掉几个苹果，回答后，差变为指定值。点击“提交”按钮，如果正确，显示恭喜你答对了，如图 9.41 所示；如果错误，显示答错了，如图 9.42 所示。

图9.39　Parrot的第1组积木

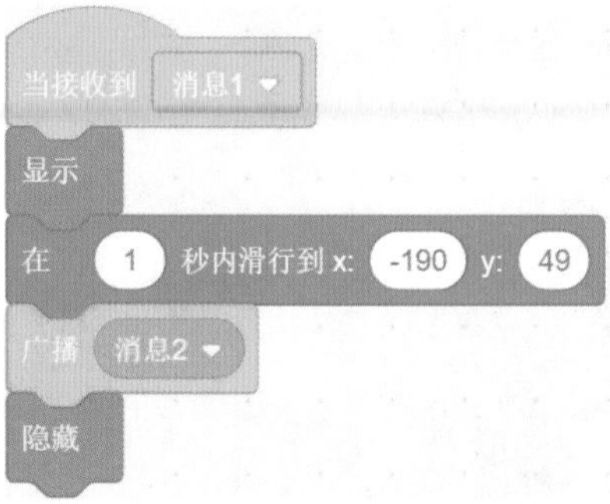

图9.40　Parrot的第2组积木

图9.41　提示回答正确

图9.42　提示回答错误

扫一扫，看视频

实例75　乘法运算：狗熊吃果酱

狗熊十分喜爱甜食，对于蜂蜜、果酱等食物，简直无法抗拒。森林中就有一只想要吃果酱的狗熊，但是需要玩家帮它把乘法题目作对才能吃到果酱。在该例子中会使用到以下内容。

“乘法运算”积木：该积木会将两个数进行相乘，并将积告诉程序。

下面实现狗熊吃果酱。

（1）在角色窗口中，依次单击“选择一个角色”按钮 |“上传”按钮，选择本地文件 1.sprite3。该文件为数字角色 1。它拥有 0 ～ 9 共 10 个数字造型。复制 4 个数字角色 1，依次命名为 2、3、4。添加 2 个变量，如图 9.43 所示。

（2）选择按钮角色 Button2。在其造型界面中，使用文本工具修改该按钮为“提交”按钮，如图 9.44 所示。

（3）在角色窗口中，依次单击“选择一个角色”按钮 |“绘制”按钮，进入造型

界面。使用文本工具T绘制乘号角色，如图 9.45 所示。使用相同方法绘制等于号角色，如图 9.46 所示。

图9.43 2个变量

图9.44 “提交”按钮Button2

图9.45 乘号角色

图9.46 等于号角色

（4）将 4 个数字角色 1、2、3、4，“提交”按钮 Button2，乘号角色，等于号角色，狗熊角色 Bear-walking，果酱角色 Jar 添加到背景 Jungle 中，并调整位置，如图 9.47 所示。

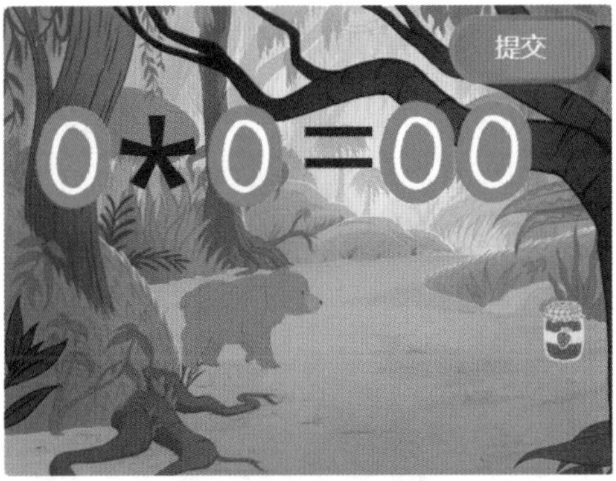

图9.47 角色与背景

（5）为数字角色 1 添加第 1 组积木，用于产生一个随机数，并广播“消息 1”，如图 9.48 所示。添加第 2 组积木，用于接收到消息“狗熊”后产生一个随机数，并广播“消息 1”，如图 9.49 所示。

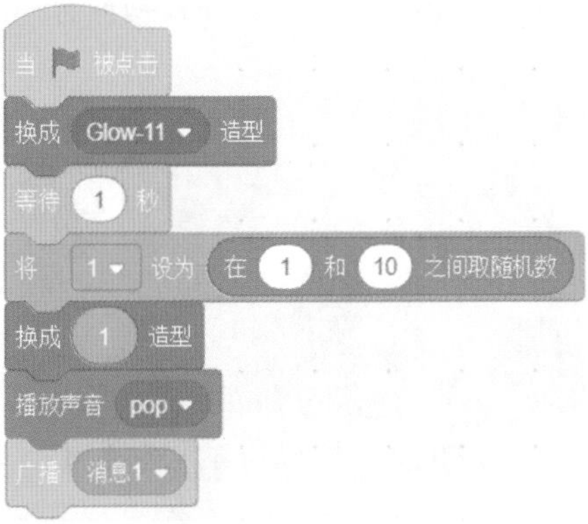

图9.48 角色1的第1组积木

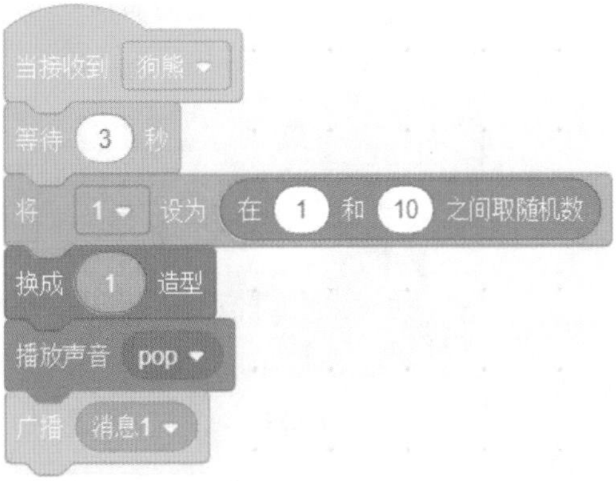

图9.49 角色1的第2组积木

（6）为数字角色 2 添加第 1 组积木，初始化数字的造型，如图 9.50 所示。添加第 2 组积木，用于接收到“消息 1”后产生一个随机数，并广播“消息 2”，如图 9.51 所示。

当 被点击
换成 Glow-11 造型

图9.50　角色2的第1组积木

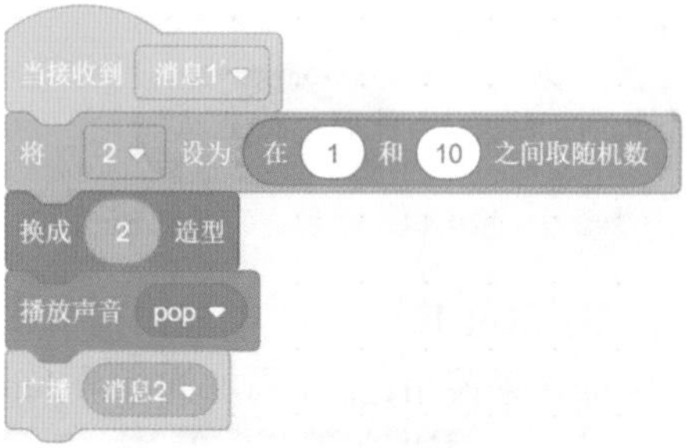
当接收到 消息1
将 2 设为 在 1 和 10 之间取随机数
换成 2 造型
播放声音 pop
广播 消息2

图9.51　角色2的第2组积木

（7）为数字角色 3 添加第 1 组积木，如图 9.52 所示。该组积木接收到“消息 2”后，获取回答积木数字的十位，改变为对应造型，并广播“消息 3”。添加第 2 组积木，用于接收到消息“狗熊”后，切换造型为初始状态，如图 9.53 所示。

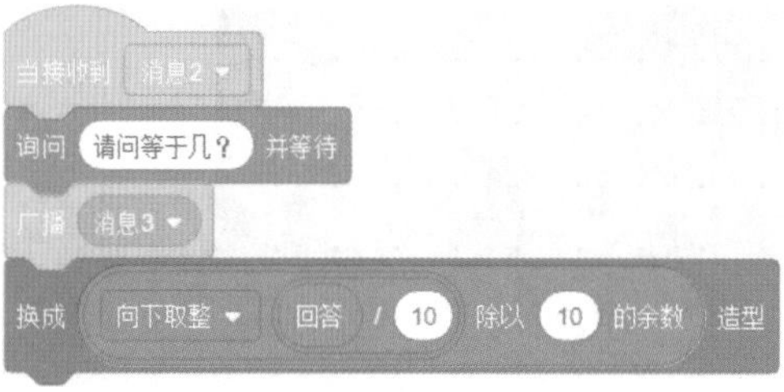
当接收到 消息2
询问 请问等于几？ 并等待
广播 消息3
换成 向下取整 回答 / 10 除以 10 的余数 造型

图9.52　角色3的第1组积木

当接收到 狗熊
换成 Glow-11 造型

图9.53　角色3的第2组积木

（8）为数字角色 4 添加第 1 组积木，如图 9.54 所示。该组积木接收到“消息 3”后，获取回答积木数字的个位，并改变为对应造型。添加第 2 组积木，用于接收到消息“狗熊”后，切换造型为初始状态，如图 9.55 所示。

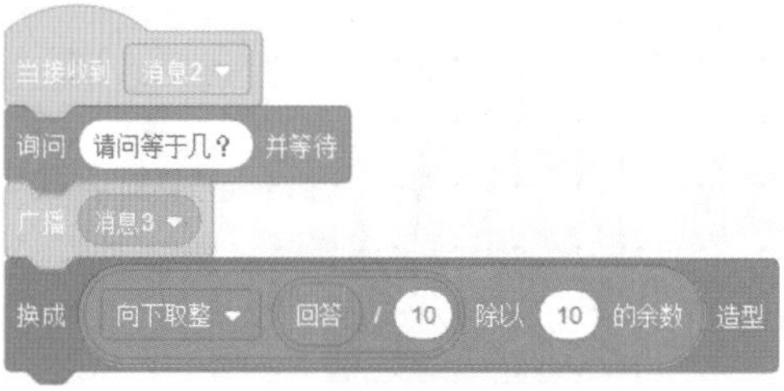
当接收到 消息2
询问 请问等于几？ 并等待
广播 消息3
换成 向下取整 回答 / 10 除以 10 的余数 造型

图9.54　角色4的第1组积木

当接收到 狗熊
换成 Glow-11 造型

图9.55　角色4的第2组积木

（9）为“提交”按钮角色 Button2 添加积木，如图 9.56 所示。该组积木用于角色被点击后，判断回答是否正确。

（10）为狗熊角色 Bear-walking 添加第 1 组积木，如图 9.57 所示。该组积木初始化狗熊位置，并判断是否碰到果酱。如果碰到果酱，宣布游戏结束。

图9.56 Button2的积木

图9.57 Bear-walking的第1组积木

（11）为狗熊角色 Bear-walking 添加第 2 组积木，用于接收到消息“狗熊”后向前移动 30 步，如图 9.58 所示。添加第 3 组积木，用于接收到消息“错误”后向后移动 30 步，如图 9.59 所示。

图9.58 Bear-walking的第2组积木

图9.59 Bear-walking的第3组积木

（12）运行程序，舞台中会显示一个乘法等式让玩家回答，如图9.60所示。如果回答正确，狗熊向前走动，如果回答错误会向后走动。当狗熊吃到果酱后，游戏结束，如图9.61所示。

图9.60　询问答案

图9.61　狗熊吃到果酱

扫一扫，看视频

实例76　除法运算：青蛙过河

青蛙属于两栖动物，小时候在水中游，长大了可以在陆地上蹦跳。有一只想要过河的青蛙，需要玩家帮忙解答狐狸提出的除法题目，才能过河。在该例子中会使用到以下内容。

“除法运算”积木：该积木会将两个数进行相除，并将商告诉程序。

下面实现青蛙过河。

（1）在角色窗口中，依次单击“选择一个角色”按钮|“绘制”按钮，进入造型界面。使用圆形工具与线段工具绘制一个荷叶角色，命名为“荷叶”，如图9.62所示。复制一个荷叶角色，命名为“荷叶2”。

（2）在背景1的背景界面，使用矩形工具绘制一条河流，如图9.63所示。

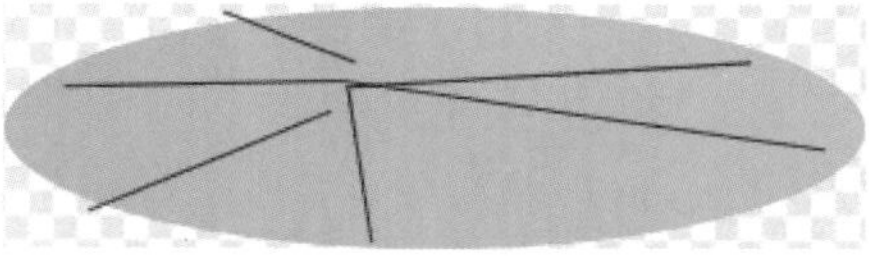

图9.62　荷叶角色

图9.63　河流背景

（3）将三条鱼角色 Fish、Fish2、Fish3，三个石头角色 Rocks、Rocks2、Rocks3，以及两个荷叶角色、狐狸角色 Fox、青蛙角色 Frog 添加到背景 1 中。其中，狐狸角色大小设置为 80，三条鱼角色设置大小为 30，并调整位置，如图 9.64 所示。

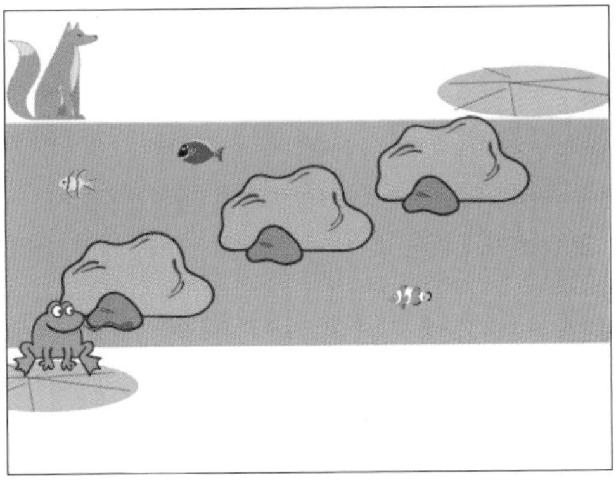

图9.64　背景与角色

（4）为狐狸角色 Fox 添加第 1 组积木，用于初始化位置，播放背景音乐并广播消息“开始”，如图 9.65 所示。添加第 2 组积木，如图 9.66 所示。该组积木接收到消息“开始”后开始出题，并判断回答是否正确。如果正确，广播“消息 1”；如果错误，广播“消息 2”。

当 被点击
移到 x: -203 y: 130
广播 开始
重复执行
播放声音 Xylo3 等待播完

图9.65　Fox的第1组积木

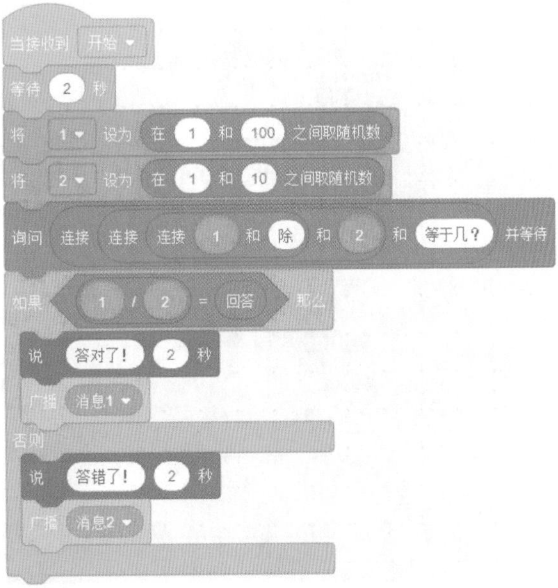
当接收到 开始
等待 2 秒
将 1 设为 在 1 和 100 之间取随机数
将 2 设为 在 1 和 10 之间取随机数
询问 连接 连接 连接 1 和 除 和 2 和 等于几？ 并等待
如果 1 / 2 = 回答 那么
说 答对了！ 2 秒
广播 消息1
否则
说 答错了！ 2 秒
广播 消息2

图9.66　Fox的第2组积木

（5）为青蛙角色 Frog 添加第 1 组积木，用于初始化位置，如图 9.67 所示。添加第 2

组积木，接收消息“结束”后，显示提示消息，并结束全部脚本，如图 9.68 所示。

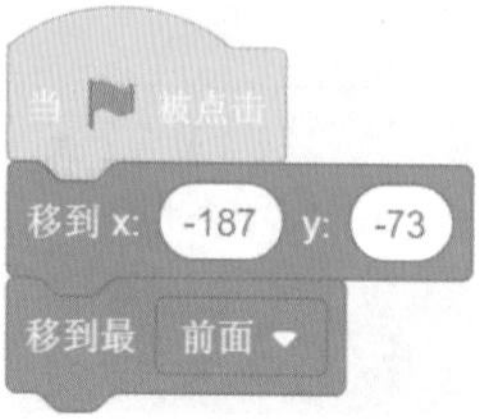

图9.67　Frog的第1组积木

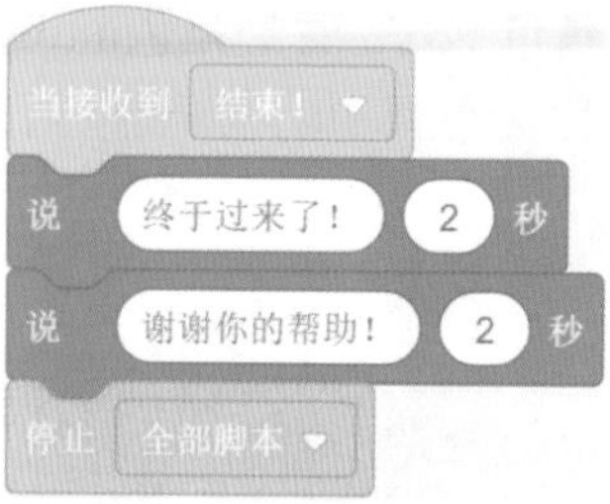

图9.68　Frog的第2组积木

（6）为青蛙角色 Frog 添加第 3 组积木，用于接收“消息 1”，判断青蛙位置，并向前移动到下一个位置，如图 9.69 所示。添加第 4 组积木，用于接收“消息 2”判断青蛙位置，并向后移动到上一个位置，如图 9.70 所示。

图9.69　Frog的第3组积木

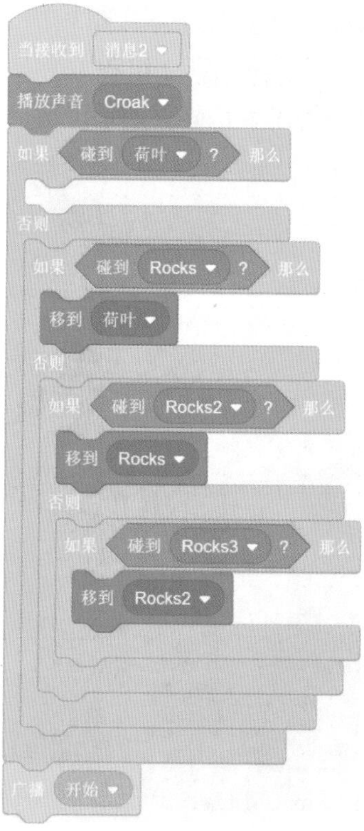

图9.70　Frog的第4组积木

（7）为鱼角色 Fish 添加积木，用于在水中游动，如图 9.71 所示。为 Fish2 添加积木，用于在水中游动，如图 9.72 所示。为 Fish3 添加积木，用于在水中游动，如图 9.73 所示。

图9.71　Fish的积木

图9.72　Fish2的积木

图9.73　Fish3的积木

（8）运行程序。狐狸会提出除法问题，等待回答。回答正确后，青蛙会移动一个位置，如图 9.74 所示；如果回答错误，青蛙会不动或者后退一个位置。当连续答对四个题目后，青蛙成功过河，如图 9.75 所示。

图9.74　狐狸提问

图9.75　青蛙成功过河

实例77　等于运算：记忆电话号码

扫一扫，看视频

在生活中，让孩子记住家长的电话号码是十分重要的。当小孩子迷路或遇到困难时，都可以让警察或好心人快速通过电话号码联系到家长。本实例利用等于运算判断家长输入的电话号码是否与孩子输入的电话号码相同。在该例子中会使用到以下内容。

“等于运算”积木：该积木可以比较两个选项中的值是否相等，默认右侧选项值为 50。

下面实现记忆电话号码实例。

（1）将家长角色 Avery 与宝宝角色 Ballerina 添加到背景 Bedroom 1，并调整位置，如图 9.76 所示。

（2）为家长角色 Avery 添加积木，如图 9.77 所示。该积木用于让家长输入电话号码，并存放到“家长的电话”变量中，然后广播“消息 1”。

图9.76　角色与背景

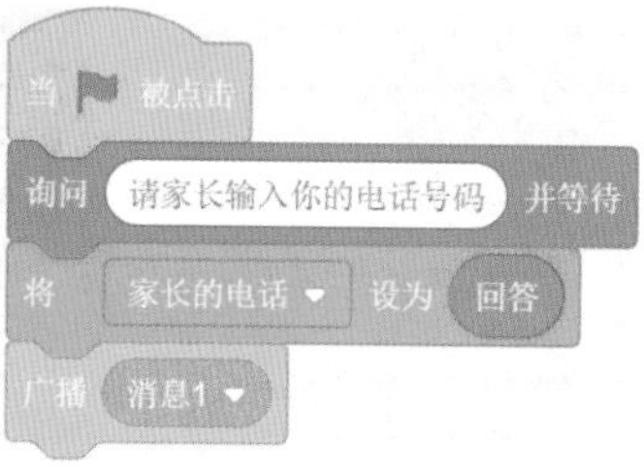
当 被点击
询问 请家长输入你的电话号码 并等待
将 家长的电话 设为 回答
广播 消息1

图9.77　Avery添加积木

（3）为宝宝角色 Ballerina 添加积木，如图 9.78 所示。该积木用于让宝宝输入电话号码，并比较是否与家长输入的电话号码相同，然后显示对应的提示信息。

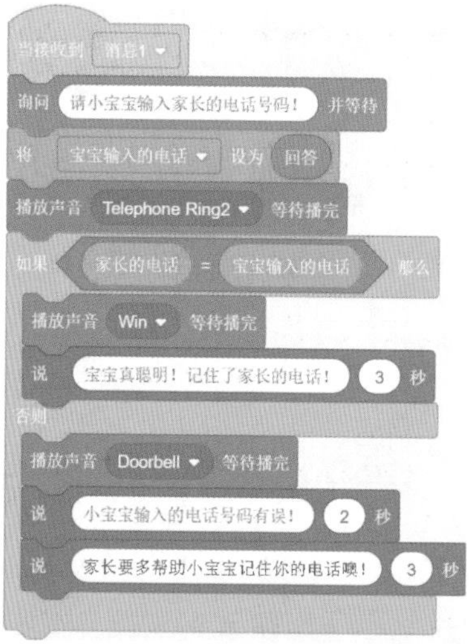
当接收到 消息1
询问 请小宝宝输入家长的电话号码！ 并等待
将 宝宝输入的电话 设为 回答
播放声音 Telephone Ring2 等待播完
如果 家长的电话 = 宝宝输入的电话 那么
播放声音 Win 等待播完
说 宝宝真聪明！记住了家长的电话！ 3 秒
否则
播放声音 Doorbell 等待播完
说 小宝宝输入的电话号码有误！ 2 秒
说 家长要多帮助小宝宝记住你的电话噢！ 3 秒

图9.78　Ballerina添加积木

（4）运行程序，需要家长输入电话号码，如图 9.79 所示。家长输入完成后，需要宝宝输入电话号码，如图 9.80 所示。如果输入的一样，会提示宝宝记住了电话号码；如果输入

的不一样，会提示让家长帮助宝宝记忆电话号码。

请家长输入你的电话号码

图9.79　家长输入电话号码

请小宝宝输入家长的电话号码!

图9.80　宝宝输入电话号码

实例78　求余数：奇偶判断机器人

扫一扫，看视频

在数学中，整数可以分成奇数和偶数两大类。能被 2 整除的数叫作偶数；不能被 2 整除的数叫作奇数；0 属于偶数。在本实例中，使用求余数运算判断输入的数字属于奇数还是偶数。在该例子中会使用到以下内容。

除以
的余数
“求余数运算”积木：该积木可以求两个数的余数。

下面实现奇偶判断机器人。

（1）将机器人角色 Retro Robot 添加到背景 Space 中，并调整位置，如图 9.81 所示。

（2）为机器人角色 Retro Robot 添加积木，判断玩家输入的数字是奇数还是偶数，如图 9.82 所示。

图9.81　角色与背景

当 被点击
说 我是一个偶数判断机器人！ 2 秒
询问 请在输入框，输入你要判断的数字！ 并等待
如果 回答 除以 2 的余数 = 0 那么
说 连接 回答 和 是一个偶数 2 秒
否则
说 连接 回答 和 是一个奇数 2 秒

图9.82　Retro Robot的积木

（3）运行程序，提示玩家输入数字，如图 9.83 所示。输入完成后，返回并判断结果，如图 9.84 所示。

图9.83　提示玩家输入数字

图9.84　返回判断结果

扫一扫，看视频

实例79　四舍五入：计算动物的总重量

在数学计算中，当数值过大时，可以通过四舍五入将小数点后的数字去掉。这时，取数值的大约值用于记录或运算。本实例以千克计算动物的重量，计算结果只需要保留整数即可。在该例子中会使用到以下内容。

四舍五入 “四舍五入运算”积木：该积木可以对数字的小数部分做四舍五入计算，只保留数字的整数部分。

下面实现计算动物的总重量。

（1）选中角色 Bear-walking、Shark、Penguin、Hen，分别在它们的造型界面中使用文本工具T添加重量信息，如图 9.85 所示。

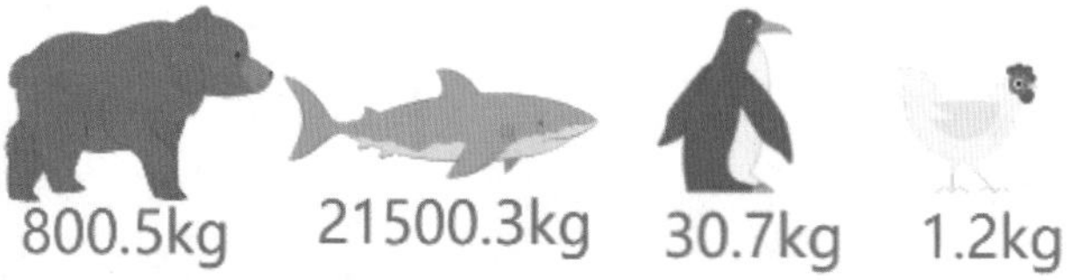

图9.85　添加重量信息

（2）选择按钮角色 Button2，在其造型界面中，使用文本工具T修改造型为“计算”按钮，如图 9.86 所示。

（3）将狗熊角色 Bear-walking、鲨鱼角色 Shark、企鹅角色 Penguin、母鸡角色 Hen、

解说员角色Avery及计算按钮角色Button2添加到背景Stripes，并调整位置，如图9.87所示。

图9.86 计算角色Button2

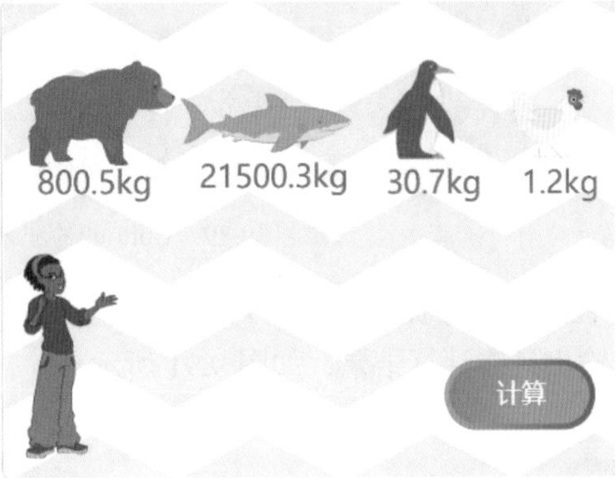

图9.87 角色与背景

（4）为解说员角色Avery添加积木，显示提示信息，并等待玩家输入动物的重量，如图9.88所示。

图9.88 Avery的积木

（5）为按钮角色Button2添加积木，用于输出动物总重量与四舍五入后的重量，如图9.89所示。

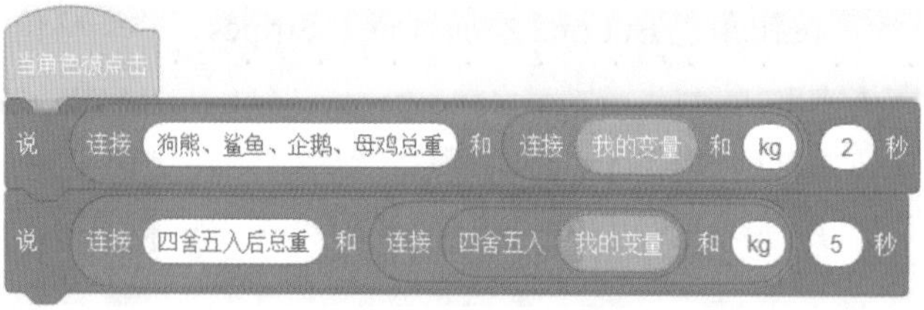

图9.89　Button2的积木

（6）运行程序。开始提示玩家输入每个动物的重量，如图 9.90 所示。输入完毕后，点击计算按钮，输出最终计算结果，如图 9.91 所示。

图9.90　提示输入动物重量

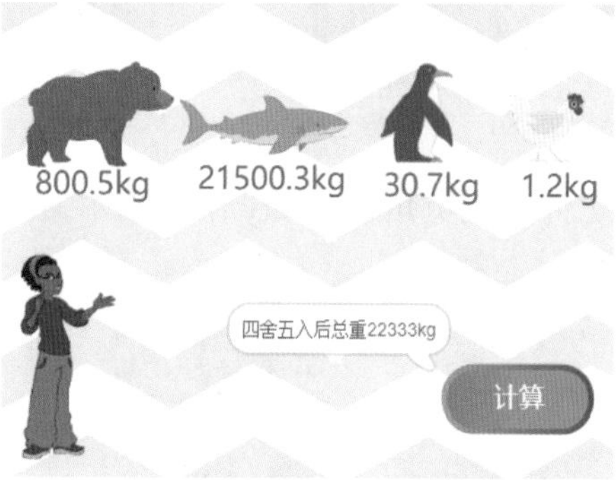

图9.91　输出四舍五入后的总重量

扫一扫，看视频

实例80　与运算：认识食草动物

在广袤的大草原上，生活着很多动物。其中，有一些是食草动物，有一些是食肉动物。本实例需要玩家从四种动物中找出食草动物。其中，程序通过与运算判断方式确认选择是否正确。在该例子中会使用到以下内容。

“与运算”积木：该积木可以进行“与”运算。“与”可以理解为“并且”的意思。

与运算是指判断“与”字两边的条件是否成立。

（1）如果两边的条件都成立，会告诉程序运算结果为“真”。真的意思就是与运算的结果成立，可以进行下一步积木。

（2）如果两边的条件有一条不成立，会告诉程序运算结果为“假”。假的意思就是与运算的结果不成立，不可以继续执行下一步积木。

例如，参加校队的条件是“男生并且身高大于 180cm”。那么，想要参加校队，就需要达到这两个条件，都达到表示可以、真、正确。如果有一个条件没达到，表示不可以、假、错误。

下面实现认识食草动物。

（1）在角色窗口中，依次单击“选择一个角色”按钮 |“绘制”按钮，进入造型界面。使用矩形工具与文本工具绘制用于存放食草动物的角色，命名为 1，如图 9.92 所示。

（2）选择按钮角色 Button2，在其造型界面中，使用文本工具修改造型为“提交”按钮，如图 9.93 所示。

图9.92 角色1

图9.93 按钮角色Button2

（3）新建四个位置变量，用于存放四种动物的 y 轴坐标值，如图 9.94 所示。

（4）将狮子角色 Lion、兔子角色 Hare、斑马角色 Zebra、狐狸角色 Fox、角色 1 及“提交”按钮角色 Button2 添加到背景 Savanna 中，并调整位置，如图 9.95 所示。

图9.94 四个变量

图9.95 角色与背景

（5）为狮子角色 Lion 添加第 1 组积木，初始化狮子的位置，并设置变量的值，如图 9.96 所示。添加第 2 组积木，当角色被点击时，设置角色位置和变量的值，如图 9.97 所示。

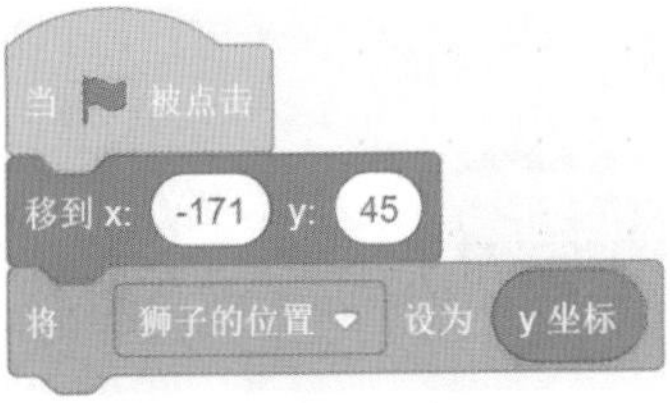

图9.96 Lion的第1组积木

图9.97 Lion的第2组积木

（6）为兔子角色 Hare 添加第 1 组积木，用于初始化兔子的位置，并设置变量的值，如图 9.98 所示。添加第 2 组积木，当角色被点击时，设置角色位置和变量的值，如图 9.99 所示。

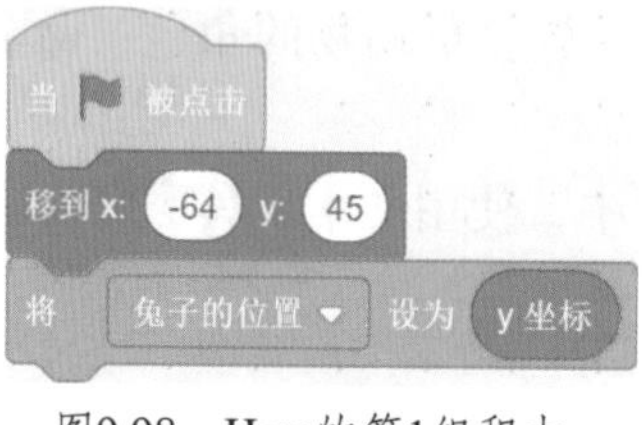

图9.98　Hare的第1组积木

图9.99　Hare的第2组积木

（7）为斑马角色 Zebra 添加第 1 组积木，用于初始化斑马的位置，并设置变量的值，如图 9.100 所示。添加第 2 组积木，当角色被点击时，设置角色位置和变量的值，如图 9.101 所示。

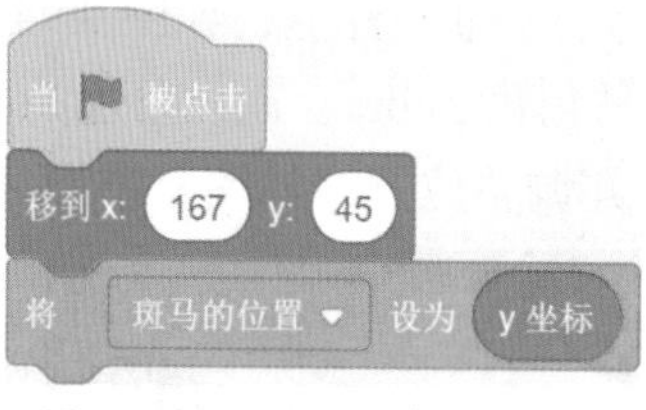

图9.100　Zebra的第1组积木

图9.101　Zebra的第2组积木

（8）为狐狸角色 Fox 添加第 1 组积木，用于初始化狐狸的位置，并设置变量的值，如图 9.102 所示。添加第 2 组积木，当角色被点击时，设置角色位置和变量的值，如图 9.103 所示。

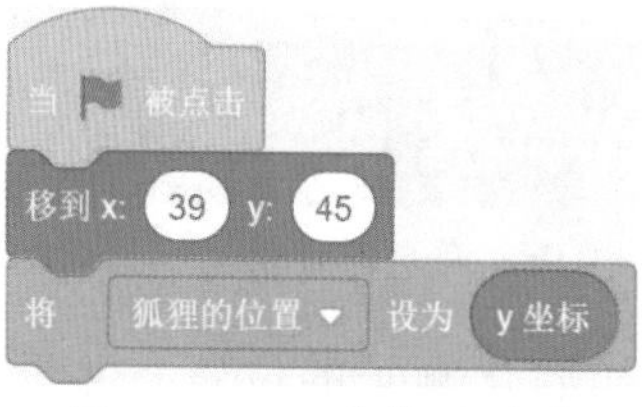

图9.102　Fox的第1组积木

图9.103　Fox的第2组积木

（9）为“提交”按钮角色 Button2 添加第 1 组积木，显示提示信息，如图 9.104 所示。

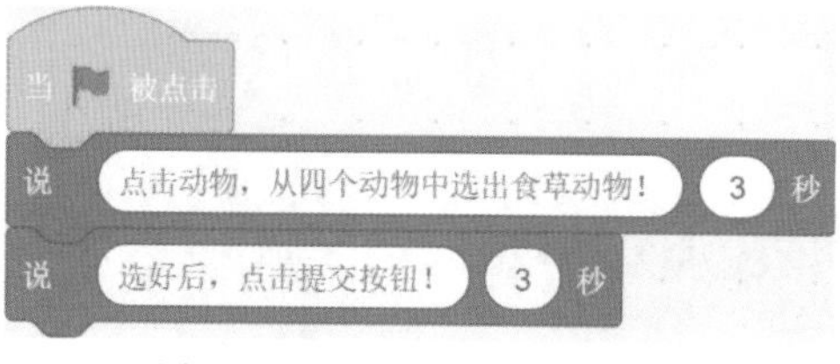

图9.104　Button2的第1组积木

（10）为“提交”按钮角色 Button2 添加第 2 组积木，用于判断四个动物的位置，确定玩家是否选对，如图 9.105 所示。

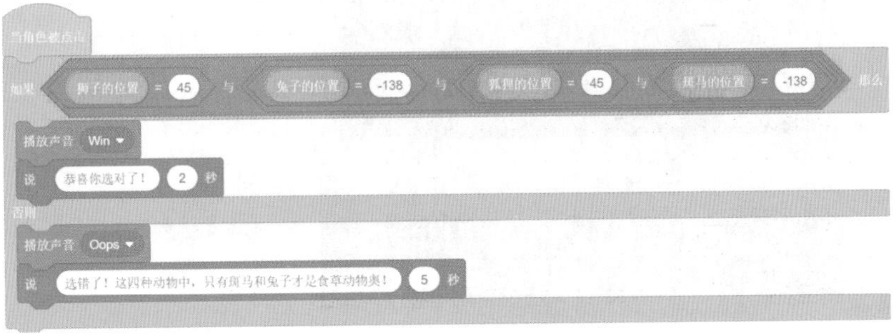

图9.105　Button2的第2组积木

（11）运行程序，显示提示信息，如图 9.106 所示。选择食草动物后，点击“提交”按钮，显示选择正确，如图 9.107 所示。

图9.106　显示提示信息

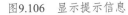

图9.107　判断是否选对

扫一扫，看视频

实例81　小于运算：数字排序

在队列中，老师会让个子矮的同学站在前面。考试完成后，老师也会按照分数高低进行排名。在这些事情中，都使用到了数字排序。本实例对玩家输入的三个数字，按照从小到大的方式进行排序。在该例子中会使用到以下内容。

“小于运算”积木：该积木可以比较小于号两侧数字的大小。

下面实现数字排序。

（1）将角色 Cat 添加到背景 Chalkboard 中，并调整位置，如图 9.108 所示。

（2）新建变量 A、B、C、T，如图 9.109 所示。

图9.108　背景与角色

图9.109　新建的变量

（3）为角色Cat添加积木，如图9.110所示。该组积木用于获取玩家输入的三个数字，然后对三个数字按照从小到大的方式进行排序，并使用对话框显示排序结果。

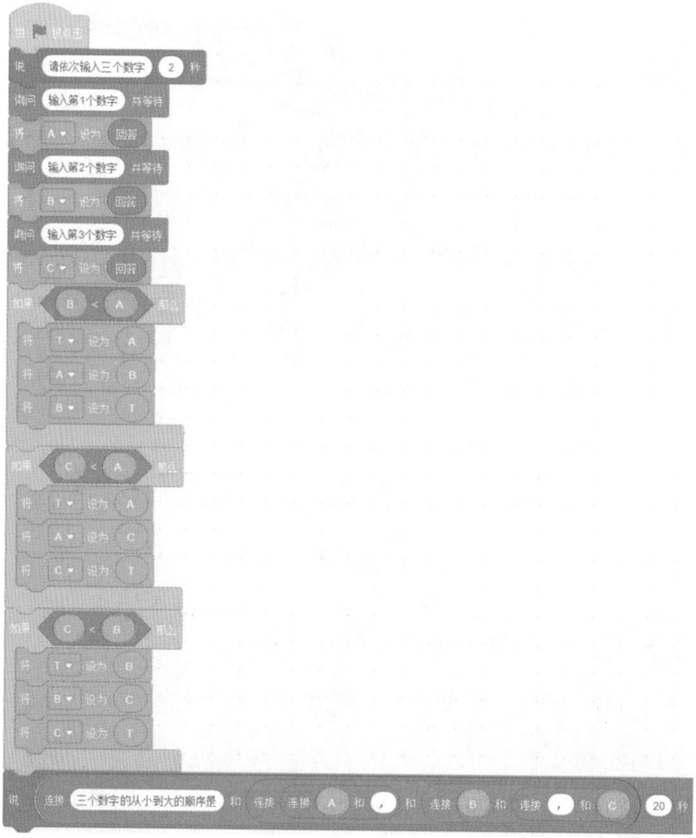

图9.110　Cat的积木

（4）运行程序。程序会询问玩家要输入的三个数字，如图 9.111 所示。输入数字 3、9、6 后，程序会将三个数字从小到大进行排序，并显示出来，如图 9.112 所示。

图9.111 询问玩家输入的数字

图9.112 输出排序后的数字

实例82 抛物线：愤怒的篮球

扫一扫，看视频

抛物线是物体被抛出后受各种力的影响而形成的运行轨迹。本实例通过抛物线公式，并借助运算积木，实现角色按照抛物线移动。在该例子中会使用到以下内容。

“绝对值运算”积木：该积木不仅可以实现计算指定值的绝对值，还能计算向下取整、向上取整、平方根、sin、cos、tan、asin、acos、atan、ln、log、e^、10^ 等计算。

下面实现愤怒的篮球。

（1）选择背景 Winter，并在其背景界面删除两棵树，如图 9.113 所示。

（2）将篮球角色 Basketball 与三个足球角色 Soccer Ball、Soccer Ball2、Soccer Ball3 添加到背景 Winter 中，并调整位置，如图 9.114 所示。

图9.113 背景Winter

图9.114 背景与角色

（3）添加变量 T，用于存放抛物线的移动时间。

（4）为角色 Basketball 添加第 1 组积木，用于初始化位置与方向，如图 9.115 所示。添加第 2 组积木，实现角色朝向鼠标，当按下鼠标后停止该组积木，如图 9.116 所示。

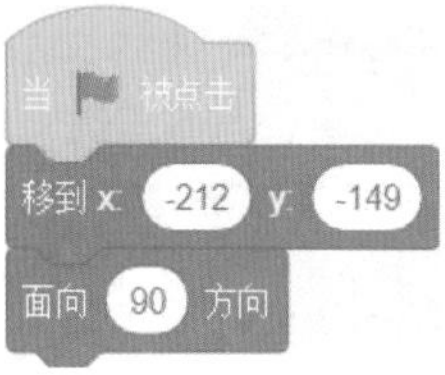
当 被点击
移到 x: -212 y: -149
面向 90 方向

图9.115　Basketball的第1组积木

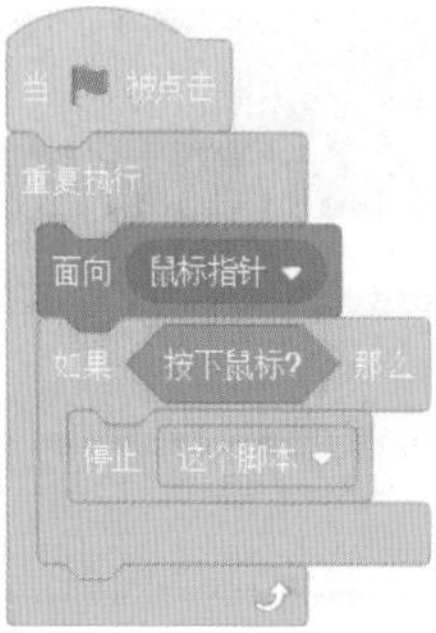
当 被点击
重复执行
面向 鼠标指针
如果 按下鼠标? 那么
停止 这个脚本

图9.116　Basketball的第2组积木

（5）为角色 Basketball 添加第 3 组积木，根据角度发射篮球并判断是否碰到足球，如图 9.117 所示。

将 T 设为 1
重复执行
如果 按下鼠标? 那么
重复执行 60 次
移到 x: -212 + 15 * cos 绝对值 方向 - 90 * T y: -149 + 15 * sin 绝对值 方向 - 90 * T - 0.5 * T * T / 2
将 T 增加 1
如果 碰到 Soccer Ball ? 或 碰到 Soccer Ball2 ? 或 碰到 Soccer Ball3 ? 那么
说 命中目标!
在 1 秒内滑行到 x: x 坐标 y: y 坐标 + -60
碰到边缘就反弹
停止 这个脚本

图9.117　Basketball的第3组积木

（6）为角色 Soccer Ball 添加积木，如图 9.118 所示。该组积木用于初始化位置，并判断是否碰到篮球。如果碰到，移动到指定位置，并广播“消息 2”。

（7）为角色 Soccer Ball2 添加第 1 组积木，如图 9.119 所示。该组积木用于初始化位置，并判断是否碰到篮球。如果碰到，则移动到指定位置，并广播“消息 1”。添加第 2 组积木，用于接收“消息 2”，并移动到指定位置，如图 9.120 所示。

图9.118 Soccer Ball的积木

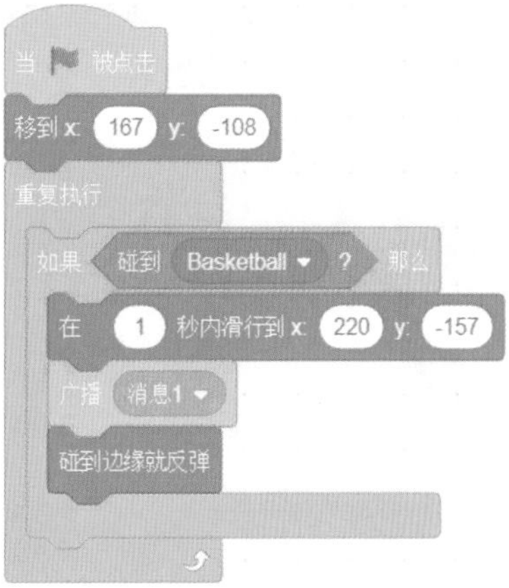

图9.119 Soccer Ball2的第1组积木

（8）为角色 Soccer Ball3 添加第 1 组积木，如图 9.121 所示。该组积木用于初始化位置，并判断是否碰到篮球。如果碰到，则移动到指定位置。添加第 2 组积木，用于接收“消息 1”，并移动到指定位置，如图 9.122 所示。

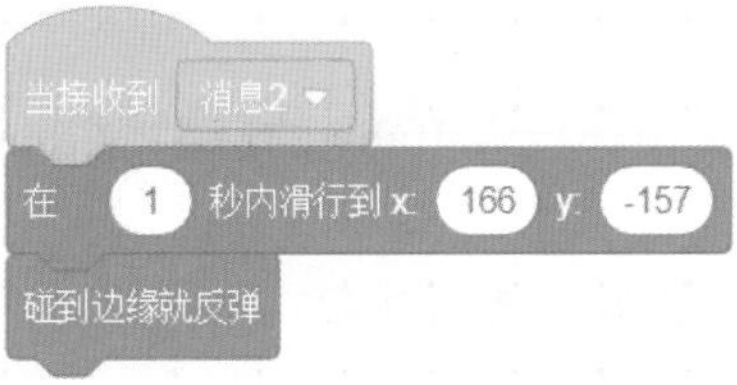

图9.120 Soccer Ball2的第2组积木

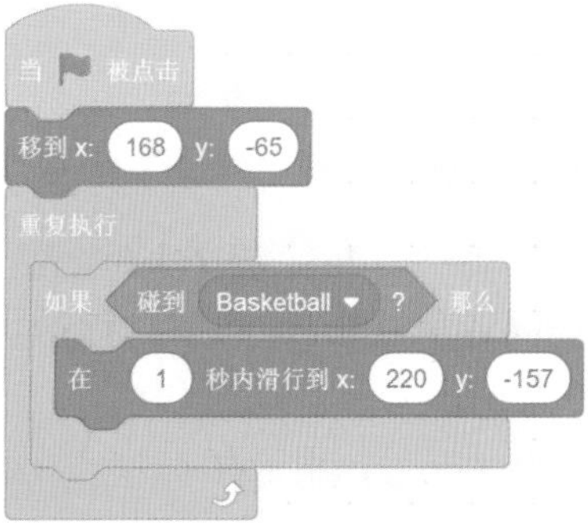

图9.121 Soccer Ball3的第1组积木

（9）为角色 Soccer Ball3 添加第 3 组积木，用于接收“消息 2”，并移动到指定位置，如图 9.123 所示。

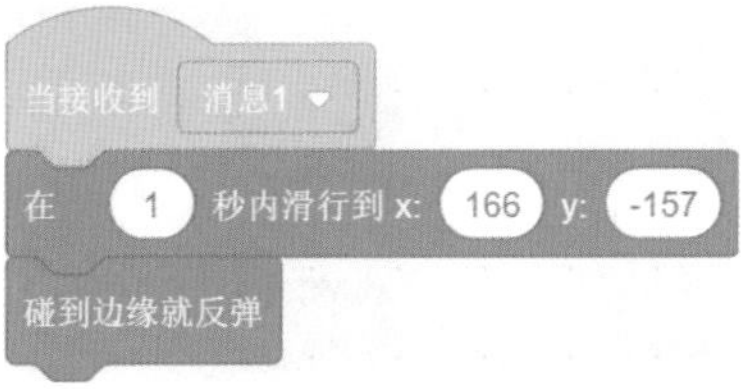

图9.122 Soccer Ball3的第2组积木

图9.123 Soccer Ball3的第3组积木

（10）运行程序。当移动鼠标后，篮球会跟随鼠标改变朝向，如图 9.124 所示。单击鼠标，篮球沿指定抛物线轨迹移动，如图 9.125 所示，如果碰到足球，足球会被击落。

图9.124　篮球跟随鼠标改变朝向

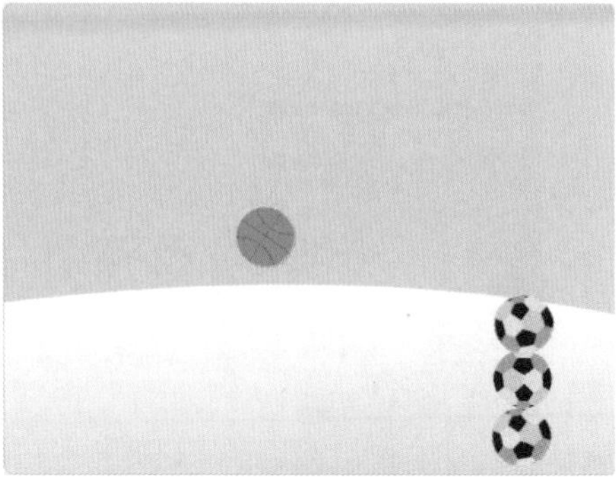

图9.125　篮球按照抛物线移动

扫一扫，看视频

实例83　字符串操作：挑战记忆26个英文字母

26 个英文字母是学习英语的基础。在学习英语时，熟练掌握 26 个字母，有着事半功倍的效果。在该例子中会使用到以下内容。

- “apple 的第 1 个字符”积木：该积木找出字符串中指定位置的字符。
- “apple 的字符数”积木：该积木可以统计字符串的字符个数。

下面实现挑战记忆 26 个英文字母记忆。

（1）将提问者角色 Ruby 添加到背景 Room 2 中，设置 Ruby 的造型为 ruby-b，并调整位置，如图 9.126 所示。

（2）添加两个变量，用于存放 26 个字母与随机数，如图 9.127 所示。

图9.126　角色与背景

图9.127　两个变量

（3）为提问者角色 Ruby 添加第 1 组积木，用于设置变量“26 个字母”的值为 26 个英文字母，并广播“消息 1”，如图 9.128 所示。

（4）为提问者角色 Ruby 添加第 2 组积木，如图 9.129 所示。该组积木用于接收“消息 1”，并让玩家输入 26 个字母，判断输入是否正确。如果正确，则广播“消息 2”；如果错误，则广播“消息 1”。

当 被点击
将 26个字母 设为 abcdefghigklmnopqrstuvwxyz
广播 消息1

图9.128 Ruby的第1组积木

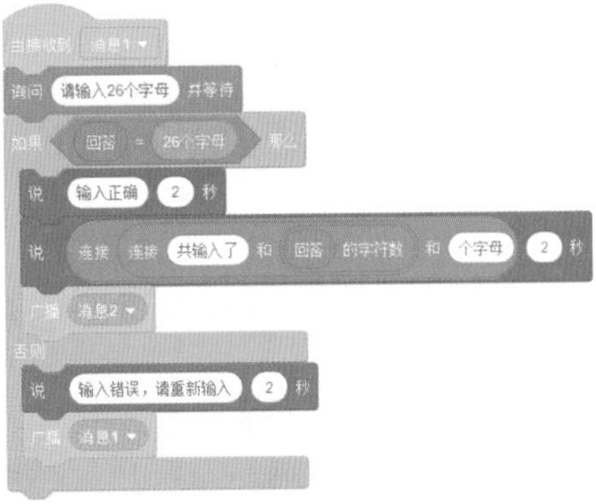
当接收到 消息1
询问 请输入26个字母 并等待
如果 回答 = 26个字母 那么
说 输入正确 2 秒
说 连接 连接 共输入了 和 回答 的字符数 和 个字母 2 秒
广播 消息2
否则
说 输入错误，请重新输入 2 秒
广播 消息1

图9.129 Ruby的第2组积木

（5）为提问者角色 Ruby 添加第 3 组积木，如图 9.130 所示。该组积木接收“消息 2”，并让玩家输入指定位置的字母，判断输入的字母是否正确。如果正确，则显示夸奖信息；如果错误，则广播“消息 2”。

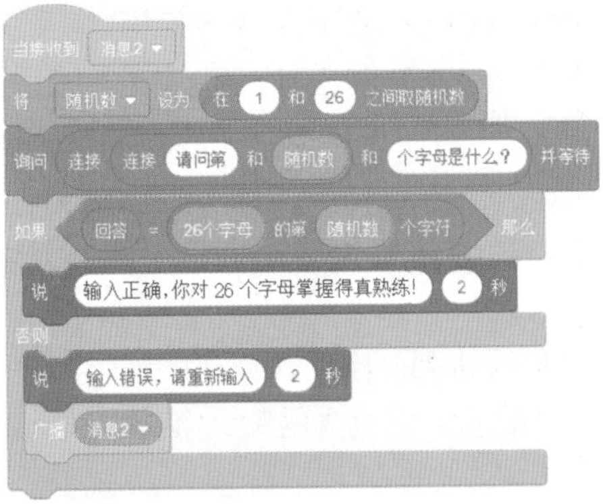
当接收到 消息2
将 随机数 设为 在 1 和 26 之间取随机数
询问 连接 连接 请问第 和 随机数 和 个字母是什么？ 并等待
如果 回答 = 26个字母 的第 随机数 个字符 那么
说 输入正确，你对 26 个字母掌握得真熟练！ 2 秒
否则
说 输入错误，请重新输入 2 秒
广播 消息2

图9.130 Ruby的第3组积木

（6）运行程序，需要玩家输入 26 个字母，如图 9.131 所示。如果输入正确，则会接着让玩家输入指定位置的字母，如图 9.132 所示。如果指定位置的字母也输入正确，则会显示夸奖信息，如图 9.133 所示。

请输入26个字母

图9.131　要求玩家输入26个字母

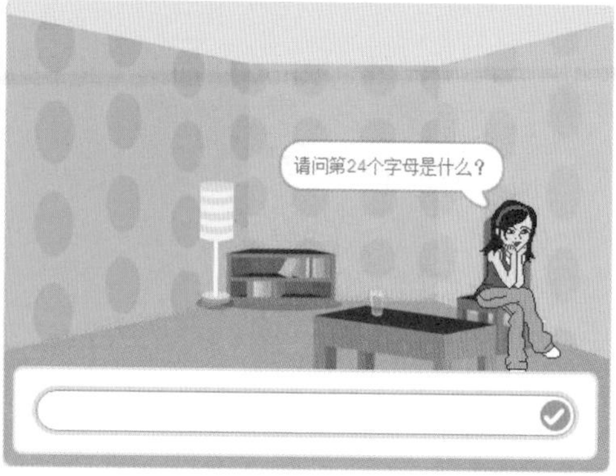
请问第24个字母是什么？

图9.132　要求玩家输入指定位置字母

输入正确，你对 26 个字母掌握屋得真熟练！

图9.133　输入正确显示夸奖信息

扫一扫，看视频

实例84　字符串连接：字母贪吃蛇

英文字母会按照一定顺序进行排列。本实例以贪吃蛇形式将散落的字母连接起来，并使用字符串连接积木显示当前贪吃蛇队伍中包含的英文字母。在该例子中会使用到以下内容。

“连接 apple 和 banana”积木：该积木可以将两个指定字符串进行连接，默认连接字符串“apple”与“banana”。

下面实现字母贪吃蛇。

（1）选择 5 个小球 Ball，分别命名为 Ball、Ball2、Ball3、Ball4、Ball5。在其造型界面中，分别设置对应造型，并使用文本工具T绘制对应字母，如图 9.134 所示。

（2）创建 6 个变量，用于存放小球代表的字符与朝向，如图 9.135 所示。

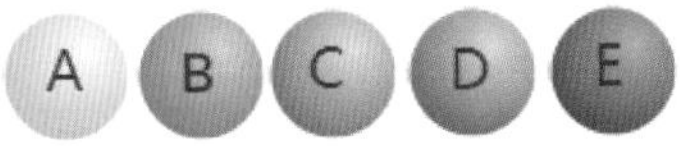

图9.134 5个小球

图9.135 6个变量

（3）将5个小球角色Ball、Ball2、Ball3、Ball4、Ball5添加到Blue Sky 2，并调整位置，如图 9.136 所示。

（4）为角色 Ball 添加第 1 组积木，将小球的朝向始终设置为变量“方向”，如图 9.137 所示。

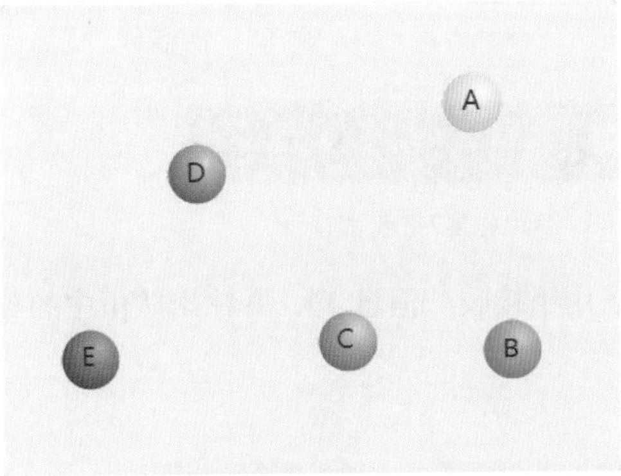

图9.136 角色与背景

图9.137 Ball的第1组积木

（5）为角色 Ball 添加第 2 组积木，控制向上移动，如图 9.138 所示。添加第 3 组积木，控制向下移动，如图 9.139 所示。添加第 4 组积木，控制向左移动，如图 9.140 所示。添加第 5 组积木，控制向右移动，如图 9.141 所示。

图9.138 Ball的第2组积木

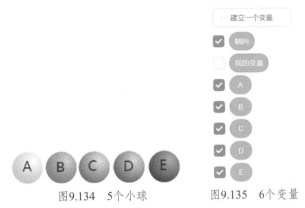

图9.139 Ball的第3组积木

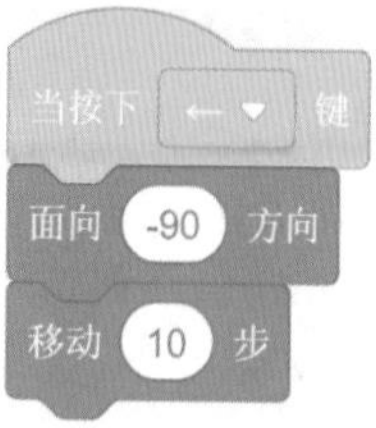
当按下 ← 键
面向 -90 方向
移动 10 步

图9.140 Ball的第4组积木

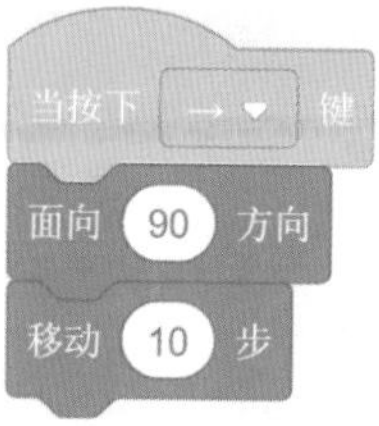
当按下 → 键
面向 90 方向
移动 10 步

图9.141 Ball的第5组积木

（6）为角色 Ball 添加第 6 组积木，用于接收“消息 1”，并输出队伍中的英文字母，如图 9.142 所示。

当接收到 消息1
说 连接 我的名字叫： 和 连接 A 和 B

图9.142 Ball的第6组积木

（7）为角色 Ball 添加第 7 组积木，用于接收“消息 2”，并输出队伍中的英文字母，如图 9.143 所示。

当接收到 消息2
说 连接 我的名字叫： 和 连接 A 和 连接 B 和 C

图9.143 Ball的第7组积木

（8）为角色 Ball 添加第 8 组积木，用于接收“消息 3”，并输出队伍中的英文字母，如图 9.144 所示。

当接收到 消息3
说 连接 我的名字叫： 和 连接 A 和 连接 B 和 连接 C 和 D

图9.144 Ball的第8组积木

（9）为角色 Ball 添加第 9 组积木，用于接收“消息 4”，并输出队伍中的英文字母，如图 9.145 所示。

当接收到 消息4
说 连接 我的名字叫： 和 连接 A 和 连接 B 和 连接 C 和 连接 D 和 E

图9.145 Ball的第9组积木

（10）为角色 Ball2 添加积木，如图 9.146 所示。该组积木用于初始化位置，并设置变量 B 存放字母 b；然后在碰到 Ball 之后，广播“消息 1”，并根据 Ball 的朝向改变位置。

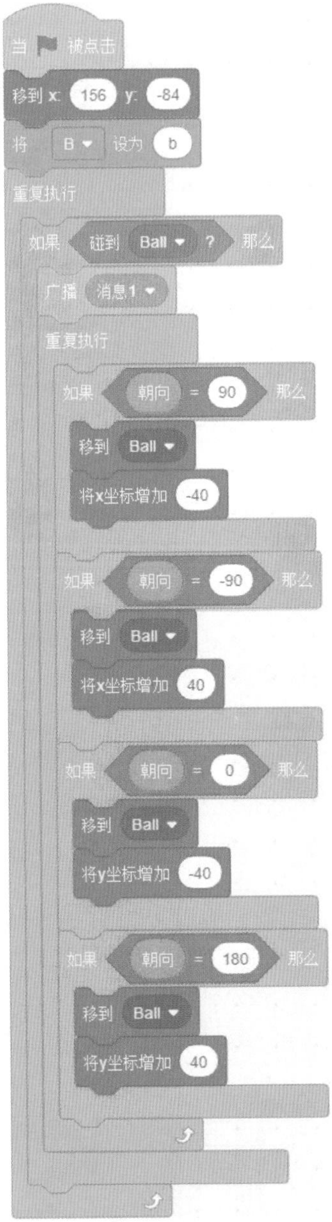

图9.146　Ball2的积木

（11）为角色 Ball3 添加第 1 组积木，用于设置变量 C 为字母 c，并初始化位置，如图 9.147 所示。添加第 2 组积木，如图 9.148 所示。该组积木用于接收“消息 1”，并检测是否碰到 Ball。如果碰到，则广播“消息 2”，并根据 Ball 的朝向改变位置。

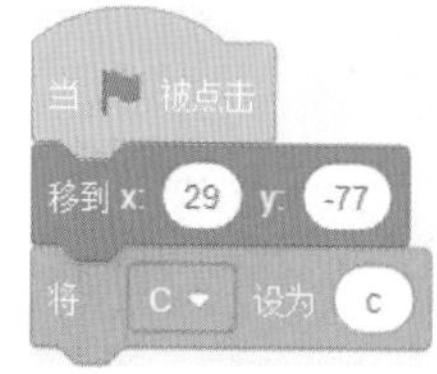

图9.147　Ball3的第1组积木

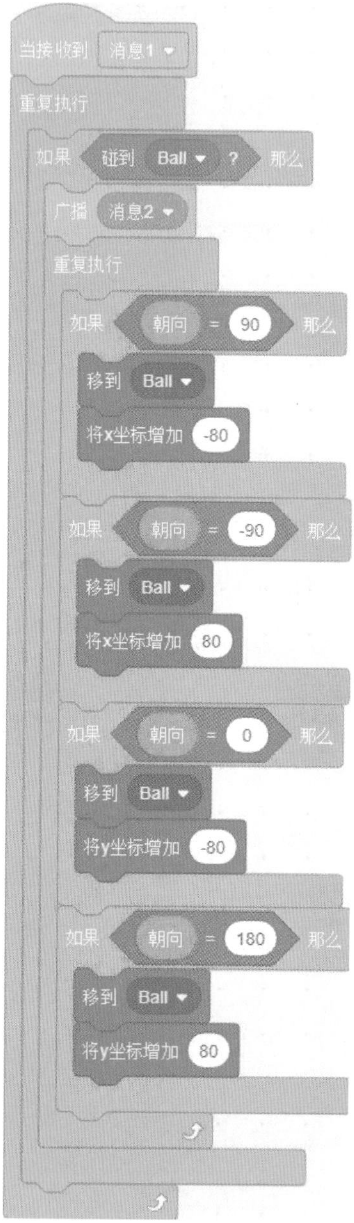

图9.148　Ball3的第2组积木

（12）为角色 Ball4 添加第 1 组积木，用于设置变量 D 为字母 d，并初始化位置，如图 9.149 所示。添加第 2 组积木，如图 9.150 所示。该组积木用于接收“消息 2”，并检测是否碰到 Ball。如果碰到，则广播“消息 3”，并根据 Ball 的朝向改变位置。

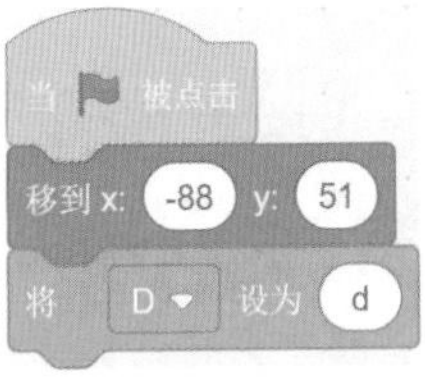

图9.149　Ball4的第1组积木

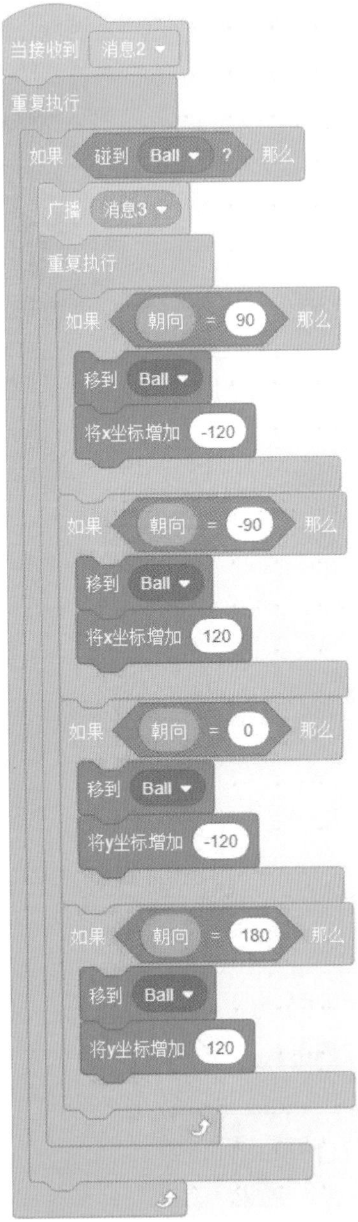

图9.150　Ball4的第2组积木

（13）为角色 Ball5 添加第 1 组积木，用于设置变量 E 为字母 e，并初始化位置，如图 9.151 所示。添加第 2 组积木，如图 9.152 所示。该组积木用于接收“消息 3”，并检测是否碰到 Ball。如果碰到，则广播“消息 4”，并根据 Ball 的朝向改变位置。

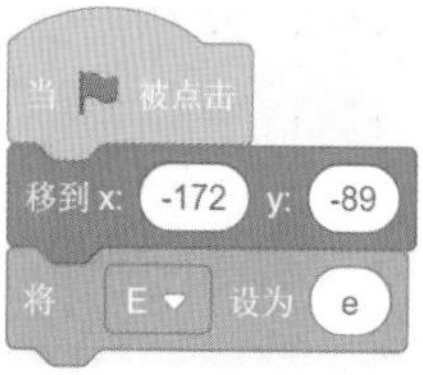

图9.151　Ball5的第1组积木

图9.152　Ball5的第2组积木

（14）运行程序。移动小球 Ball，当碰到小球 Ball2 后，Ball 会输出当前队列包含字符，Ball2 会移动到 Ball 后面，如图 9.153 所示。当所有字符被“吃掉”后，会显示字符串“我的名字叫：abcde”，如图 9.154 所示。

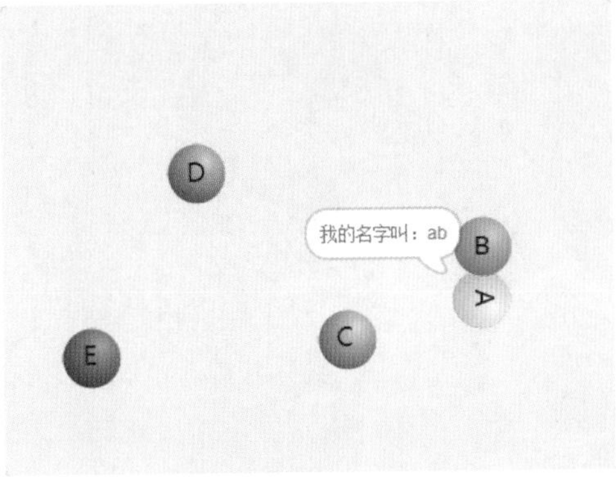

图9.153　碰到小球Ball2

图9.154　显示全部字母

第10章

自制积木

在Scratch中，为了方便玩家将常用的配套积木放在一起，就提供了自制积木功能。通过该功能，玩家可以将成套的积木制作成一个新积木。当需要使用这套积木时，就可以直接使用了，免去了重复组织积木的过程。本章将详细讲解关于自制积木的内容。

实例85 自制积木：绘制多边形

扫一扫，看视频

多边形与圆形有着密不可分的关系。当多边形的边长变得极小时，就形成了圆形。本实例使用自定义新积木，实现根据玩家输入的边数绘制对应的多边形。在该例子中会使用到以下内容。

“制作新的积木”积木：该积木可以自定义一个新的积木。

下面实现绘制多边形。

（1）选择铅笔对象 Pencil。在其造型界面中，选择造型 pencil-a，设置旋转中心在其笔尖位置，如图 10.1 所示。

（2）将角色 Pencil 添加到背景 1 中，并调整位置，如图 10.2 所示。

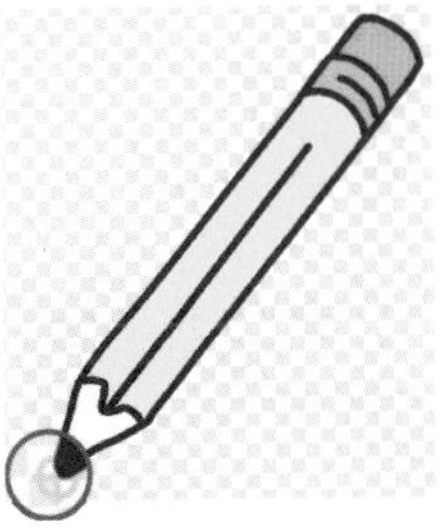

图10.1 角色Pencil

图10.2 角色与背景

（3）单击积木“制作新的积木”，弹出“制作新的积木”对话框，如图 10.3 所示。修改“积木名称”为“多边形”，单击“添加输入项”按钮，修改名称为“边数”，单击“完成”按钮。这样，自定义积木“多边形”新建完成，如图 10.4 所示。

图10.3 新建积木窗口

图10.4 多边形积木

（4）为角色 Pencil 添加多边形积木。为多边形积木添加其他积木，实现绘制指定边数的多边形功能，如图 10.5 所示。

（5）为角色 Pencil 添加第 2 组积木，实现询问玩家要画几边形，如图 10.6 所示。

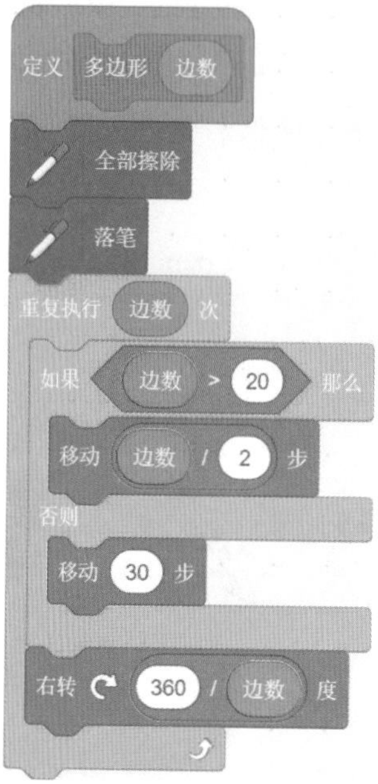

图10.5 Pencil的多边形积木

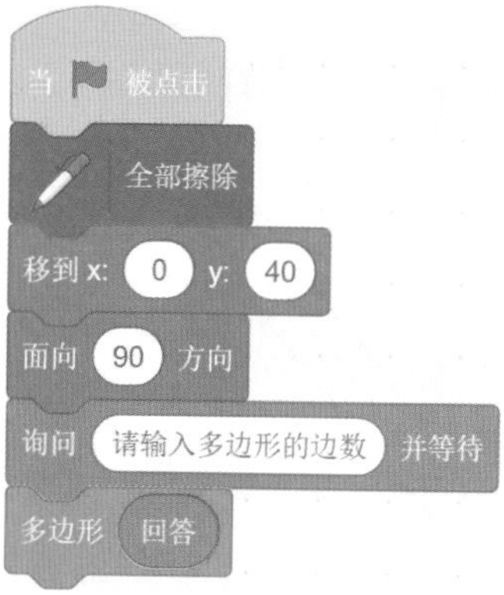

图10.6 Pencil的第2组积木

（6）运行程序。程序询问玩家要绘制的多边形边数，如图 10.7 所示。玩家输入的边数为 8，铅笔绘制 8 边形，如图 10.8 所示。

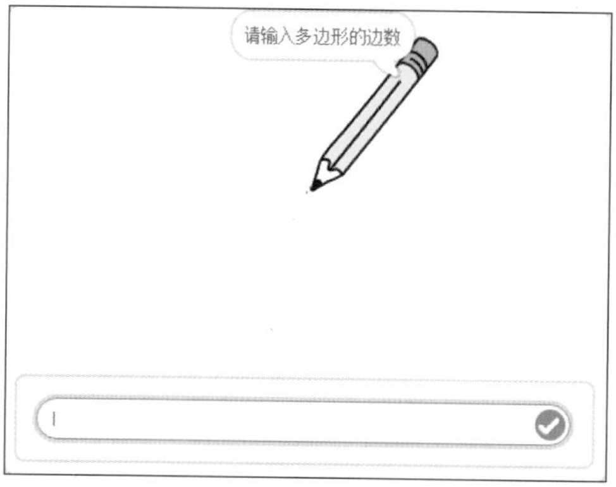

图10.7 询问绘制几边形

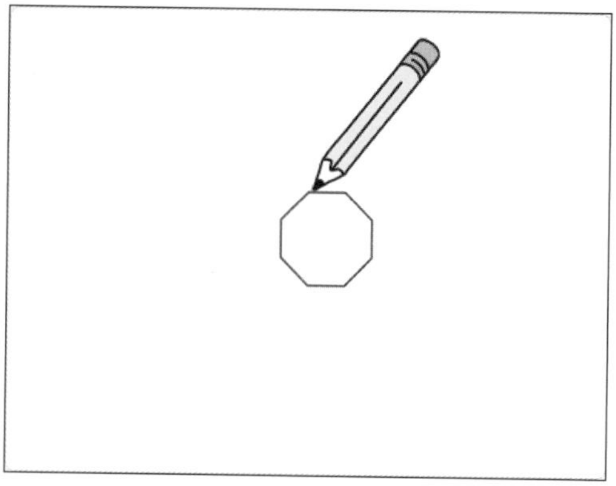

图10.8 绘制8边形

第11章

扩展组件

除了以上基本的积木外，Scratch提供了多种类型的扩展组件。这些组件包括画笔组件、文字朗读组件、翻译组件、音乐组件、MaKey MaKey组件。其中，每个组件都包括一个或者多个积木。本章将通过这些积木实现更为丰富的实例。

扫一扫，看视频

实例86 落笔与抬笔：简单的数学几何图形

在数学中，我们会接触到一些基本图形，如长方形、正方形、三角形以及圆形。本实例将使用画笔组件绘制这些简单的图形。在该例子中会使用到以下内容。

- “全部擦除”积木：该积木会擦除所有画笔绘制的内容。
- “落笔”积木：该积木会让画笔处于落笔状态，此时可以开始绘画。
- “抬笔”积木：该积木会让画笔处于抬笔状态，此时无法绘画。

下面实现简单的数学几何图形。

（1）选择按钮角色 Button2。在其造型界面中，使用文本工具T修改造型为正方形按钮。使用相同的方式修改出三角形按钮、长方形按钮、圆形按钮以及五角星按钮。5 个修改后的按钮角色如图 11.1 所示。

（2）选择铅笔对象 Pencil。在其造型界面中，选择造型 pencil-a，设置旋转中心在其笔尖位置，如图 11.2 所示。

（3）将 5 个按钮角色 Button2、Button3、Button4、Button5、Button6 与铅笔角色 Pencil 添加到背景 1 中，并调整位置，如图 11.3 所示。

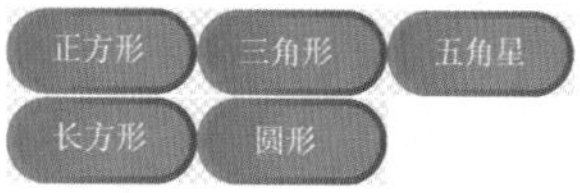

图11.1 5个按钮角色

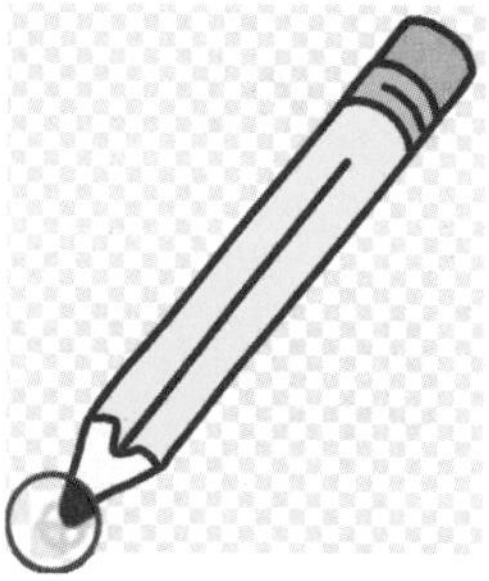
图11.2 角色pencil

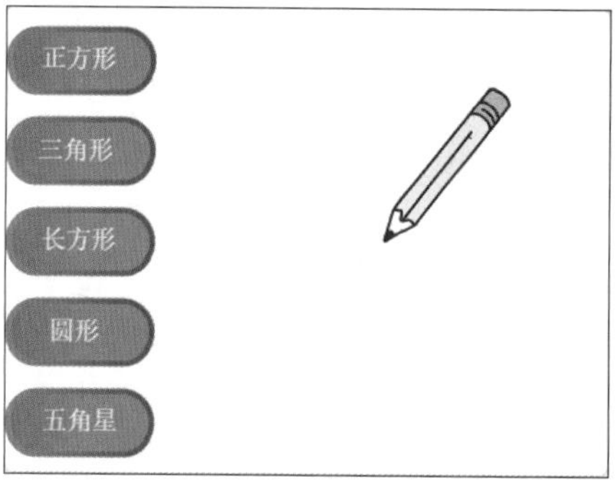

图11.3 角色与背景

（4）为铅笔角色 Pencil 添加第 1 组积木，用于初始化位置与方向，并擦除所有绘画痕迹，如图 11.4 所示。添加第 2 组积木，用于接收消息“正方形”，并绘制正方形，如图 11.5 所示。

（5）为铅笔角色 Pencil 添加第 3 组积木，用于接收消息“三角形”后绘制三角形，如图 11.6 所示。添加第 4 组积木，用于接收消息“长方形”后绘制长方形，如图 11.7 所示。

（6）为铅笔角色 Pencil 添加第 5 组积木，用于接收消息“圆形”后绘制圆形，如图 11.8 所示。添加第 6 组积木，用于接收消息“五角星”后绘制五角星，如图 11.9 所示。

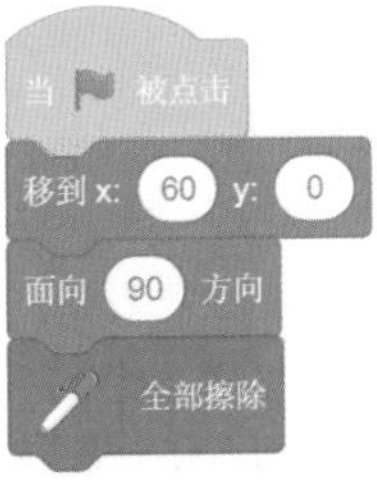

图11.4 Pencil的第1组积木

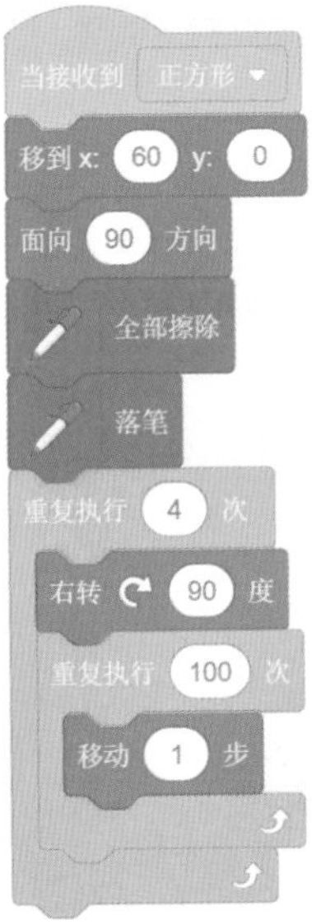

图11.5 Pencil的第2组积木

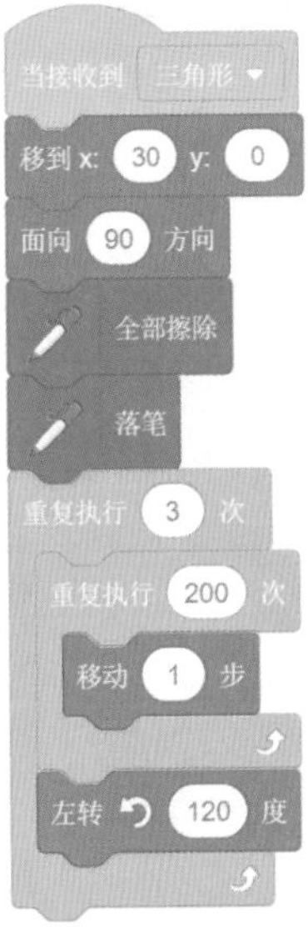

图11.6 Pencil的第3组积木

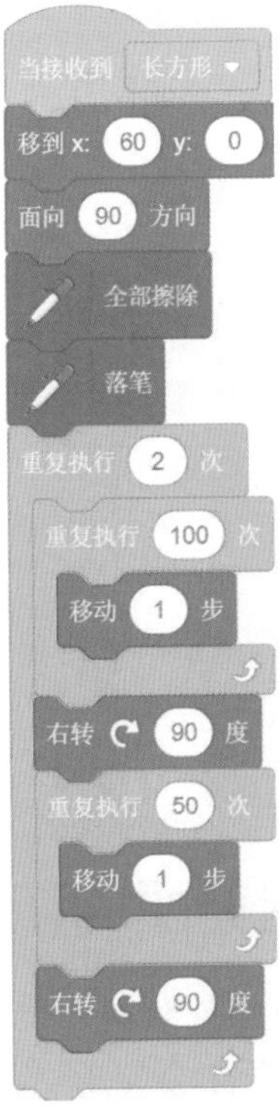

图11.7 Pencil的第4组积木

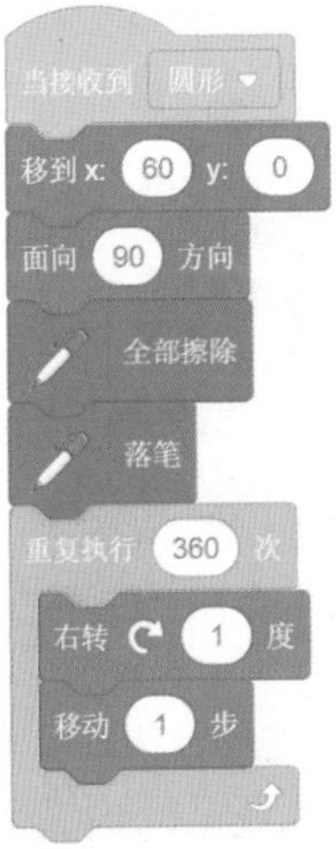

图11.8 Pencil的第5组积木

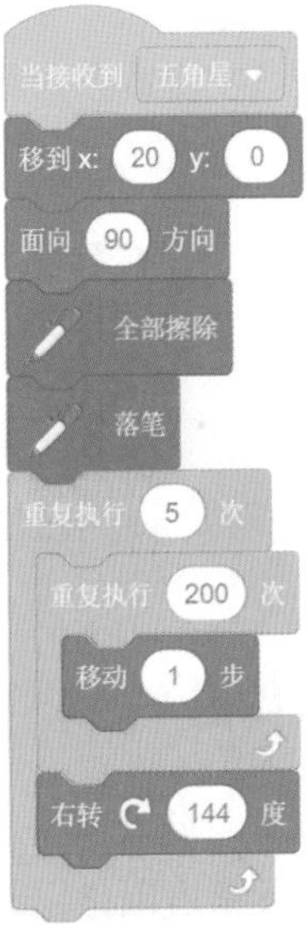

图11.9 Pencil的第6组积木

（7）为正方形按钮角色 Button2 添加积木，实现该角色被点击后广播消息“正方形”，如图 11.10 所示。

（8）为三角形按钮角色 Button3 添加积木，实现该角色被点击后广播消息“三角形”，如图 11.11 所示。

（9）为长方形按钮角色 Button4 添加积木，实现该角色被点击后广播消息“长方形”，如图 11.12 所示。

（10）为圆形按钮角色 Button5 添加积木，实现该角色被点击后广播消息“圆形”，如图 11.13 所示。

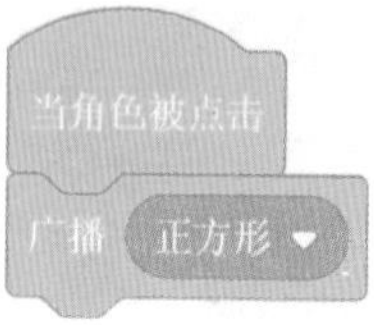

图11.10 Button2的积木

图11.11 Button3的积木

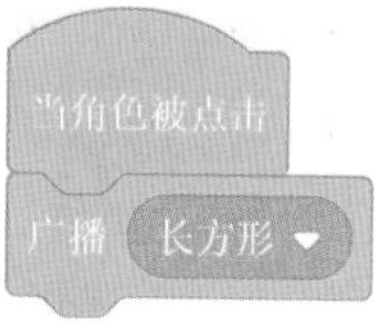

图11.12 Button4的积木

图11.13 Button5的积木

（11）为五角星按钮角色 Button6 添加积木，实现该角色被点击后广播消息“五角星”，如图 11.14 所示。

（12）运行程序。当单击“五角星”按钮时，会绘制一个五角星，如图 11.15 所示。如果单击其他按钮，绘制对应的图形。

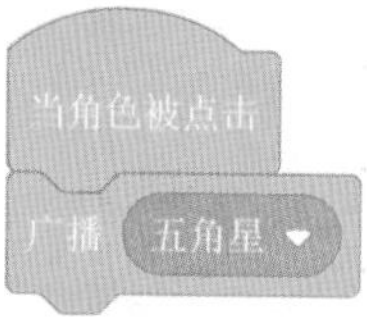

图11.14 Button6的积木

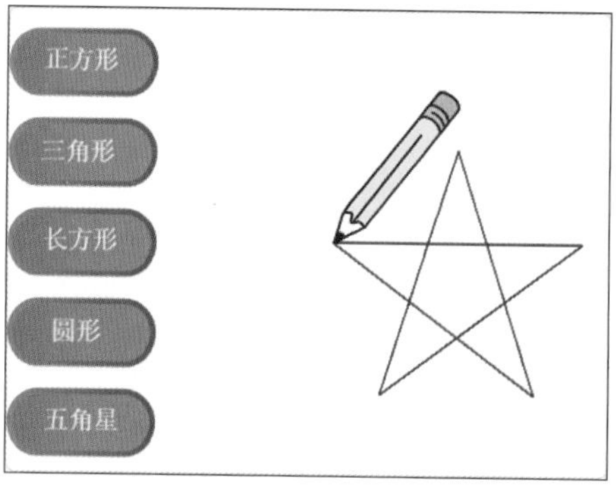

图11.15 绘制五角星

实例87 将画笔颜色增加指定值：绘制美丽的花朵

扫一扫，看视频

花朵象征着美丽纯洁，充满希望。本实例使用画笔组件绘制一朵美丽的花。玩家可以指定花朵的花瓣数和花朵的饱满程度。在该例子中会使用到以下内容。

“将画笔的颜色增加 10”积木：该积木能让画笔的颜色增加指定值，默认是

10。在该积木的备用选项中还可以修改画笔的饱和度、亮度、透明度三种特效。

下面实现绘制美丽的花朵。

（1）选择铅笔对象 Pencil，在其造型界面中，选择造型 pencil-a，设置旋转中心在其笔尖位置，如图 11.16 所示。

（2）将角色 Pencil 添加到背景 1 中，并调整位置，如图 11.17 所示。

（3）创建三个变量，即半径、花瓣、饱满度，如图 11.18 所示。

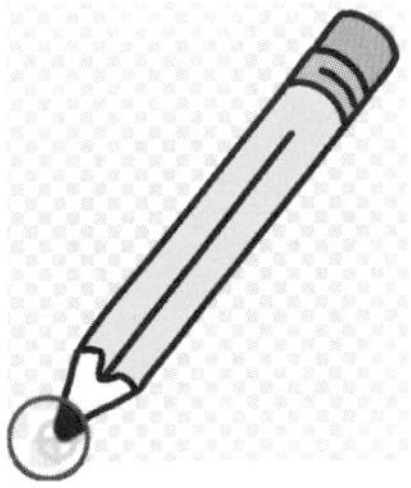

图11.16　角色Pencil

图11.17　角色与背景

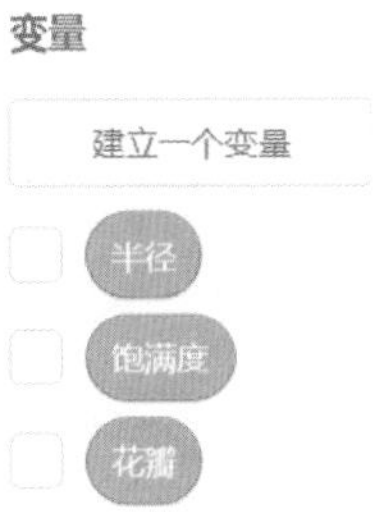
变量
建立一个变量
半径
饱满度
花瓣

图11.18　三个变量

（4）为角色 Pencil 添加第 1 组积木，用于初始化位置、方向，并获取玩家输入的花瓣数以及花瓣的饱满程度，如图 11.19 所示。

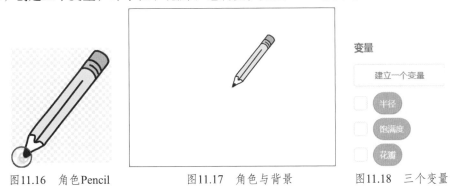

当 被点击
全部擦除
移到 x: 0 y: 0
面向 90 方向
询问 请输入要画几朵花瓣 并等待
将 花瓣 设为 回答
询问 请输入花瓣的饱满程度，范围为1到360，值越大花瓣越接近圆形 并等待
将 饱满度 设为 回答
说 点击铅笔，开始绘制花瓣 2 秒

图11.19　Pencil的第1组积木

（5）为角色 Pencil 添加第 2 组积木，实现当角色被点击后绘制花朵，如图 11.20 所示。

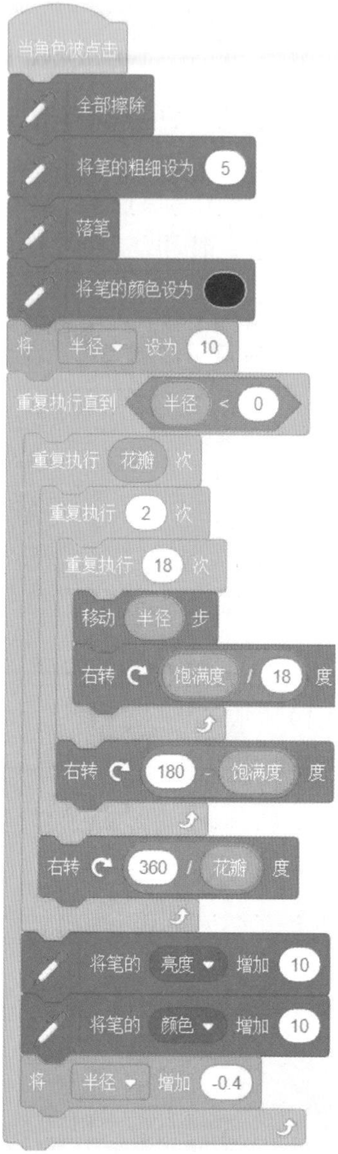

图11.20　Pencil的第2组积木

（6）运行程序。玩家需要根据提示输入花瓣数与花瓣饱满度，如图 11.21 所示。玩家输入花瓣数为 5，饱满度为 100 后，点击角色 Pencil，开始绘制花瓣。绘制完成的花朵样子如图 11.22 所示。

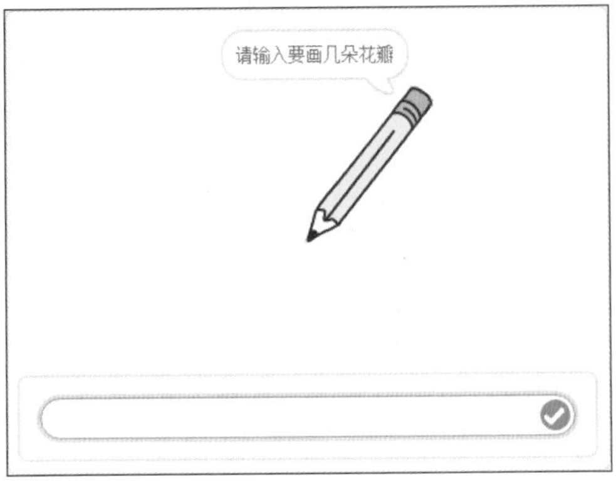

图11.21 询问花瓣数

图11.22 绘制的花朵

实例88 设置画笔粗细：趣味填图

扫一扫，看视频

对于颜色的理解，每个人都有自己的想法与认知。即使对于同一种物体，每个人对其的颜色判断也是不同的。本实例会在一张只有线条的图形中，让玩家选择自己喜欢的颜色对其进行填充，展现自己的想象力与对颜色的认知。在该例子中会使用到以下内容。

- “将笔的粗细设为 1”积木：该积木可以直接设置画笔的粗细，默认粗细为 1。
- “将笔的粗细增加 1”积木：该积木可以让画笔变粗或变细，默认改变幅度为 1。

下面实现趣味填图。

（1）选择 Fish 角色。在其造型界面中，选择造型 fish-a。使用选择工具选中该造型，设置“填充”为无，“轮廓”为黑色，“粗细”为 1。设置后的造型 fish-a 如图 11.23 所示。

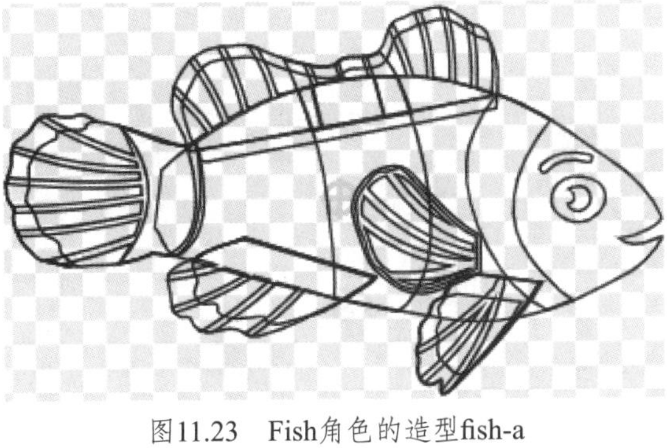

图11.23 Fish角色的造型fish-a

（2）选择 Ball 角色。在其造型界面中，选择造型 ball-a，使用选择工具修改其颜色为纯红色，如图 11.24 所示。使用相同的方式修改其他 8 个 Ball 角色为不同的颜色，分别命名为Ball2、Ball3、Ball4、Ball5、Ball6、Ball7、Ball8、Ball9，如图11.25所示。

图11.24　角色Ball

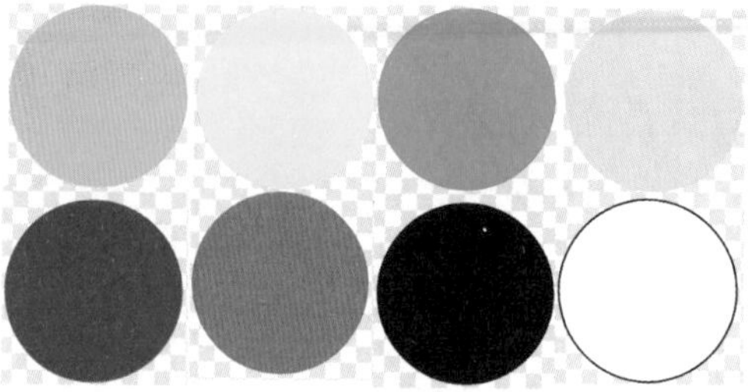

图11.25　角色Ball2、Ball3、Ball4、Ball5、Ball6、Ball7、Ball8、Ball9

（3）在角色窗口中，依次单击“选择一个角色”按钮|“绘制”按钮，进入造型界面。使用文本工具T绘制加号角色，如图11.26所示。使用相同方式，绘制减号角色，如图11.27所示。

图11.26　加号角色

图11.27　减号角色

（4）选择铅笔对象Pencil。在其造型界面中，选择造型pencil-a，设置旋转中心在其笔尖位置，如图11.28所示。

（5）将角色Fish、加号角色、减号角色、9种颜色角色以及铅笔角色Pencil添加到背景1中，并调整位置，如图11.29所示。

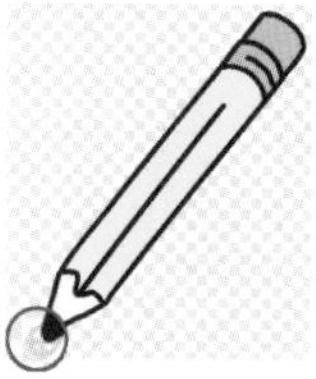

图11.28　角色Pencil

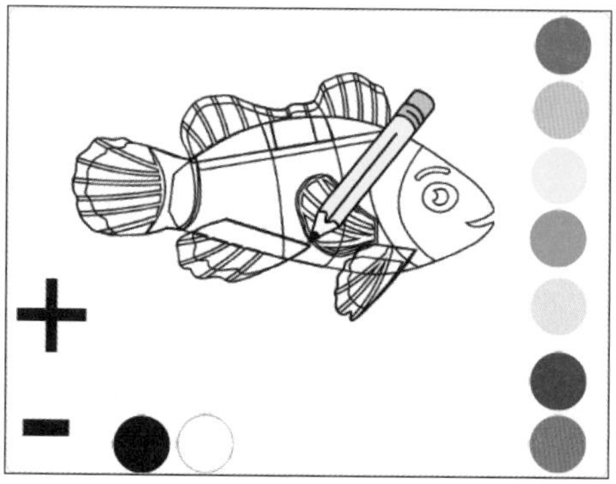

图11.29　角色与背景

（6）为铅笔角色Pencil添加第1组积木，用于初始化位置、笔的粗细，以及擦除所有绘画痕迹，如图11.30所示。添加第2组积木，用于角色被点击，跟随鼠标移动，如图11.31所示。

（7）为铅笔角色 Pencil 添加第 3 组积木，用于实现按下空格键抬笔，如图 11.32 所示。添加第 4 组积木，用于实现按下 d 键落笔，如图 11.33 所示。

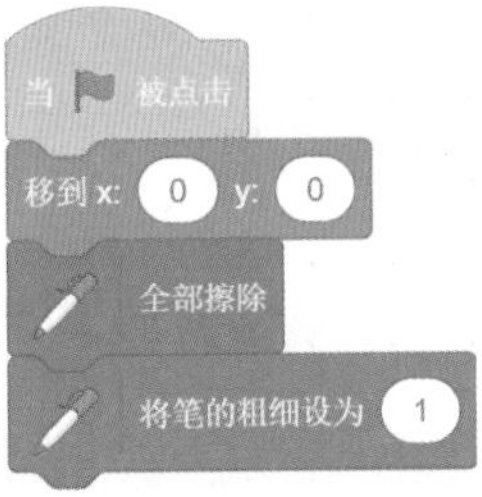

图11.30　Pencil的第1组积木

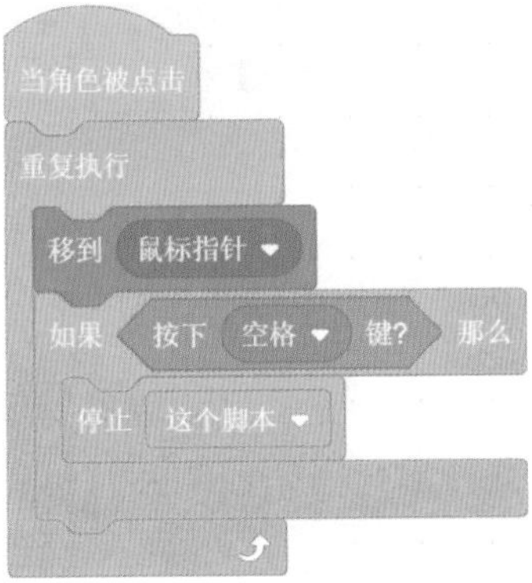

图11.31　Pencil的第2组积木

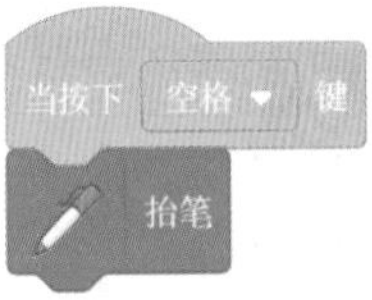

图11.32　Pencil的第3组积木

（8）为铅笔角色 Pencil 添加第 5 组积木，用于接收消息“画笔加粗”后加粗画笔，如图 11.34 所示。添加第 6 组积木，用于接收消息“画笔变细”后变细画笔，如图 11.35 所示。

图11.33　Pencil的第4组积木

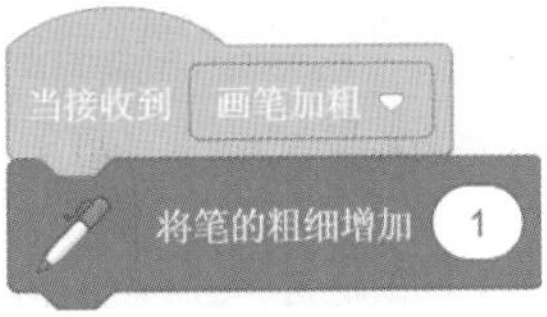

图11.34　Pencil的第5组积木

图11.35　Pencil的第6组积木

（9）为铅笔角色 Pencil 添加第 7 组积木，用于接收消息“红”，并设置画笔为红色，如图 11.36 所示。添加第 8 组积木，用于接收消息“橙”，并设置画笔为橙色，如图 11.37 所示。

（10）为铅笔角色 Pencil 添加第 9 组积木，用于接收消息“黄”，并设置画笔为黄色，如图 11.38 所示。添加第 10 组积木，用于接收消息“绿”，并设置画笔为绿色，如图 11.39 所示。

图11.36　Pencil的第7组积木

图11.37　Pencil的第8组积木

图11.38　Pencil的第9组积木

（11）为铅笔角色 Pencil 添加第 11 组积木，用于接收消息“青”，并设置画笔为青色，如图 11.40 所示。添加第 12 组积木，用于接收消息“蓝”，并设置画笔为蓝色，如图 11.41 所示。

图11.39　Pencil的第10组积木

图11.40　Pencil的第11组积木

图11.41　Pencil的第12组积木

（12）为铅笔角色 Pencil 添加第 13 组积木，用于接收消息“紫”，并设置画笔为紫色，如图 11.42 所示。添加第 14 组积木，用于接收消息“黑”，并设置画笔为黑色，如图 11.43 所示。

（13）为铅笔角色 Pencil 添加第 15 组积木，用于接收消息“白”，并设置画笔为白色，如图 11.44 所示。

图11.42　Pencil的第13组积木

图11.43　Pencil的第14组积木

图11.44　Pencil的第15组积木

（14）为角色 Ball 添加积木，用于广播消息“红”，如图 11.45 所示。为角色 Ball2 添加积木，用于广播消息“橙”，如图 11.46 所示。

（15）为角色 Ball3 添加积木，用于广播消息“黄”，如图 11.47 所示。为角色 Ball4 添加积木，用于广播消息“绿”，如图 11.48 所示。

图11.45　Ball的积木

图11.46　Ball2的积木

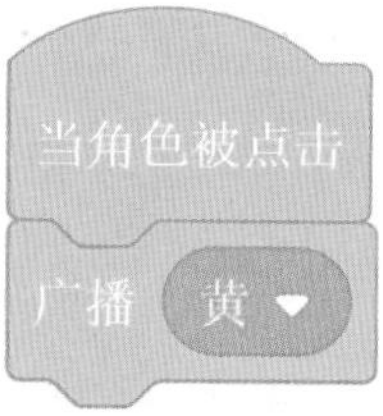

图11.47　Ball3的积木

图11.48　Ball4的积木

（16）为角色 Ball5 添加积木，用于广播消息“青”，如图 11.49 所示。为角色 Ball6 添加积木，用于广播消息“蓝”，如图 11.50 所示。

（17）为角色 Ball7 添加积木，用于广播消息“紫”，如图 11.51 所示。为角色 Ball8 添加积木，用于广播消息“黑”，如图 11.52 所示。

图11.49 Ball5的积木

图11.50 Ball6的积木

图11.51 Ball7的积木

图11.52 Ball8的积木

（18）为角色 Ball9 添加积木，用于广播消息“白”，如图 11.53 所示。为加号角色 2 添加积木，用于广播消息“画笔加粗”，如图 11.54 所示。

（19）为减号角色 3 添加积木，用于广播消息“画笔变细”，如图 11.55 所示。

图11.53 Ball9的积木

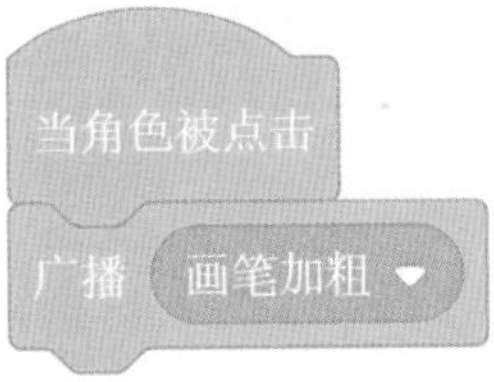

图11.54 加号角色2的积木

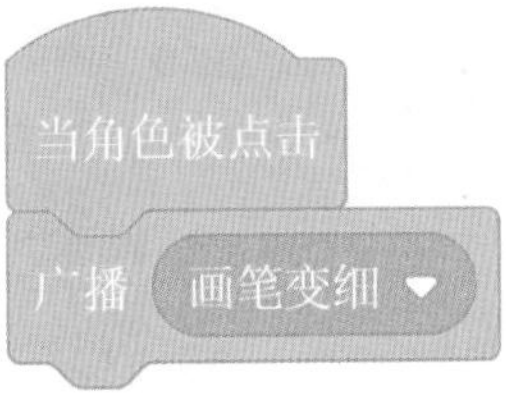

图11.55 减号角色3的积木

（20）运行程序。点击铅笔，铅笔跟随鼠标移动。按下 d 键，可以开始填色。按下空格键可以实现抬笔。抬笔后可以选择对应颜色，画笔颜色会改变。点击加号，画笔会变粗。选择橙色，画笔加粗 5 次，对鱼头进行填色，如图 11.56 所示。

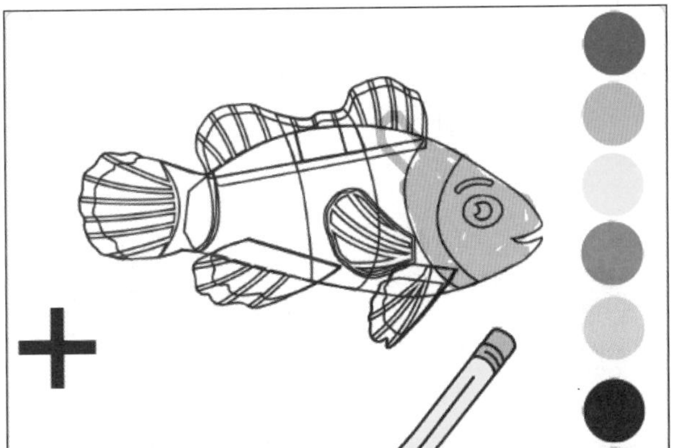
图11.56 用橙色填充鱼头

扫一扫，看视频

实例89　图章工具：了解动物的习性

每种动物都会拥有自己非常特殊的习性。例如，猫爱吃鱼，不会游泳；狗熊爱吃蜂蜜，还要冬眠。在本实例中，将利用图章工具判断动物习性的正确性。在该例子中会使用到以下内容。

“图章”积木：该积木可以将角色设置为图章工具，实现盖章的效果。

下面实现了解动物的习性。

（1）添加第 1 个背景 Light，将小猫与小鱼的造型复制到该背景，如图 11.57 所示。添加第 2 个背景 Light2，将狗熊的造型复制到该背景中，如图 11.58 所示。添加第 3 个背景 Light3，将企鹅的造型复制到该背景中，如图 11.59 所示。

图11.57　背景Light

图11.58　背景Light2

（2）将两个箭头角色 Arrow1 与 Arrow2、对号角色 Button4、错号角色 Button5 添加到背景 Light 中，并调整位置与方向，如图 11.60 所示。

图11.59　背景Light3

图11.60　背景与角色

（3）为右箭头角色 Arrow1 添加积木，实现点击该角色切换为下一个背景，如图 11.61 所示。为左箭头角色 Arrow2 添加积木，实现点击该角色切换为上一个背景，如图 11.62 所示。

（4）为对号角色 Button4 添加第 1 组积木，用于初始化位置、背景，并擦除全部绘制的内容，如图 11.63 所示。添加第 2 组积木，实现角色被点击后进行图章功能，并移动该角色到指定位置，如图 11.64 所示。

图11.61 Arrow1的积木

图11.62 Arrow2的积木

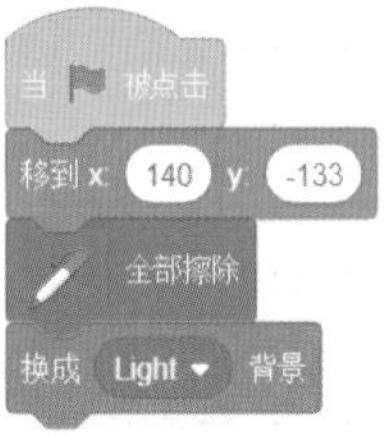

图11.63 Button4的第1组积木

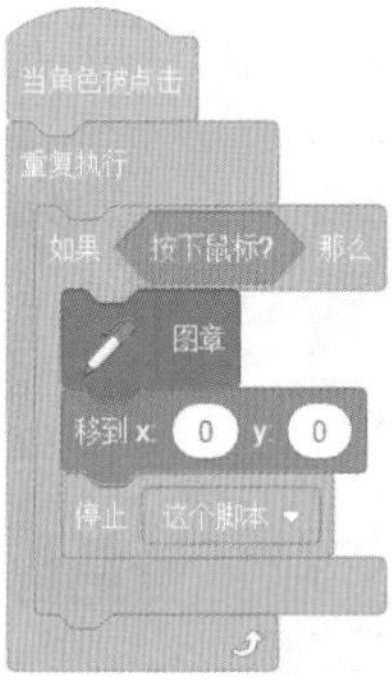

图11.64 Button4的第2组积木

（5）为对号角色 Button4 添加第 3 组积木，如图 11.65 所示。该组积木用于背景切换为 Light 后播放声音，并判断对号角色的 x 坐标值是否为 0。添加第 4 组积木，如图 11.66 所示。该组积木用于背景切换为 Light2 后播放声音，并判断对号角色的 x 坐标值是否为 0。

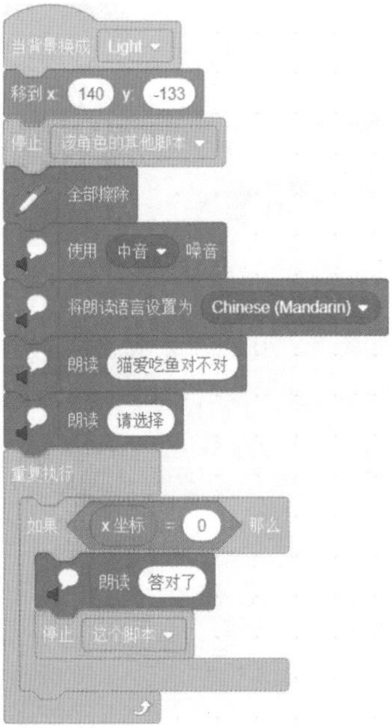

图11.65 Button4的第3组积木

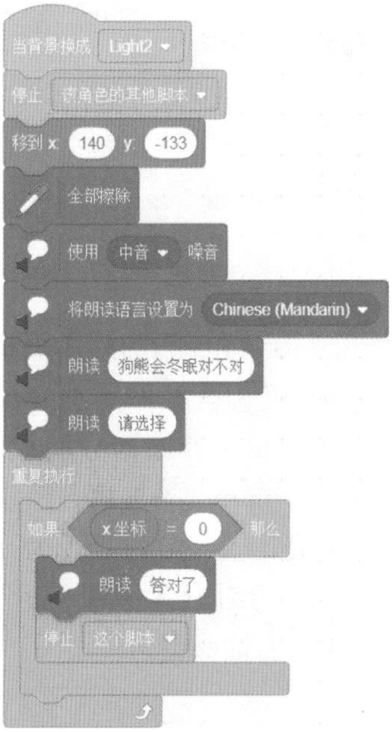

图11.66 Button4的第4组积木

（6）为对号角色 Button4 添加第 5 组积木，如图 11.67 所示。该组积木用于背景切换为 Light3 后播放声音，并判断对号角色的 x 坐标值是否为 0。

（7）为错号角色 Button5 添加第 1 组积木，用于初始化位置、背景，并擦除全部绘制的内容，如图 11.68 所示。添加第 2 组积木，实现角色被点击后进行图章功能，并移动该角色到指定位置，如图 11.69 所示。

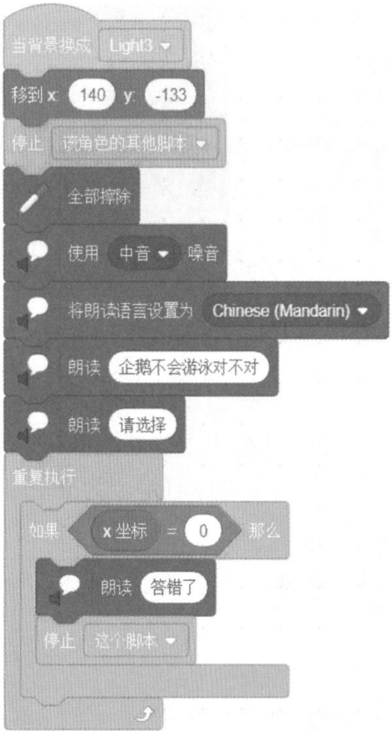

图11.67 Button4的第5组积木

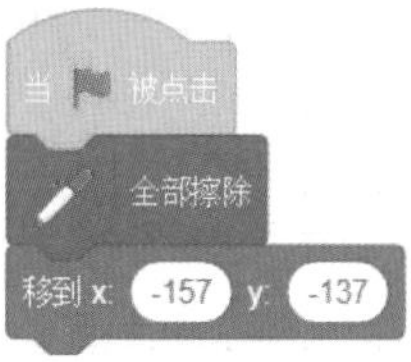

图11.68 Button5的第1组积木

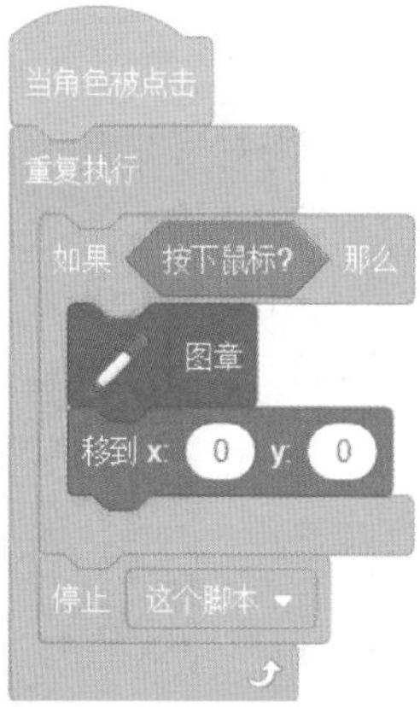

图11.69 Button5的第2组积木

（8）为错号角色 Button5 添加第 3 组积木，如图 11.70 所示。该组积木用于背景切换为 Light 后判断错号角色的 x 坐标值是否为 0。添加第 4 组积木，如图 11.71 所示。该组积木用于当背景切换为 Light2 后判断错号角色的 x 坐标值是否为 0。

（9）为错号角色 Button5 添加第 5 组积木，如图 11.72 所示。该组积木用于背景切换为 Light3 后判断错号角色的 x 坐标值是否为 0。

（10）运行程序，会让玩家判断猫是否爱吃鱼，点击对号，会告诉玩家答对了，如图 11.73 所示。点击向右箭头会进入下一个背景，判断狗熊是否会冬眠，如图 11.74 所示。

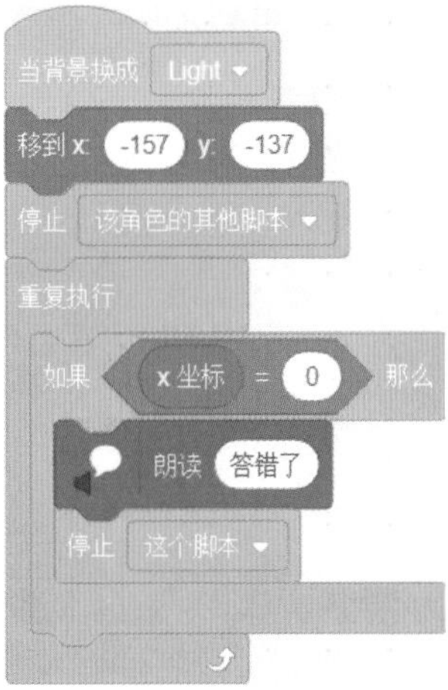

图11.70 Button5的第3组积木

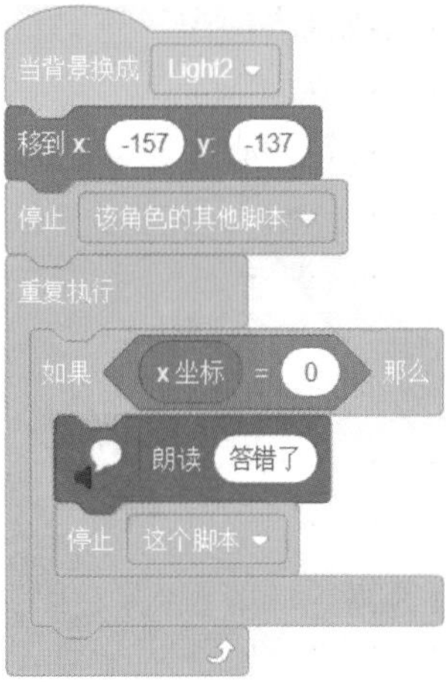

图11.71 Button5的第4组积木

图11.72 Button5的第5组积木

图11.73 玩家判断

图11.74 切换到下一背景

实例90 擦除功能：小小画家

扫一扫，看视频

对于小朋友来说，绘画是最好的展现自我的方式。通过五颜六色的彩笔和一块小小的画板，小朋友可以展示自己的想象力与创造力，用颜色与图案展示心中所想。本实例将实现一个简易画板。在该例子中会使用到以下内容。

- “将笔的颜色设为”积木：该积木可以将画笔设置为指定颜色。本实例使用该积木实现切换画笔颜色与橡皮擦功能。
- “全部擦除”积木：该积木可以将画笔绘制的所有痕迹清除。

下面实现小小画家。

（1）选择铅笔角色 Pencil，在其造型界面中，选择造型 pencil-a，设置旋转中心在其笔尖位置，如图 11.75 所示。复制一个新造型 pencil-a，修改名称为 pencil-a2，设置其造型旋转，形成橡皮擦在下的造型，并指定旋转中心在橡皮擦的位置，如图 11.76 所示。

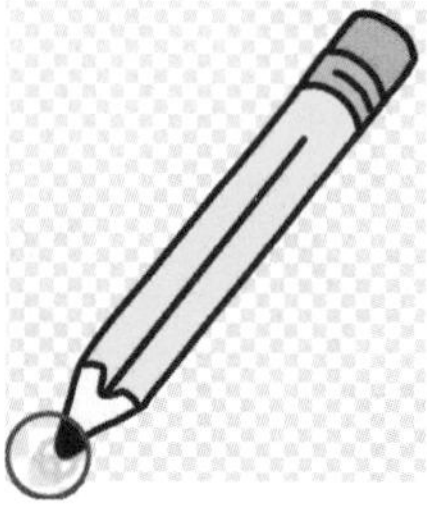

图11.75　造型pencil-a

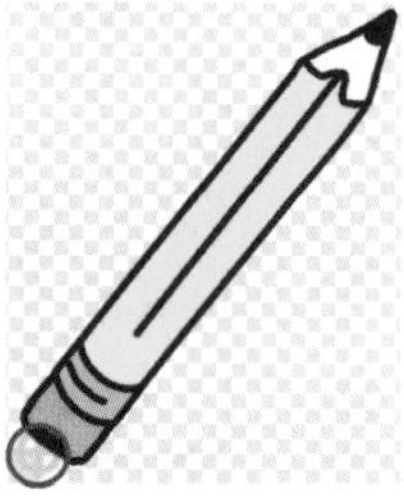

图11.76　造型pencil-a2

（2）复制铅笔角色的造型 pencil-a，创建 4 个新角色。第一个命名为“红色画笔”，并修改造型，如图 11.77 所示；第二个命名为“蓝色画笔”，并修改造型，如图 11.78 所示；第三个命名为“绿色画笔”，并修改造型，如图 11.79 所示；第四个命名为“黄色画笔”，并修改造型，如图 11.80 所示。

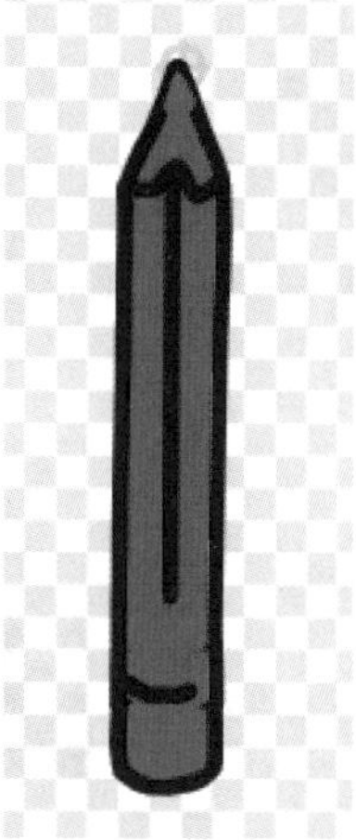

图11.77　红色画笔角色

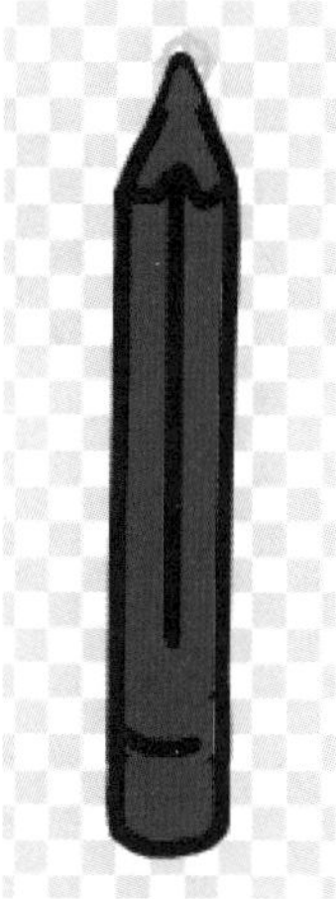

图11.78　蓝色画笔角色

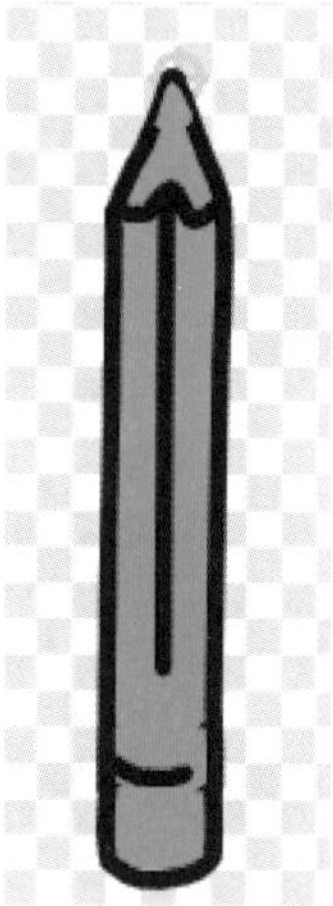

图11.79　绿色画笔角色

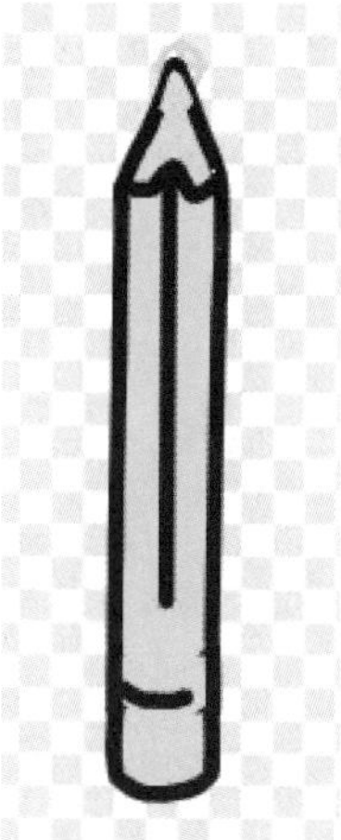

图11.80　黄色画笔角色

（3）选择按钮角色 Button2，在其造型界面中，使用文本工具T修改造型为“全部擦除”按钮，如图 11.81 所示。

（4）选择按钮角色 Button3，在其造型界面中，使用文本工具T修改造型为“橡皮擦”按钮，如图 11.82 所示。

（5）将铅笔角色 Pencil、4 个画笔角色与两个按钮角色添加到背景 1 中，并调整位置与大小，如图 11.83 所示。

图11.81　“全部擦除”按钮

图11.82　“橡皮擦”按钮

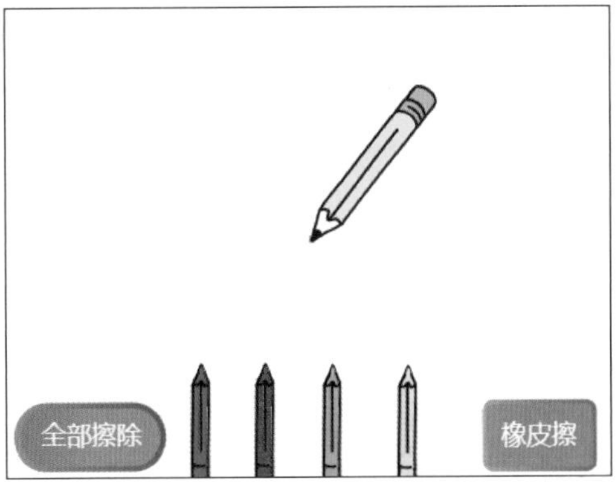

图11.83　角色与背景

（6）为铅笔角色 Pencil 添加第 1 组积木，如图 11.84 所示。该组积木初始化画板、画笔的造型、画笔的颜色、画笔的粗细和位置。添加第 2 组积木，实现点击画笔，画笔落笔并跟随鼠标移动，并在超出绘画范围后抬笔，如图 11.85 所示。添加第 3 组与第 4 组积木，实现按下空格键后，画笔抬笔；按下橡皮擦按钮后，画笔颜色设置为白色，如图 11.86 所示。

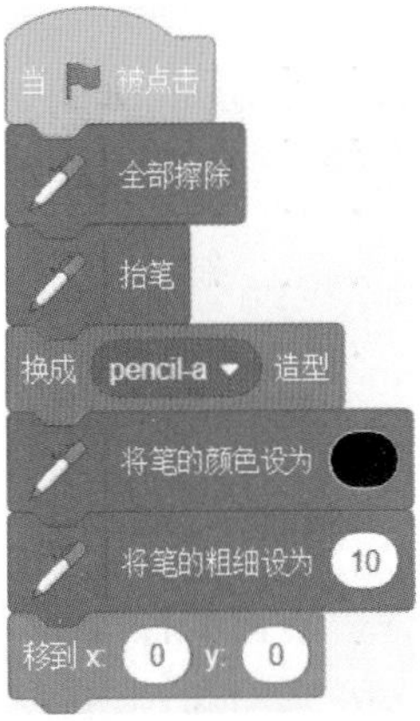

图11.84　Pencil的第1组积木

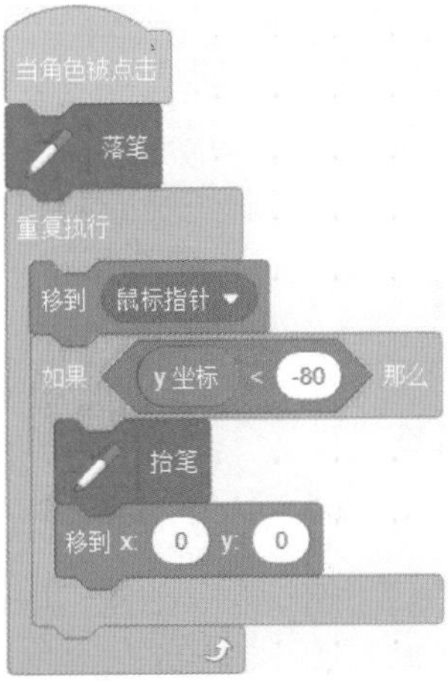

图11.85　Pencil的第2组积木

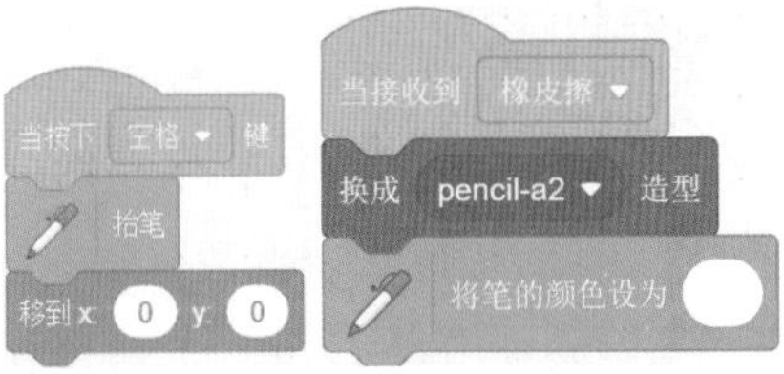

图11.86　Pencil的第3组与第4组积木

（7）为铅笔角色 Pencil 添加第 5 组积木，用于接收消息“红色”，并将画笔颜色改为红色，如图 11.87 所示。添加第 6 组积木，用于接收消息“蓝色”，并将画笔颜色改为蓝色，如图 11.88 所示。

（8）为铅笔角色 Pencil 添加第 7 组积木，用于接收消息“绿色”，并将画笔颜色改为绿色，如图 11.89 所示。添加第 8 组积木，用于接收消息“黄色”，并将画笔颜色改为黄色，如图 11.90 所示。

图11.87　Pencil的第5组积木

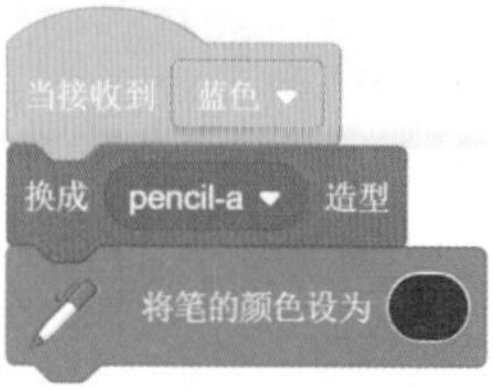

图11.88　Pencil的第6组积木

图11.89　Pencil的第7组积木

（9）为红色画笔角色添加积木，实现被点击后广播“红色”，如图 11.91 所示。为蓝色画笔角色添加积木，实现被点击后广播“蓝色”，如图 11.92 所示。

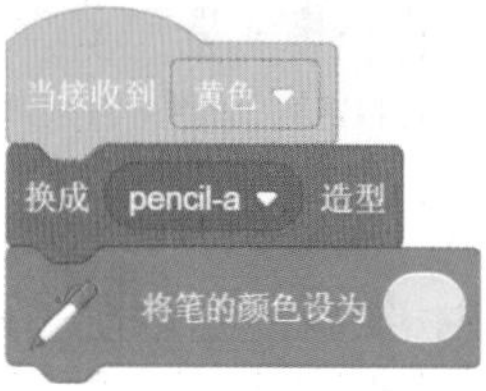

图11.90　Pencil的第8组积木

图11.91　红色画笔的积木

图11.92　蓝色画笔的积木

（10）为绿色画笔角色添加积木，实现被点击后广播“绿色”，如图 11.93 所示。为黄色画笔角色添加积木，实现被点击后广播“黄色”，如图 11.94 所示。

（11）为全部擦除按钮角色 Button2 添加积木，实现被点击后全部擦除的功能，如图 11.95 所示。为橡皮擦角色 Button3 添加积木，实现被点击后广播“橡皮擦”，如图 11.96 所示。

图11.93　绿色画笔的积木

图11.94　黄色画笔的积木

图11.95　Button2的积木

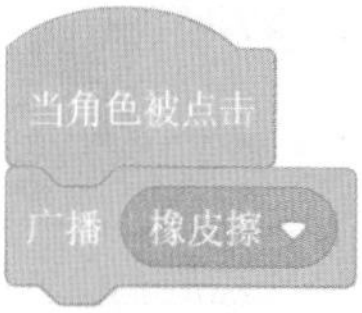

图11.96　Button3的积木

（12）运行程序。点击蓝色画笔，然后开始绘画，如图 11.97 所示。点击“橡皮擦”按钮可以擦除绘画内容，如图 11.98 所示。点击“全部擦除”按钮可以清除所有绘画内容。

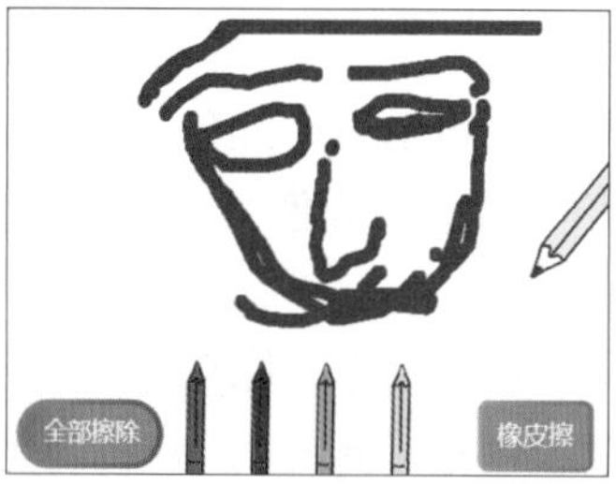

图11.97　使用铅笔绘画

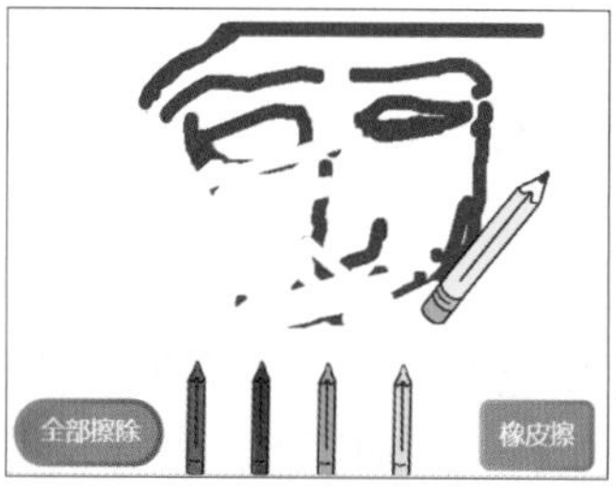

图11.98　使用橡皮擦擦除绘画

实例91　朗读：认识冰箱中的水果

扫一扫，看视频

水果不仅含有丰富的维生素，还能够促进消化。对于正在长身体的小朋友来说，多吃水果很重要。在本实例中，通过点击水果，可以对一些常见的水果用双语进行展示，从而帮助玩家认识水果。在该例子中会使用到以下内容。

“朗读你好”积木：该积木可以朗读指定的文字，默认为你好。

下面实现认识冰箱中的水果。

（1）将苹果角色 Apple、橙子角色 Orange、香蕉角色 Banana、西瓜角色 Watermelon、草莓角色 Strawberry 添加到背景 Refrigerator 中，并调整位置，如图 11.99 所示。

图11.99　角色与背景

（2）为苹果角色 Apple 添加第 1 组积木，用于朗读中英文苹果，如图 11.100 所示。添加第 2 组积木，用于以文字形式展示中英文苹果，如图 11.101 所示。

图11.100　Apple的第1组积木

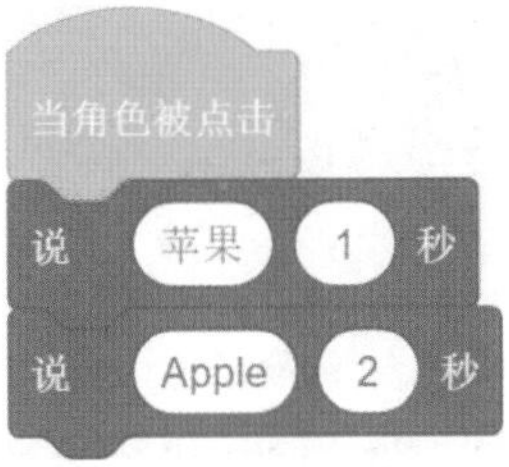

图11.101　Apple的第2组积木

（3）为橙子角色 Orange 添加第 1 组积木，用于朗读中英文橙子，如图 11.102 所示。添加第 2 组积木，用于以文字形式展示中英文橙子，如图 11.103 所示。

图11.102　Orange的第1组积木

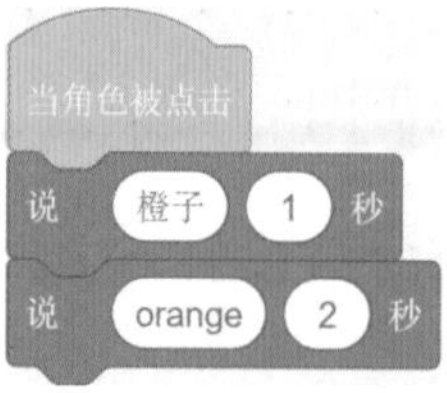

图11.103　Orange的第2组积木

（4）为香蕉角色 Banana 添加第 1 组积木，用于朗读中英文香蕉，如图 11.104 所示。添加第 2 组积木，用于以文字形式展示中英文香蕉，如图 11.105 所示。

图11.104　Banana的第1组积木

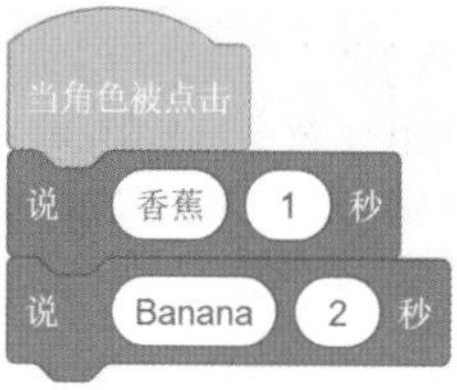

图11.105　Banana的第2组积木

（5）为西瓜角色 Watermelon 添加第 1 组积木，用于朗读中英文西瓜，如图 11.106 所示。添加第 2 组积木，用于以文字形式展示中英文西瓜，如图 11.107 所示。

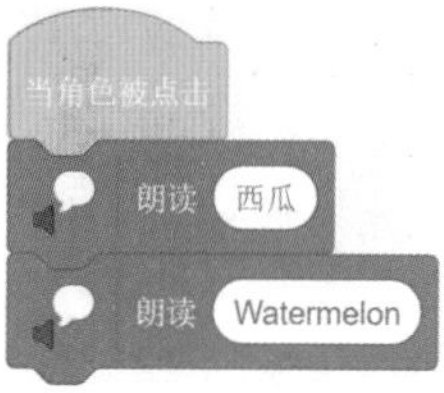

图11.106　Watermelon的第1组积木

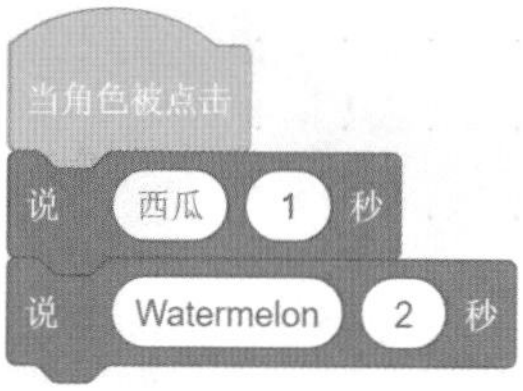

图11.107　Watermelon的第2组积木

（6）为草莓角色 Strawberry 添加第 1 组积木，用于朗读中英文草莓，如图 11.108 所示。添加第 2 组积木，实现以文字形式展示中英文草莓，如图 11.109 所示。

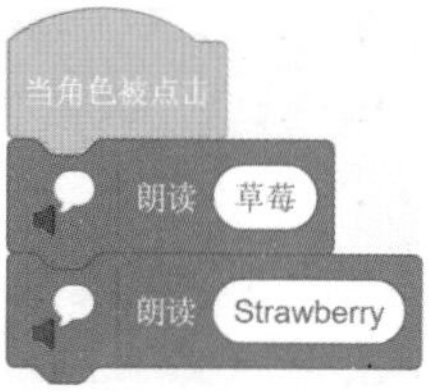

图11.108　Strawberry的第1组积木

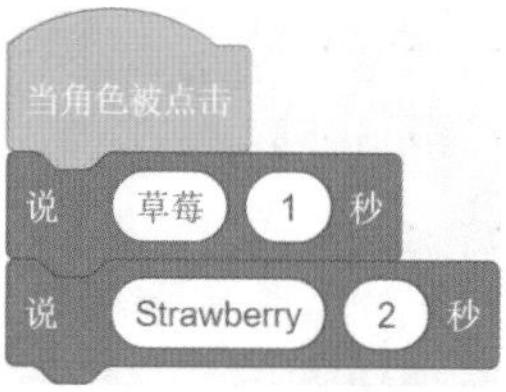

图11.109　Strawberry的第2组积木

（7）运行程序。当点击苹果时，会朗读中文与英文的苹果，并且以文本形式进行展示，如图 11.110 所示。

Apple

图11.110 朗读并显示苹果的英文

实例92 设置朗读声音：古诗鉴赏

扫一扫，看视频

古诗是对我国悠久文化的一种见证，也是对古代文化的一种传承。多读古诗不仅能增加学识，还能提升一个人的气质。本实例将实现一个简单的古诗鉴赏程序。在该例子中会使用到以下内容。

- “将朗读语言设置为 Chinese(Mandarin)”积木：该积木会将朗读语言设置为中文普通话。
- “使用中音嗓音”积木：该积木用于设置朗读的嗓音，默认为中音，备用选项为男高音、尖细、巨人以及小猫。

下面实现古诗鉴赏。

（1）选择背景 Blue Sky 2，在其背景界面中，使用文本工具T绘制开始背景，如图 11.111 所示。

（2）选择背景 Woods，在其背景界面中，使用选择工具以及文本工具T修改背景，如图 11.112 所示。

古诗鉴赏

图11.111 背景Blue Sky 2

静夜思
床前明月光，
疑是地上霜。
举头望明月，
低头思故乡。

图11.112 背景Woods

（3）选择背景 Slopes，在其背景界面中，使用选择工具、矩形工具以及文本工具修改背景，并将钓鱼人角色 Wizard 与孤舟角色 Sailboat 添加到背景中，如图 11.113 所示。

（4）选择按钮角色 Button2，在其造型界面中，使用选择工具与文本工具修改造型为“江雪”按钮，如图 11.114 所示。

（5）选择按钮角色 Button2，命名为 Button3，在其造型界面中，使用选择工具与文本工具修改造型为“静夜思”按钮，如图 11.115 所示。

江雪
千山鸟飞绝，万径人踪灭。
孤舟蓑笠翁，独钓寒江雪。
图11.113　背景Slopes

江雪
图11.114　“江雪”按钮

静夜思
图11.115　“静夜思”按钮

（6）将“江雪”按钮与“静夜思”按钮添加到背景 Blue Sky 2 中，并调整位置，如图 11.116 所示。

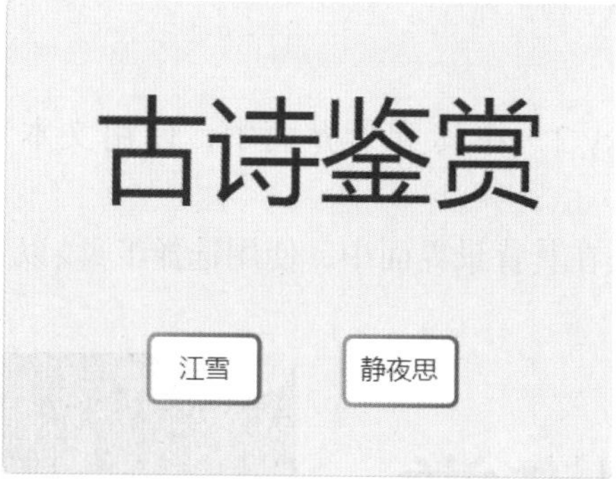
古诗鉴赏
江雪
静夜思
图11.116　角色与背景

（7）为江雪与静夜思角色添加第 1 组积木，初始化为显示状态，如图 11.117 所示。添加第 2 组积木，用于当背景换为 Woods 时，切换为隐藏状态，如图 11.118 所示。添加第 3 组积木，用于当背景换为 Slopes 时，切换为隐藏状态，如图 11.119 所示。

（8）为江雪角色添加第 4 组积木，实现点击角色切换背景为 Slopes，如图 11.120 所示。为静夜思角色添加第 4 组积木，实现点击角色切换背景为 Woods，如图 11.121 所示。

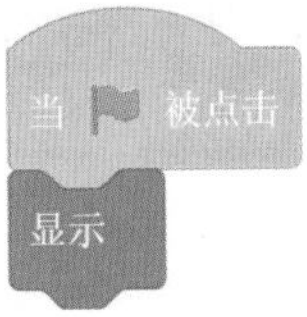

图11.117 江雪与静夜思的第1组积木

图11.118 江雪与静夜思的第2组积木

图11.119 江雪与静夜思的第3组积木

图11.120 江雪的第4组积木

（9）为背景添加第 1 组积木，实现初始化背景并播放背景音乐，如图 11.122 所示。

图11.121 静夜思的第4组积木

图11.122 背景的第1组积木

（10）为背景添加第 2 组积木，当背景切换为 Slopes 时，播放背景音乐，设置朗读音调与语言，然后开始朗读古诗《江雪》，如图 11.123 所示。添加第 3 组积木，当背景切换为 Woods 后，播放背景音乐，设置朗读音调与语言，然后，开始朗读古诗《静夜思》，如图 11.124 所示。

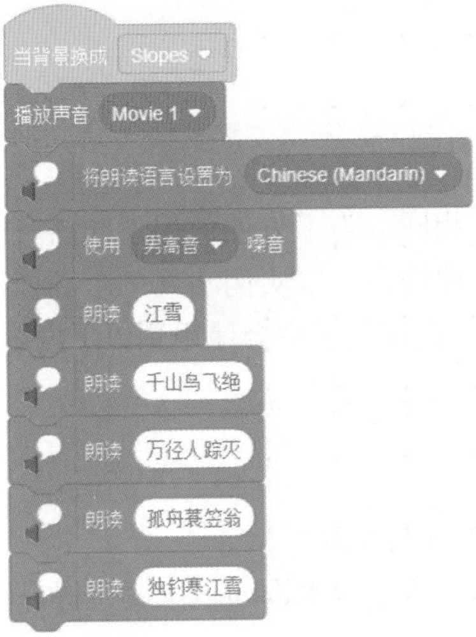

图11.123 背景的第2组积木

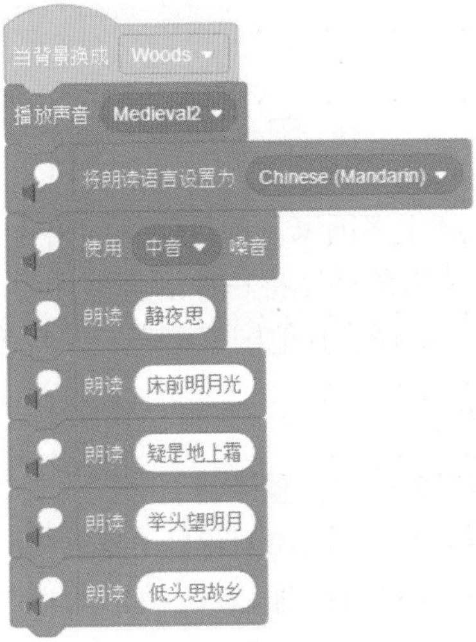

图11.124 背景的第3组积木

（11）运行程序，进入开始背景界面，如图 11.125 所示。点击“江雪”按钮，进入古诗《江雪》欣赏界面，如图 11.126 所示。点击“静夜思”按钮，进入古诗《静夜思》欣赏界面，如图 11.127 所示。

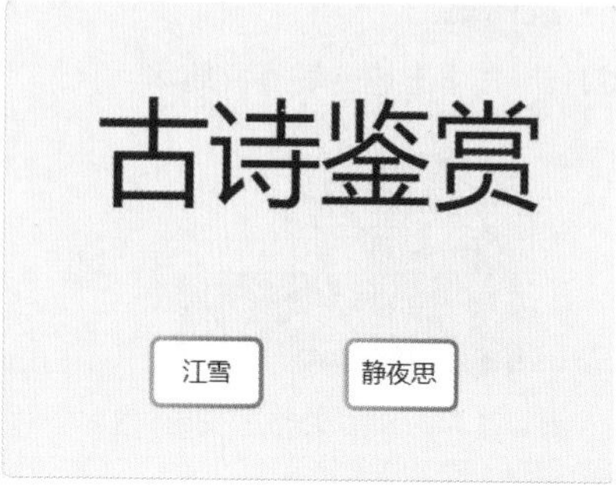
古诗鉴赏
江雪
静夜思

图11.125　开始

江雪
千山鸟飞绝，万径人踪灭。
孤舟蓑笠翁，独钓寒江雪。

图11.126　江雪

静夜思
床前明月光，
疑是地上霜。
举头望明月，
低头思故乡。

图11.127　静夜思

扫一扫，看视频

实例93　翻译：多国语言翻译器

世界上有很多国家，并且使用的语言也各不相同。为了方便使用不同语言的人进行交流，就需要使用翻译器将一种语言翻译为另外一种语言。本实例实现一个翻译器功能，可以将指定语言翻译为其他国家语言，并且读出来。在该例子中会使用到以下内容。

“将你好译为波兰语”积木：该积木可以将指定文字翻译为指定语言。

下面实现多国语言翻译器。

（1）将角色 Cat 添加到背景 Beach Rio 中，如图 11.128 所示。

（2）为角色 Cat 添加积木，如图 11.129 所示。该组积木询问玩家要翻译的文字，然后将该文字翻译为多国语言并朗读。

图11.128 角色与场景

图11.129 Cat的积木

（3）运行程序，小猫询问玩家要翻译的文字，如图 11.130 所示。提交文字后，会翻译并朗读翻译后的文字。

图11.130 小猫询问要说的话

扫一扫，看视频

实例94　设置乐器：乐器大集合

不同的乐器有其独特的音色，能表达不同的情感。萨克斯管演奏的歌曲有股淡淡的忧伤，而电子琴演奏的歌曲给人欢快的感觉。本实例中通过设置“将乐器设为（1）钢琴”积木，使用多种乐器演奏《小星星》。在该例子中会使用到以下内容。

“将乐器设为（1）钢琴”积木：该积木可以设置演奏音乐的乐器，默认为钢琴，备用选项有电子琴、风琴、吉他等。

下面实现乐器大集合。

（1）将萨克斯管角色 Saxophone、电钢琴角色 Keyboard、电吉他角色 Guitar-electric1、吉他角色 Guitar 以及录音机角色 Radio 添加到背景 Space，并调整位置，如图 11.131 所示。

（2）为角色 Radio 添加第 1 组积木，用于接收消息“欣赏音乐”，并切换造型，如图 11.132 所示。添加第 2 组积木，用于接收消息“电钢琴”，设置乐器为电钢琴，并广播消息“欣赏音乐”，如图 11.133 所示。

图11.131　角色与背景

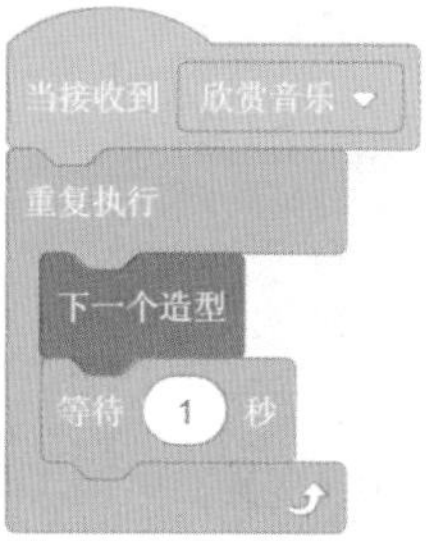

图11.132　Radio的第1组积木

（3）为角色 Radio 添加第 3 组积木，用于接收消息“吉他”，设置乐器为吉他，并广播“欣赏音乐”，如图 11.134 所示。添加第 4 组积木，用于接收消息“萨克斯管”，设置乐器为萨克斯管，并广播“欣赏音乐”，如图 11.135 所示。

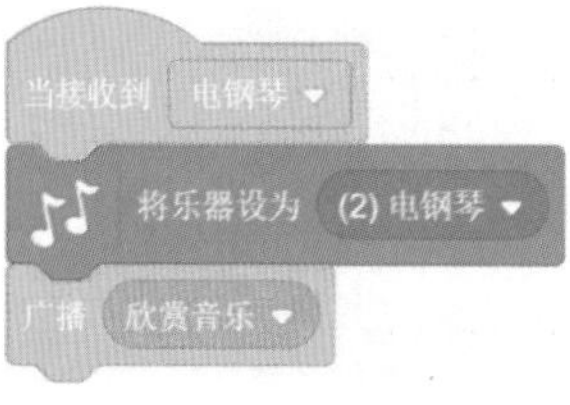

图11.133　Radio的第2组积木

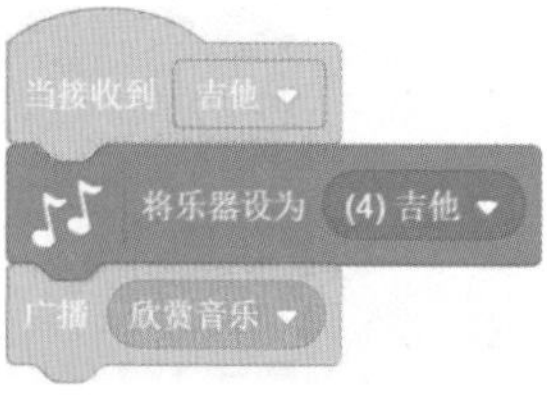

图11.134　Radio的第3组积木

（4）为角色 Radio 添加第 5 组积木，用于接收消息“电吉他”，设置乐器为电吉他，并广播“欣赏音乐”，如图 11.136 所示。添加第 6 组积木，用于接收消息“欣赏音乐”，并播放《小星星》，如图 11.137 所示。

图11.135 Radio的第4组积木

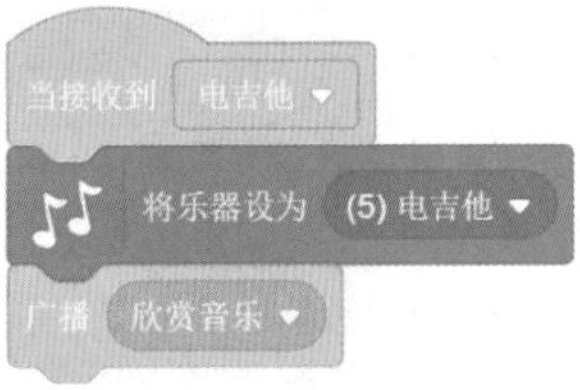

图11.136 Radio的第5组积木

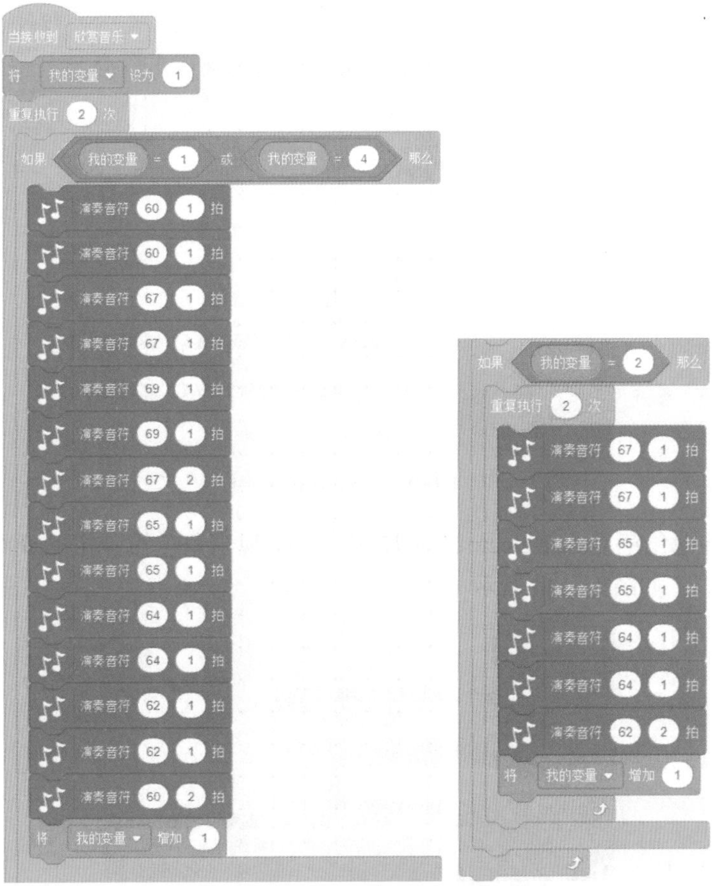

（a）　　　　（b）

图11.137 Radio的第6组积木

（5）为萨克斯管角色 Saxophone 添加积木，实现当角色被点击后介绍萨克斯管，并广

播消息“萨克斯管”，如图 11.138 所示。

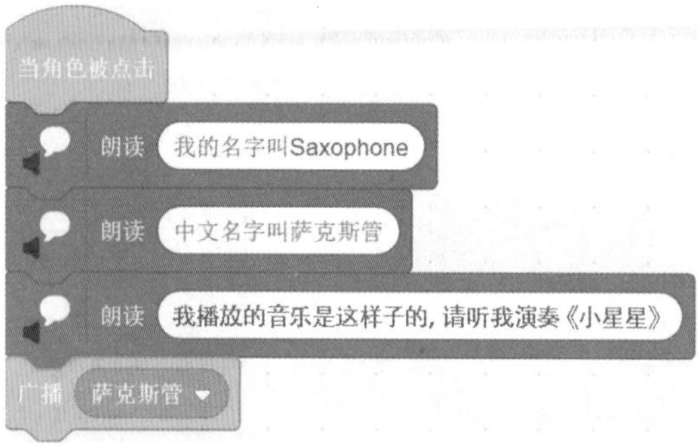
当角色被点击
朗读 我的名字叫Saxophone
朗读 中文名字叫萨克斯管
朗读 我播放的音乐是这样子的，请听我演奏《小星星》
广播 萨克斯管

图11.138 Saxophone的积木

（6）为电钢琴角色 Keyboard 添加积木，实现当角色被点击后介绍电钢琴，并广播消息“电钢琴”，如图 11.139 所示。

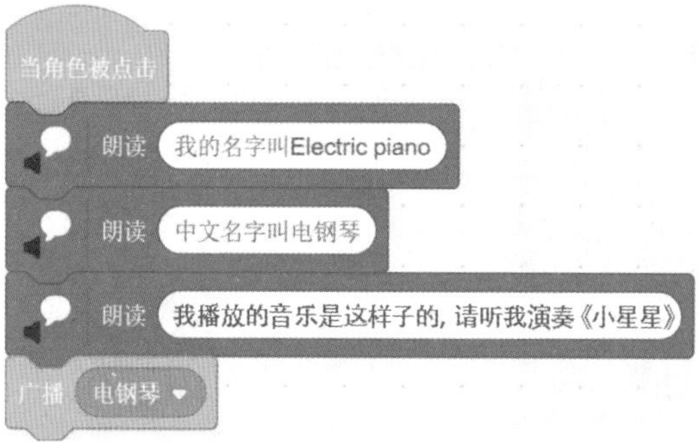
当角色被点击
朗读 我的名字叫Electric piano
朗读 中文名字叫电钢琴
朗读 我播放的音乐是这样子的，请听我演奏《小星星》
广播 电钢琴

图11.139 Keyboard的积木

（7）为电吉他角色 Guitar-electric1 添加积木，实现当角色被点击后介绍电吉他，并广播消息“电吉他”，如图 11.140 所示。

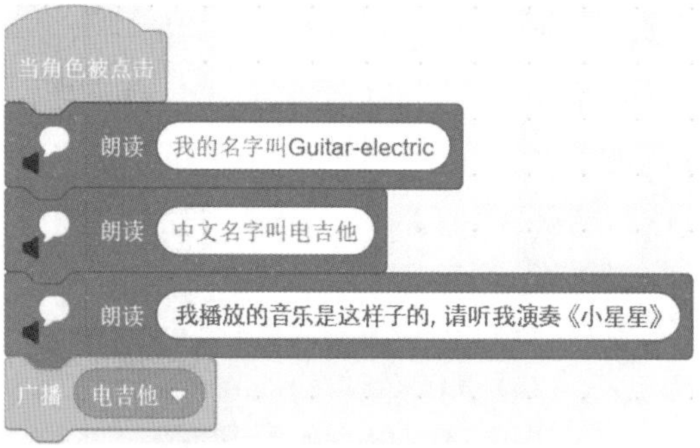
当角色被点击
朗读 我的名字叫Guitar-electric
朗读 中文名字叫电吉他
朗读 我播放的音乐是这样子的，请听我演奏《小星星》
广播 电吉他

图11.140 Guitar-electric1的积木

（8）为吉他角色 Guitar 添加积木，实现当角色被点击后介绍吉他，并广播消息“吉他”，如图 11.141 所示。

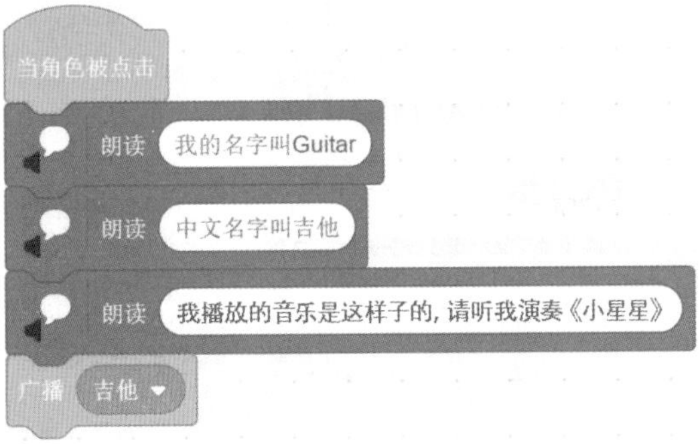
当角色被点击
朗读 我的名字叫Guitar
朗读 中文名字叫吉他
朗读 我播放的音乐是这样子的，请听我演奏《小星星》
广播 吉他

图11.141 Guitar的积木

（9）运行游戏，点击乐器，则该乐器开始播放《小星星》。

实例95 钢琴演奏：演奏生日快乐歌

扫一扫，看视频

每当过生日时，小伙伴都会一起唱《祝你生日快乐》。本实例将实现播放该歌曲，并学习弹奏该歌曲。在该例子中会使用到以下内容。

- “演奏音符 60 0.25 拍”积木：该积木可以按照指定节拍演奏特定音符，默认为 C（60）演奏 0.25 拍。
- “将乐器设为（1）钢琴”积木：该积木可以设置吹奏类与弹拨类乐器，默认为钢琴，备用选项有电钢琴、风琴、吉他等。

下面实现演奏生日快乐歌。

（1）选择按钮角色 Button2，在其造型界面中，使用文本工具T修改造型为“欣赏模式”按钮，如图 11.142 所示。使用相同的方式，新增“学习模式”按钮，如图 11.143 所示。

欣赏模式

图11.142 “欣赏模式”按钮

学习模式

图11.143 “学习模式”按钮

（2）将数字角色 1 ～ 7、蛋糕角色 Cake、两个按钮 Button2 与 Button3，以及两个横线角色 Line 与 Line2 添加到背景 Party 中，并调整位置，如图 11.144 所示。

（3）为蛋糕角色 Cake 添加第 1 组积木，初始化演奏乐器为钢琴，如图 11.145 所示。

图11.144　角色与背景

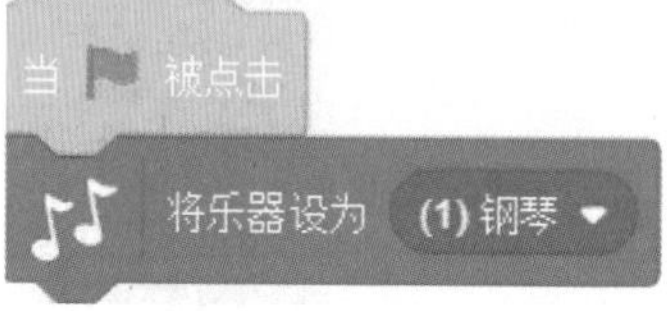

图11.145　Cake的第1组积木

（4）为蛋糕角色 Cake 添加第 2 组积木，用于接收消息“学习模式”，实现按照时间广播“消息 1”～“消息 7”，如图 11.146 所示。

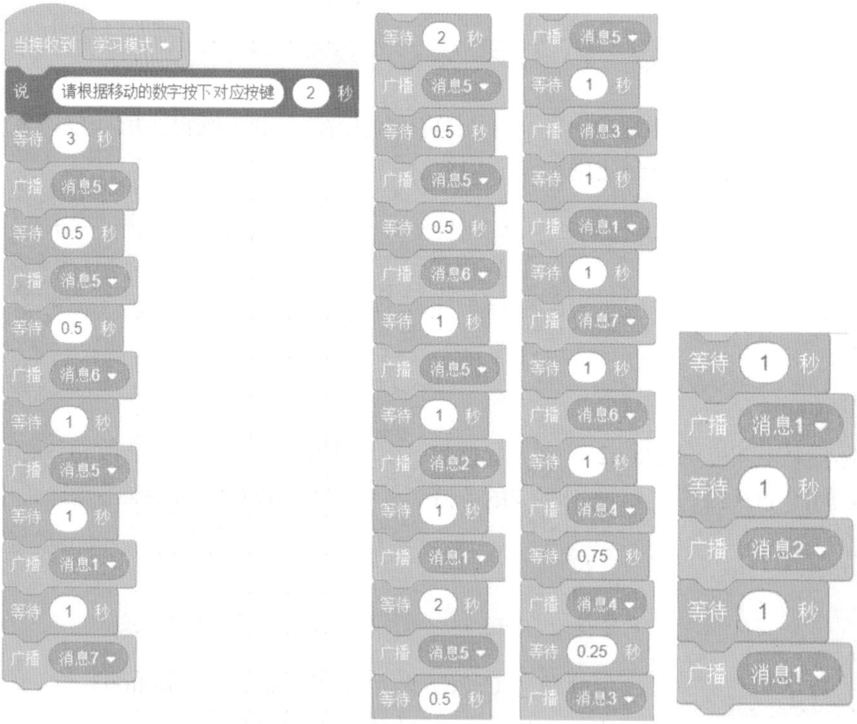

（a）　（b）　（c）　（d）

图11.146　Cake的第2组积木

（5）为蛋糕角色 Cake 添加第 3 组积木，用于接收消息“欣赏音乐”，并按照指定节奏演奏生日快乐歌，如图 11.147 所示。

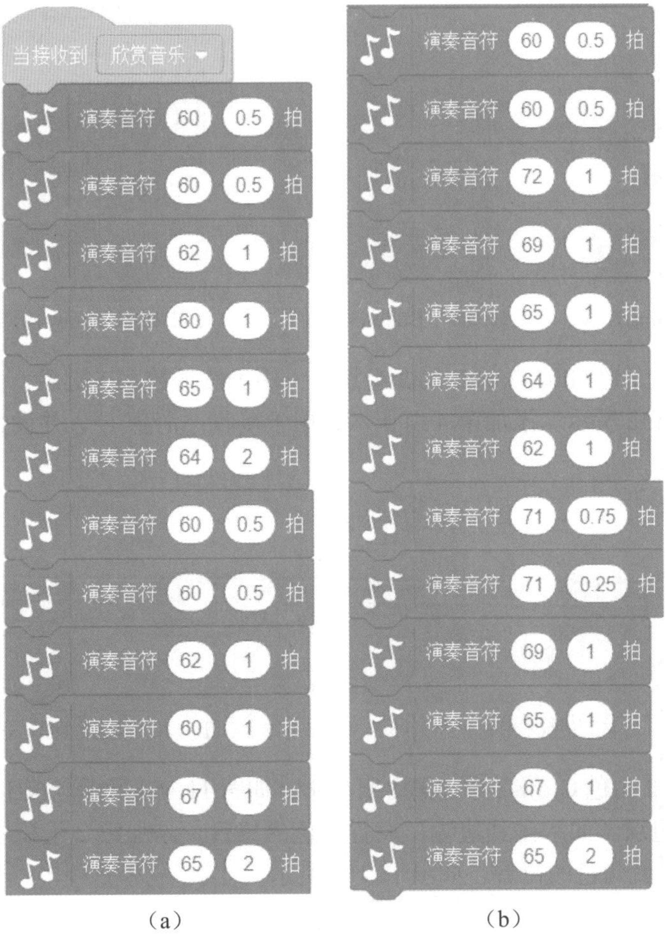

图11.147　Cake的第3组积木

（6）为“欣赏模式”按钮角色 Button2 添加积木，实现当被点击后广播消息“欣赏音乐”，如图 11.148 所示。

（7）为“学习模式”按钮角色 Button3 添加积木，实现当被点击后广播消息“学习模式”，如图 11.149 所示。

（8）为数字 1 角色 Glow-1 添加第 1 组积木，如图 11.150 所示。该组积木用于初始化位置，并判断是否碰到边缘。如果碰到边缘，设置角色的位置。添加第 2 组积木，用于接收消息“欣赏音乐”，并设置角色的位置，如图 11.151 所示。

图11.148　Button2的积木

图11.149　Button3的积木

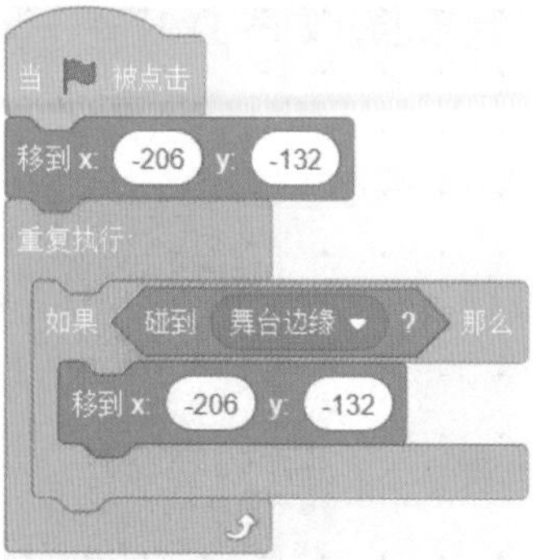

图11.150　Glow-1的第1组积木

（9）为数字 1 角色 Glow-1 添加第 3 组积木，用于按下数字 1 键后，弹奏对应音符并移动位置，如图 11.152 所示。添加第 4 组积木，用于接收“消息 1”，并设置角色的位置，如图 11.153 所示。

图11.151　Glow-1的第2组积木

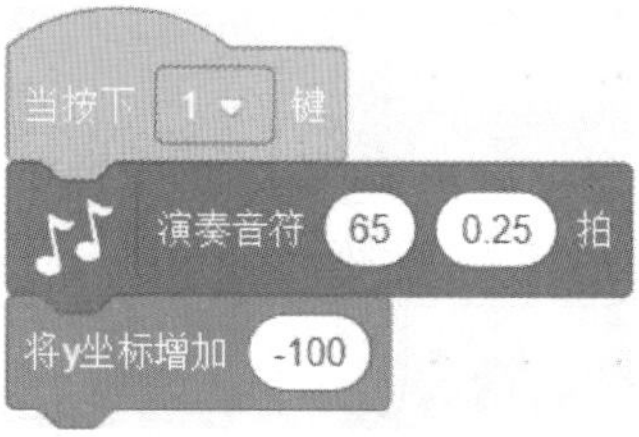

图11.152　Glow-1的第3组积木

图11.153　Glow-1的第4组积木

（10）为数字 2 角色 Glow-2 添加第 1 组积木，如图 11.154 所示。该组积木初始化位置，并判断是否碰到边缘。如果碰到边缘，设置角色的位置。添加第 2 组积木，用于接收消息“欣赏音乐”，并设置角色的位置，如图 11.155 所示。

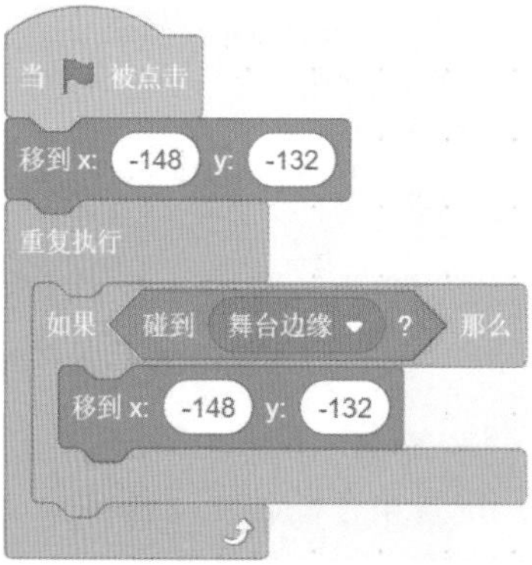

图11.154　Glow-2的第1组积木

图11.155　Glow-2的第2组积木

（11）为数字 2 角色 Glow-2 添加第 3 组积木，用于按下数字 2 键后，弹奏对应音符，并移动位置，如图 11.156 所示。添加第 4 组积木，用于接收“消息 2”，并设置角色的位置，如图 11.157 所示。

（12）为数字 3 角色 Glow-3 添加第 1 组积木，如图 11.158 所示。该组积木初始化位置，并判断是否碰到边缘。如果碰到边缘，设置角色的位置。添加第 2 组积木，用于接收消息“欣赏音乐”，并设置角色的位置，如图 11.159 所示。

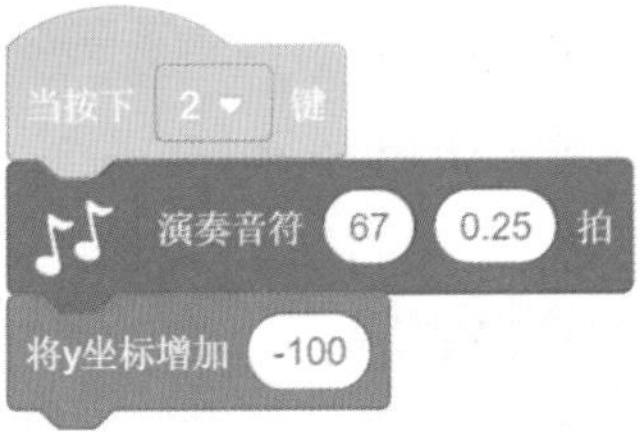

图11.156 Glow-2的第3组积木

图11.157 Glow-2的第4组积木

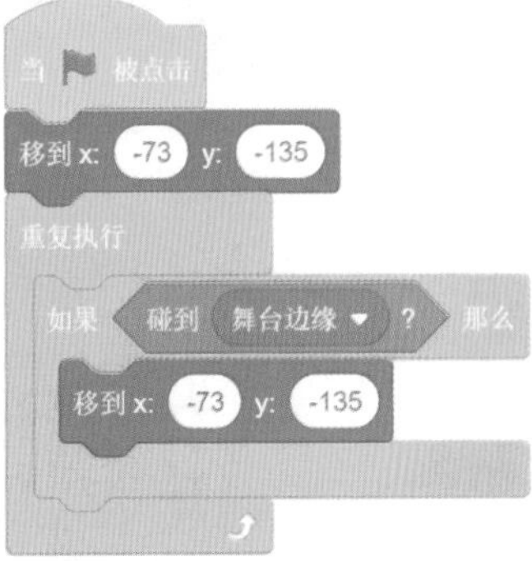

图11.158 Glow-3的第1组积木

（13）为数字 3 角色 Glow-3 添加第 3 组积木，用于按下数字 3 键后，弹奏对应音符，并移动位置，如图 11.160 所示。添加第 4 组积木，用于接收“消息 3”，并设置角色的位置，如图 11.161 所示。

图11.159 Glow-3的第2组积木

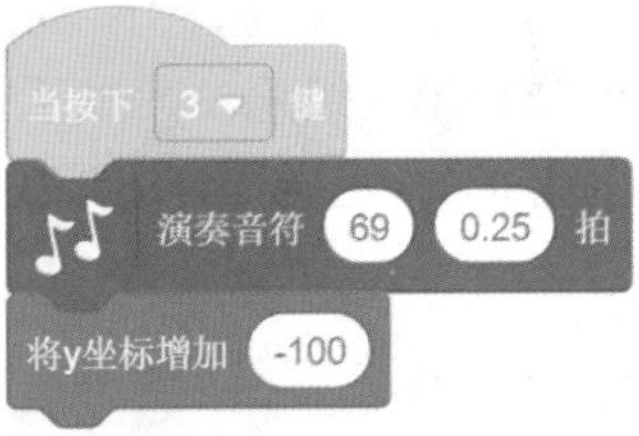

图11.160 Glow-3的第3组积木

图11.161 Glow-3的第4组积木

（14）为数字 4 角色 Glow-4 添加第 1 组积木，如图 11.162 所示。该组积木用于初始化位置，并判断是否碰到边缘。如果碰到边缘，设置角色的位置。添加第 2 组积木，用于接收消息“欣赏音乐”，并设置角色的位置，如图 11.163 所示。

（15）为数字 4 角色 Glow-4 添加第 3 组积木，用于按下数字 4 键后，弹奏对应音符，并移动位置，如图 11.164 所示。添加第 4 组积木，用于接收“消息 4”后，设置角色的位置，如图 11.165 所示。

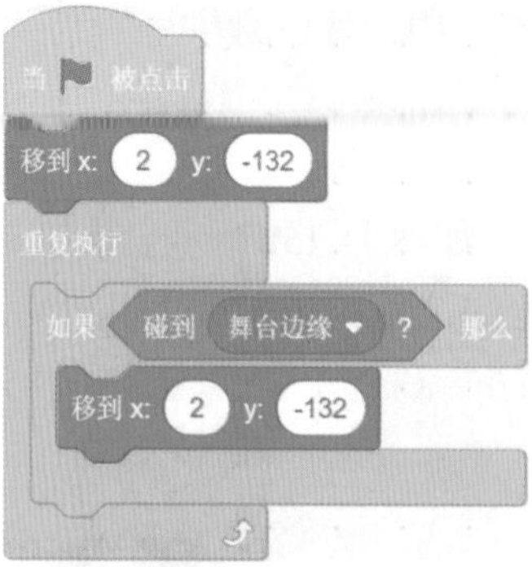

图11.162 Glow-4的第1组积木

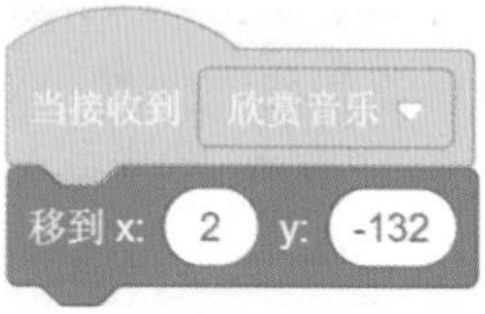

图11.163 Glow-4的第2组积木

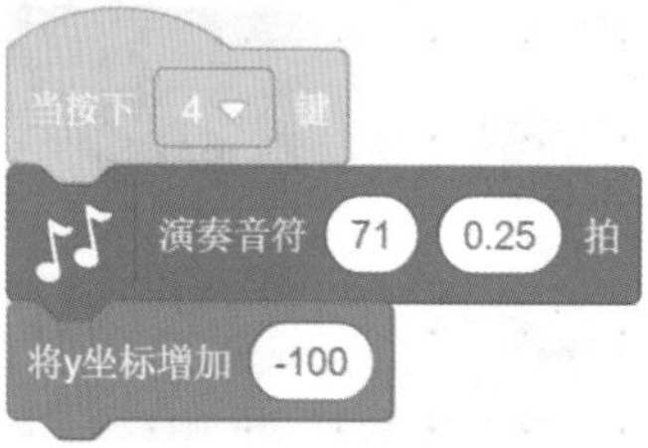

图11.164 Glow-4的第3组积木

图11.165 Glow-4的第4组积木

（16）为数字 5 角色 Glow-5 添加第 1 组积木，如图 11.166 所示。该组积木用于初始化位置，并判断是否碰到边缘。如果碰到边缘，设置角色的位置。添加第 2 组积木，用于接收消息“欣赏音乐”，并设置角色的位置，如图 11.167 所示。

（17）为数字 5 角色 Glow-5 添加第 3 组积木，用于按下数字 5 键后，弹奏对应音符，并移动位置，如图 11.168 所示。添加第 4 组积木，用于接收“消息 5”，并设置角色的位置，如图 11.169 所示。

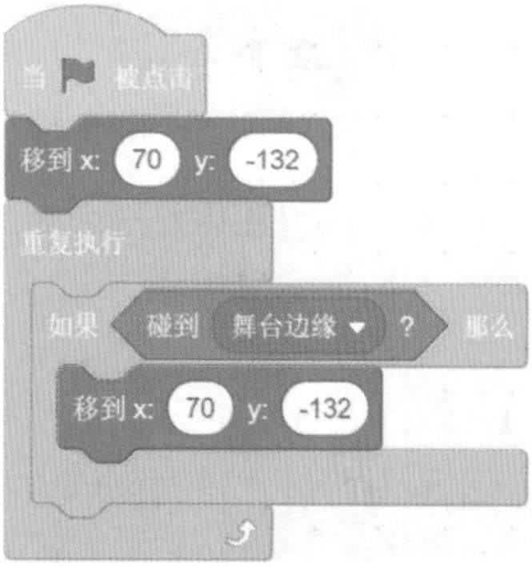

图11.166 Glow-5的第1组积木

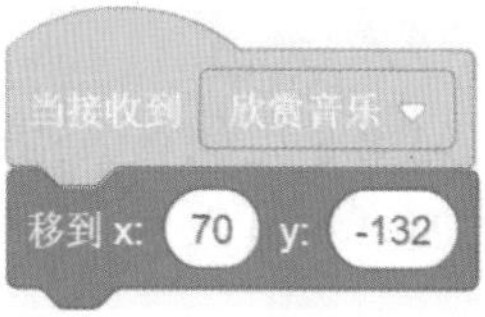

图11.167 Glow-5的第2组积木

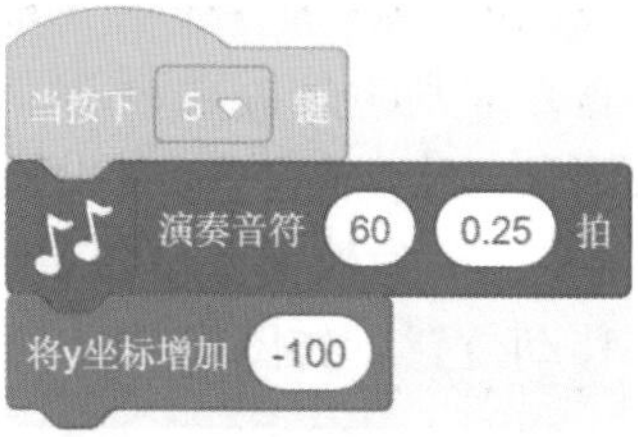

图11.168 Glow-5的第3组积木

（18）为数字 6 角色 Glow-6 添加第 1 组积木，如图 11.170 所示。该组积木初始化位置，并判断是否碰到边缘。如果碰到边缘，设置角色的位置。添加第 2 组积木，用于接收消息“欣赏音乐”，并设置角色的位置，如图 11.171 所示。

图11.169 Glow-5的第4组积木

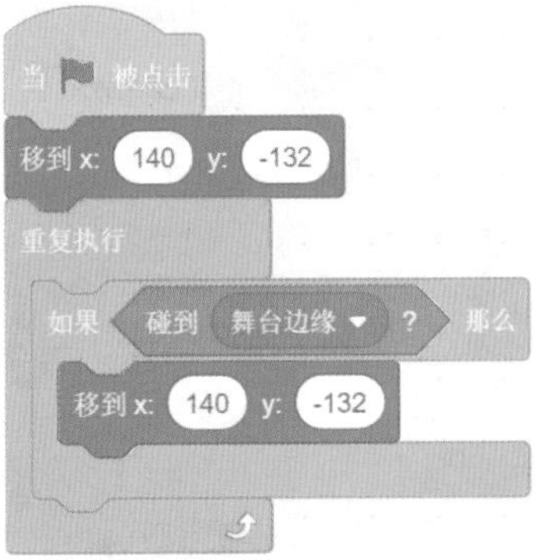

图11.170 Glow-6的第1组积木

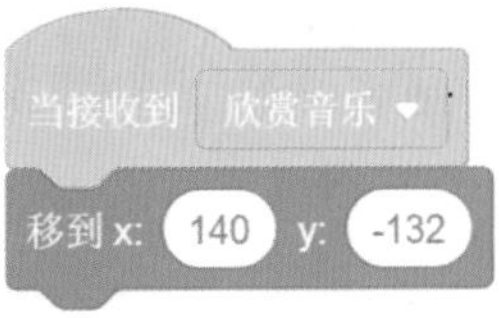

图11.171 Glow-6的第2组积木

（19）为数字 6 角色 Glow-6 添加第 3 组积木，用于按下数字 6 键后，弹奏对应音符，并移动位置，如图 11.172 所示。添加第 4 组积木，用于接收“消息 6”后，设置角色的位置，如图 11.173 所示。

（20）为数字 7 角色 Glow-7 添加第 1 组积木，如图 11.174 所示。该组积木用于初始化位置，并判断是否碰到边缘。如果碰到边缘，设置角色的位置。添加第 2 组积木，用于接收消息“欣赏音乐”，并设置角色的位置，如图 11.175 所示。

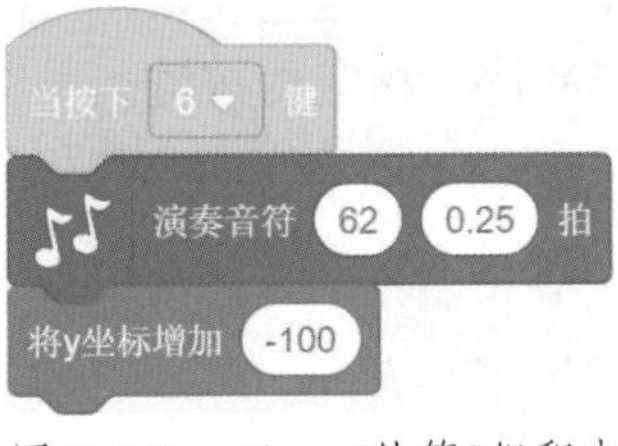

图11.172 Glow-6的第3组积木

图11.173 Glow-6的第4组积木

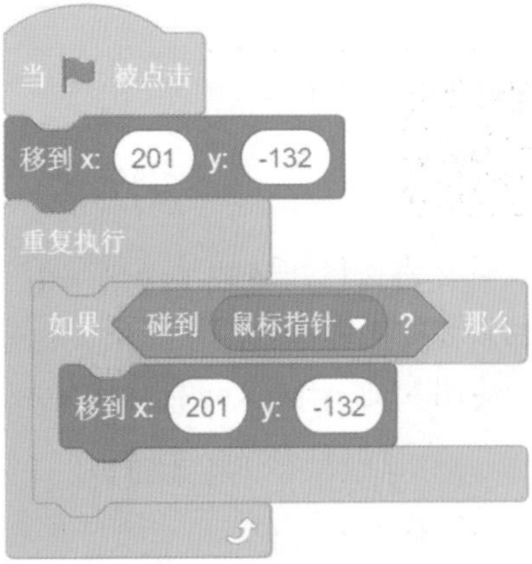

图11.174 Glow-7的第1组积木

（21）为数字 7 角色 Glow-7 添加第 3 组积木，用于按下数字 7 键后，弹奏对应音符，并移动位置，如图 11.176 所示。添加第 4 组积木，用于接收“消息 7”后，设置角色的位置，如图 11.177 所示。

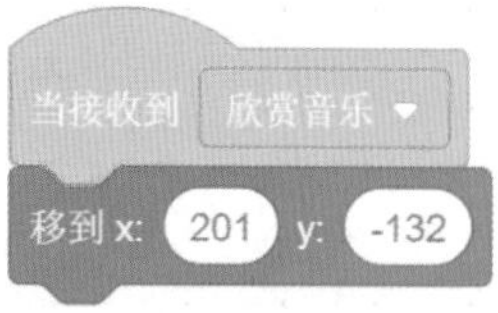

图11.175　Glow-7的第2组积木

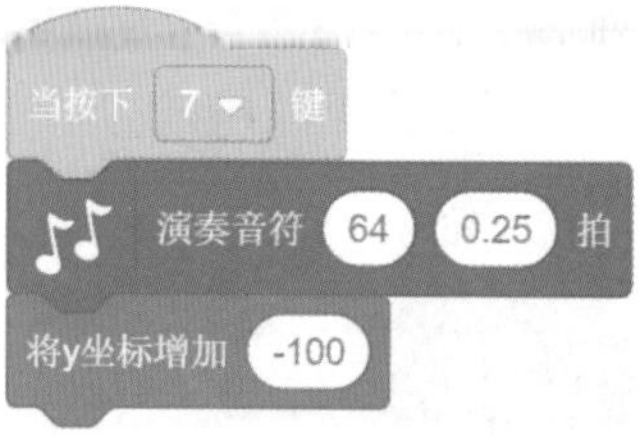

图12.176　Glow-7的第3组积木

图11.177　Glow-7的第4组积木

（22）运行程序。点击“欣赏模式”按钮，会开始播放生日快乐歌。当点击“学习模式”按钮时，数字角色会根据节奏向上移动，玩家需要跟着节奏按下对应数字键，弹奏出生日快乐歌。如果没有及时按下对应数字键，那么该数字会向上多移动一格，如图 11.178 所示。

图11.178　没有及时按下数字5

扫一扫，看视频

实例96　连键检测：恐龙与苹果

在经典格斗游戏《拳皇》中，每个格斗角色都有自己的技能与大招。这些大招与技能都需要使用连键检测来激发，也就是在短时间内按照指定顺序连续按下指定的按键。本实例使用 MaKey MaKey 模块中的积木检测连键。在该例子中会使用到以下内容。

“当依次按下左上右键时”积木：该积木可以检测短时间内是否按照指定顺序按下指定键，默认为左上右。

下面实现恐龙与苹果游戏。

（1）将恐龙角色 Dinosaur4、苹果角色 Apple、闪电角色 Lightning 及小球角色 Ball 添加到背景 Blue Sky 中，并调整位置，如图 11.179 所示。

图11.179　角色与背景

（2）为恐龙角色 Dinosaur4 添加第 1 组积木，用于切换为指定造型，并播放背景音乐，如图 11.180 所示。添加第 2 组积木，用于检测依次按下“左上右”键，切换造型，并广播消息“球”，如图 11.181 所示。

图11.180　Dinosaur4的第1组积木

图11.181　Dinosaur4的第2组积木

（3）为恐龙角色 Dinosaur4 添加第 3 组积木，用于检测依次按下“上上下下左右左右”键，切换造型，并广播消息“闪电”，如图 11.182 所示。

（4）为小球角色 Ball 添加第 1 组积木，用于初始化位置，并切换为隐藏状态，如图 11.183 所示。

（5）为小球角色 Ball 添加第 2 组积木，用于接收消息“球”，并克隆自己，如图 11.184 所示。添加第 3 组积木，如图 11.185 所示。该组积木用于发射克隆体，并变化颜色与像素化。如果碰到舞台边缘，则删除此克隆体。

图11.182　Dinosaur4的第3组积木

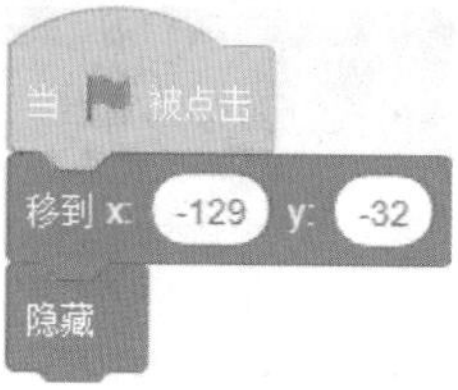

图11.183　Ball的第1组积木

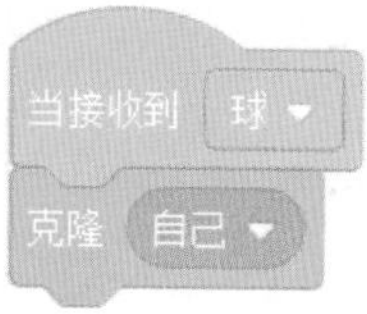

图11.184　Ball的第2组积木

（6）为闪电角色 Lightning 添加第 1 组积木，用于初始化位置，并切换为隐藏状态，如图 11.186 所示。添加第 2 组积木，用于接收消息“闪电”，并克隆自己，如图 11.187 所示。

图11.185　Ball的第3组积木

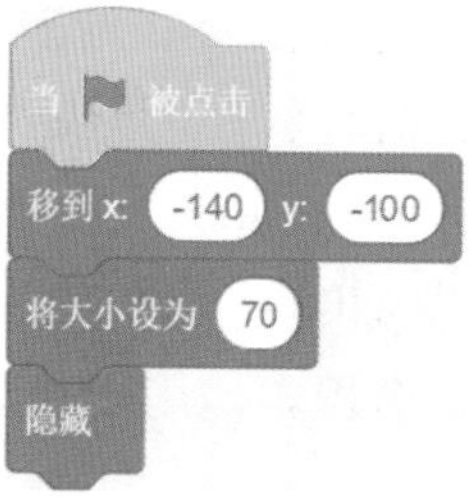

图11.186　Lightning的第1组积木

图11.187　Lightning的第2组积木

（7）为闪电角色 Lightning 添加第 3 组积木，如图 11.188 所示。该组积木实现发射克隆体，并变化颜色与像素化；如果碰到舞台边缘，删除此克隆体。

（8）为苹果角色 Apple 添加积木，如图 11.189 所示。该组积木用于初始化朝向，并不断移动，同时判断是否与闪电和小球碰撞。如果发生碰撞，就播放声音，并修改颜色特效。

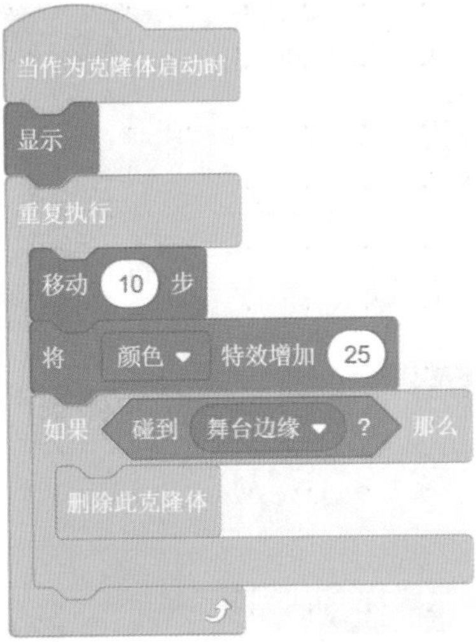

图11.188　Lightning的第3组积木

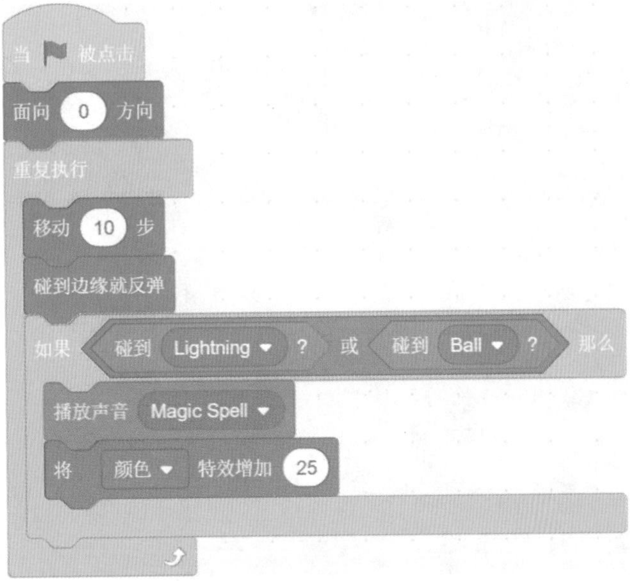

图11.189　Apple的积木

（9）运行程序。当依次按下“左上右”键后，恐龙张嘴吐出一个被像素化并改变颜色后的小球，用于攻击苹果，如图 11.190 所示。当依次按下“上上下下左右左右”键，将从尾巴发射一条闪电攻击苹果，如图 11.191 所示。

图11.190　触发小球技能

图11.191　触发闪电大招

第12章

综合实例

通过对前面章节的学习，我们掌握了程序的移动、控制、事件、外观等多种类型的积木。本章将通过几个游戏实现多种积木的综合应用。

实例97 大鱼吃小鱼

扫一扫，看视频

在幽深的海底，生活着各种各样的鱼类，它们都遵循着大鱼吃小鱼的规律。所以，小鱼如果不想被吃掉，那么就要快点长大。本实例利用比较大小的方式，判断对应的鱼是否可以被吃掉。在该例子中会使用到以下内容。

“大于运算”积木：该积木可以对两个选项中的值进行比较，默认右侧选项值为50。

下面实现大鱼吃小鱼。

（1）添加4个小鱼角色Fish、Fish2、Fish3、Fish4和鲨鱼角色Shark到背景Underwater 1中，设置各个鱼为对应造型，并调整位置，如图12.1所示。

（2）添加4个变量用于存放各种鱼的大小属性，如图12.2所示。

图12.1 角色与背景

图12.2 四个变量

（3）为角色Fish添加第1组积木，用于控制向上移动，如图12.3所示。添加第2组积木，用于控制向下移动，如图12.4所示。添加第3组积木，用于控制向左移动，如图12.5所示。添加第4组积木，用于控制向右移动，如图12.6所示。

图12.3 Fish的第1组积木

图12.4 Fish的第2组积木

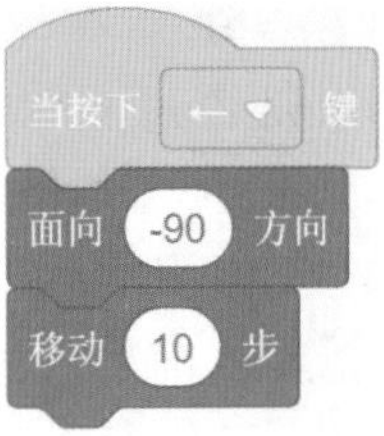

图12.5 Fish的第3组积木

图12.6 Fish的第4组积木

（4）为角色Fish添加第5组积木，用于接收消息“游戏结束”后停止全部脚本，如

图 12.7 所示。添加第 6 组积木，如图 12.8 所示。该组积木可以检测是否碰撞到 Fish2。如果碰到，就让 Fish 变大，并广播“消息 1”。

（5）为角色 Fish 添加第 7 组积木，如图 12.9 所示。该组积木可以检测是否碰撞到 Fish3。如果碰到，比较 Fish 是否大于 Fish3。如果大于 Fish3，就让 Fish 变大，并广播“消息 2”；如果小于 Fish3，Fish 会被吃掉，并广播“游戏结束”。

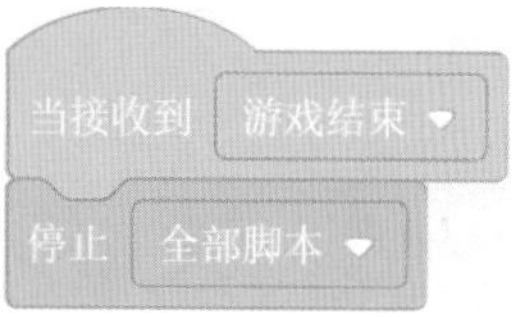

图12.7　Fish的第5组积木

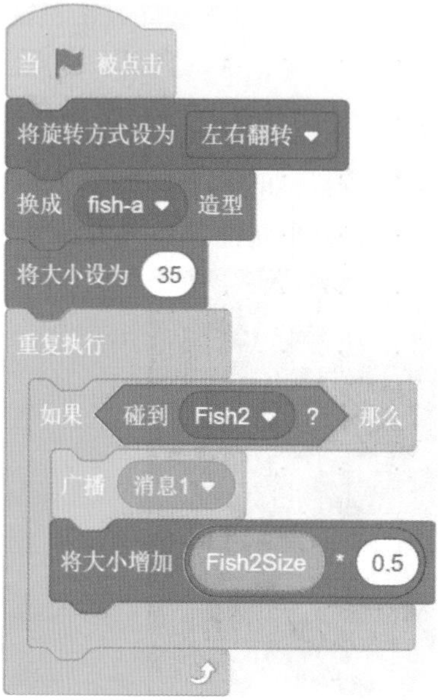

图12.8　Fish的第6组积木

图12.9　Fish的第7组积木

（6）为角色 Fish 添加第 8 组积木，如图 12.10 所示。该组积木检测是否碰撞到 Fish4。如果碰到，比较 Fish 是否大于 Fish4。如果大于 Fish4，就让 Fish 变大，并广播“消息 3”；如果小于 Fish4，Fish 会被吃掉，并广播“游戏结束”。

（7）为角色 Fish 添加第 9 组积木，如图 12.11 所示。该组积木会检测是否碰撞到 Shark。如果碰到，比较 Fish 是否大于 Shark。如果大于 Shark，就让 Fish 变大，显示“你已经是最强大的鱼了！”；如果小于 Shark，Fish 会被吃掉，并广播“游戏结束”。

（8）为角色 Fish2 添加第 1 组积木，实现随机移动，如图 12.12 所示。添加第 2 组积木，实现当接收到“消息 1”后隐藏当前角色，并停止该角色的其他脚本，如图 12.13 所示。

（9）为角色 Fish3 添加第 1 组积木，实现随机移动，并设置随机大小，如图 12.14 所示。添加第 2 组积木，实现当接收到“消息 2”后隐藏当前角色，并停止该角色的其他脚本，如图 12.15 所示。

图12.10 Fish的第8组积木

图12.11 Fish的第9组积木

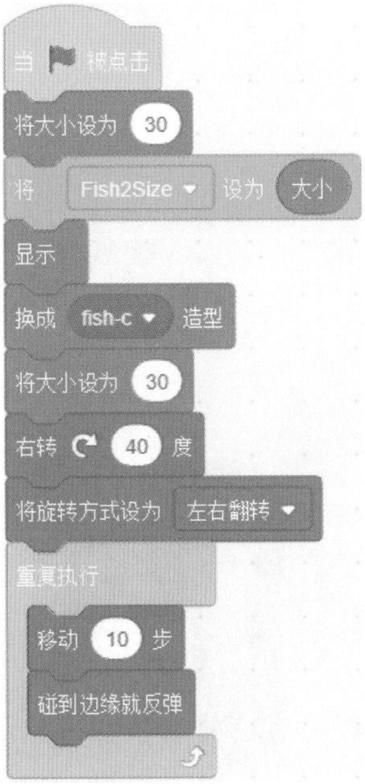

图12.12 Fish2的第1组积木

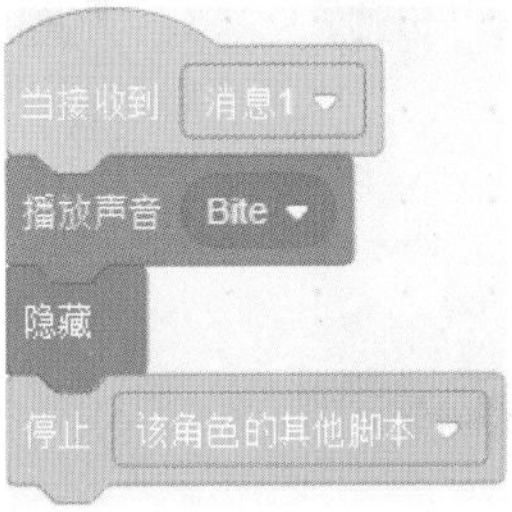

图12.13 Fish2的第2组积木

图12.14　Fish3的第1组积木

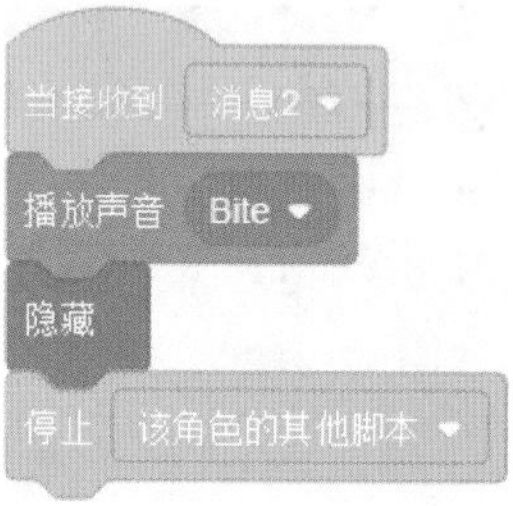

图12.15　Fish3的第2组积木

（10）为角色 Fish4 添加第 1 组积木，实现随机移动，并设置随机大小，如图 12.16 所示。添加第 2 组积木，实现当接收到“消息 3”后隐藏当前角色，并停止该角色的其他脚本，如图 12.17 所示。

图12.16　Fish4的第1组积木

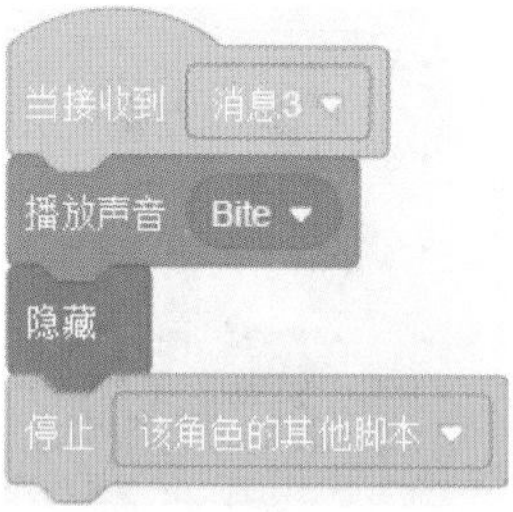

图12.17　Fish4的第2组积木

（11）为角色 Shark 添加第 1 组积木，实现随机移动，并设置随机大小，如图 12.18 所示。添加第 2 组积木，实现当接收到“消息 4”后隐藏当前角色，并停止该角色的其他脚本，如图 12.19 所示。

图12.18　Shark的第1组积木

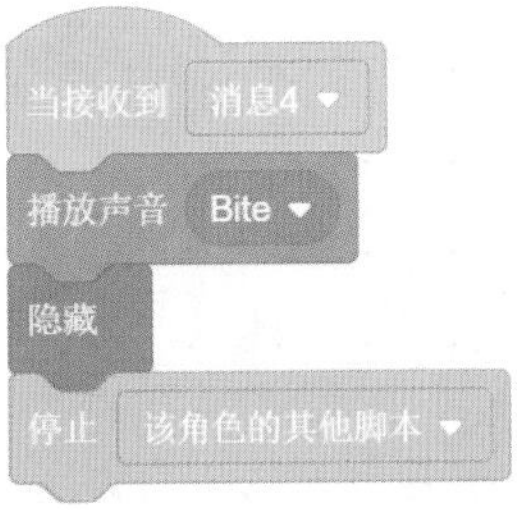

图12.19　Shark的第2组积木

（12）运行程序，每条鱼移动到随机位置。当碰到比 Fish 大的鱼后，会提示被吃掉，并结束游戏，如图 12.20 所示。当小鱼变成最大的鱼后，成为无敌的存在，如图 12.21 所示。

图12.20　被吃掉

图12.21　成为最强大的鱼

实例98　帮妈妈买东西

扫一扫，看视频

随着我们不断长大，可以帮助父母做一些力所能及的事情。在本实例中，Dani 会帮助妈妈 Avery 购买清单上物品。本实例通过建立列表来实现购物清单。在该例子中会使用到以下内容。

“建立一个列表”积木：该积木可以建立一个列表，在建立完成后会生成多个新积木。以建立了“购物清单”为例进行介绍，新积木如下所示。

- “将东西加入购物清单”积木：该积木可以将指定东西的名称加入购物清单。
- “删除购物清单的第 1 项”积木：该积木可以删除购物清单中的指定项目，默认为第 1 项。
- “删除购物清单的全部项目”积木：该积木会清空购物清单中的所有项目。
- “在购物清单的第 1 项前插入东西”积木：该积木会在购物清单的指定项前插入东西，默认为第 1 项。
- “将购物清单的第 1 项替换为东西”积木：该积木会将购物清单的指定项替换为指定东西，默认为第 1 项。
- “购物清单的第 1 项”积木：该积木存放指定项的内容，默认为第 1 项。
- “购物清单的第 1 个东西的编号”积木：该积木存放指定项的编号，默认为第 1 项。
- “购物清单的项目数”积木：该积木存放购物清单的总项目数。
- “购物清单包含东西？”积木：该积木判断购物清单中是否包含指定的东西。
- “显示列表购物清单”积木：该积木用于显示购物清单。
- “隐藏列表购物清单”积木：该积木用于隐藏购物清单。

下面实现帮妈妈买东西。

（1）创建一个“购物清单”积木。单击“建立一个列表”积木，弹出“新建列表”对话框。在“新的列表名”文本框中输入“购物清单”，并单击“确定”按钮，建立购物清单积木。

（2）选择背景 Blue Sky 2，在其背景界面中，使用矩形工具□与文本工具T构建一个超市货架的效果，如图 12.22 所示。

（3）添加儿子角色 Dani、妈妈角色 Avery、甜甜圈角色 Donut、杯子蛋糕角色 Muffin 添加到背景 Bedroom 1 中，并调整位置，如图 12.23 所示。

图12.22　背景1

图12.23　角色与背景

（4）将苹果角色 Apple、香蕉角色 Banana、橙子角色 Orange、草莓角色 Strawberry、第 2 个甜甜圈角色 Donut2、第 2 个杯子蛋糕角色 Muffin2 及购物筐角色 Bowl 添加到背景 Blue Sky 2 中，并调整位置，如图 12.24 所示。

（5）为儿子角色 Dani 添加第 1 组积木，用于初始化角色位置、背景以及播放背景音乐，如图 12.25 所示。添加第 2 组积木，用于接收消息“显示购物清单”，以对话形式显示购物清单项目总数，并广播等待消息“等待回答”，如图 12.26 所示。

超市

图12.24 角色与背景

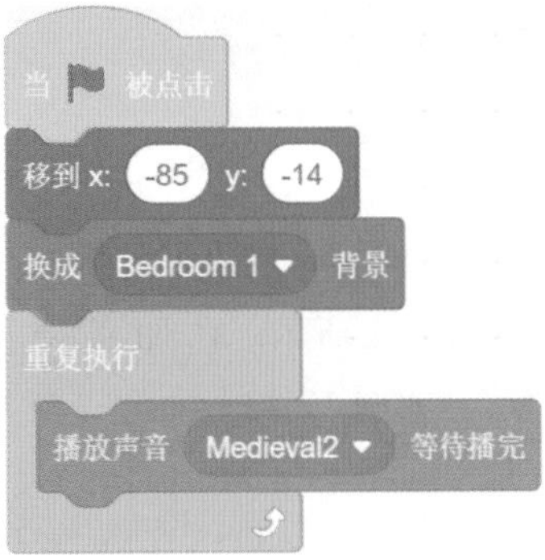
当 被点击
移到 x: -85 y: -14
换成 Bedroom 1 背景
重复执行
播放声音 Medieval2 等待播完

图12.25 Dani的第1组积木

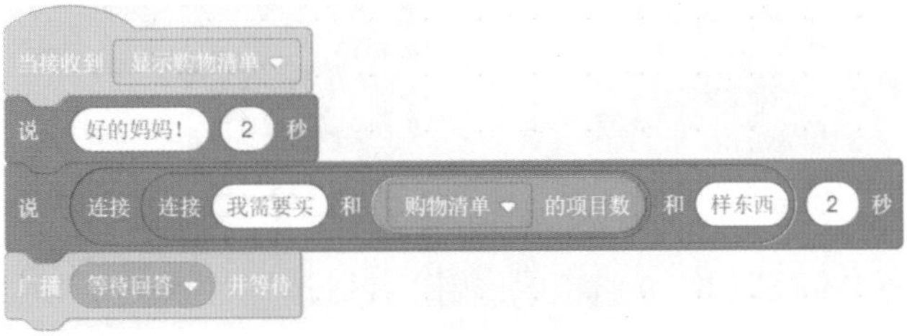
当接收到 显示购物清单
说 好的妈妈！ 2 秒
说 连接 连接 我需要买 和 购物清单 的项目数 和 样东西 2 秒
广播 等待回答 并等待

图12.26 Dani的第2组积木

（6）为儿子角色 Dani 添加第 3 组积木，用于接收消息“对话”，以对话形式显示总项目数，并广播“开始购物”，如图 12.27 所示。添加第 4 组积木，用于接收消息“显示购物清单”，显示购物清单列表，如图 12.28 所示。

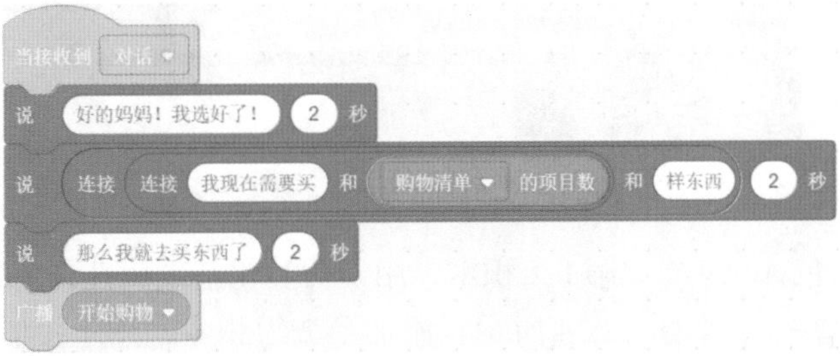
当接收到 对话
说 好的妈妈！我选好了！ 2 秒
说 连接 连接 我现在需要买 和 购物清单 的项目数 和 样东西 2 秒
说 那么我就去买东西了 2 秒
广播 开始购物

图12.27 Dani的第3组积木

（7）为儿子角色 Dani 添加第 5 组积木，用于接收消息“Muffin”，并将“杯子蛋糕”加入购物清单，然后广播“对话”，如图 12.29 所示。添加第 6 组积木，用于接收消息“Donut”，将“甜甜圈”加入购物清单，然后广播“对话”，如图 12.30 所示。

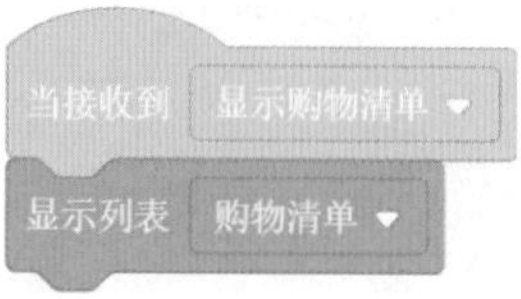

图12.28　Dani的第4组积木

图12.29　Dani的第5组积木

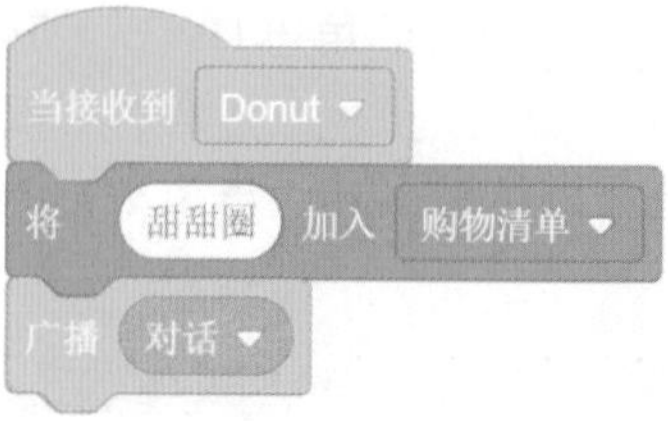

图12.30　Dani的第6组积木

（8）为儿子角色 Dani 添加第 7 组积木，用于接收消息“开始购物”，并切换背景为 Blue Sky 2，如图 12.31 所示。添加第 8 组积木，用于接收消息“购物完成”，并显示对话，然后广播“回家”，如图 12.32 所示。

图12.31　Dani的第7组积木

图12.32　Dani的第8组积木

（9）为儿子角色 Dani 添加第 9 组积木，用于接收消息“回家”，切换背景为 Bedroom 1，显示对话并广播“最后的对话”，如图 12.33 所示。

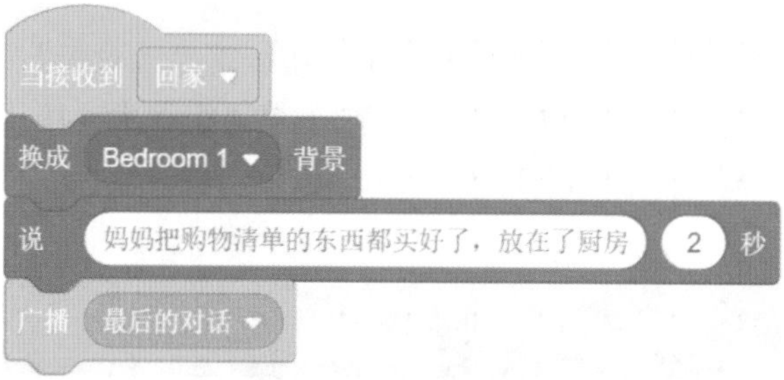

图12.33　Dani的第9组积木

（10）为妈妈角色 Avery 添加第 1 组积木，用于初始化基础属性，将物品加入购物清单，并广播“显示购物清单”，如图 12.34 所示。添加第 2 组积木，用于接收消息“等待回答”，进行对话并广播“显示 Dani 可以买的食物”，如图 12.35 所示。

图12.34 Avery的第1组积木

图12.35 Avery的第2组积木

（11）为妈妈角色 Avery 添加第 3 组积木，用于接收消息“开始购物”，并切换为隐藏状态，如图 12.36 所示。添加第 4 组积木，用于接收消息“回家”，并切换为显示状态，如图 12.37 所示。添加第 5 组积木，用于接收消息“最后的对话”，进行对话并隐藏购物清单，如图 12.38 所示。

图12.36 Avery的第3组积木

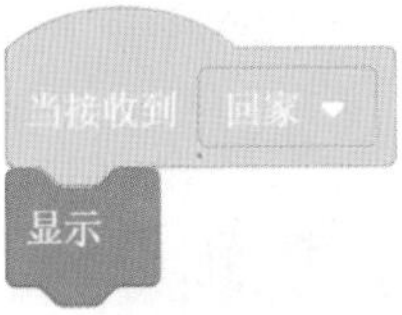

图12.37 Avery的第4组积木

图12.38 Avery的第5组积木

（12）为杯子蛋糕角色 Muffin 添加第 1 组积木，用于初始化位置，并切换为隐藏状态，如图 12.39 所示。添加第 2 组积木，用于接收消息“显示 Dani 可以买的食物”，切换为显示状态，并显示提示信息，如图 12.40 所示。

（13）为杯子蛋糕角色 Muffin 添加第 3 组积木，实现角色被点击后广播 Muffin，并切换为隐藏状态，如图 12.41 所示。添加第 4 组积木，用于接收消息 Donut，并切换为隐藏状态，如图 12.42 所示。

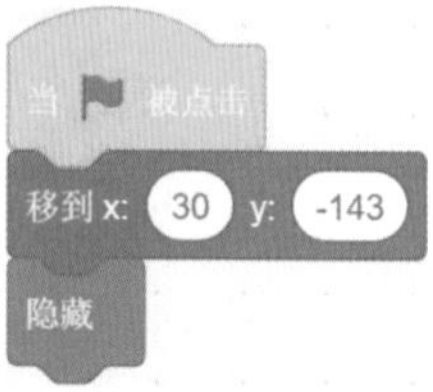

图12.39　Muffin的第1组积木

图12.40　Muffin的第2组积木

图12.41　Muffin的第3组积木

（14）为甜甜圈角色 Donut 添加第 1 组积木，用于初始化位置，并切换为隐藏状态，如图 12.43 所示。添加第 2 组积木，用于接收消息“显示 Dani 可以买的食物”，并切换为显示状态，如图 12.44 所示。

图12.42　Muffin的第4组积木

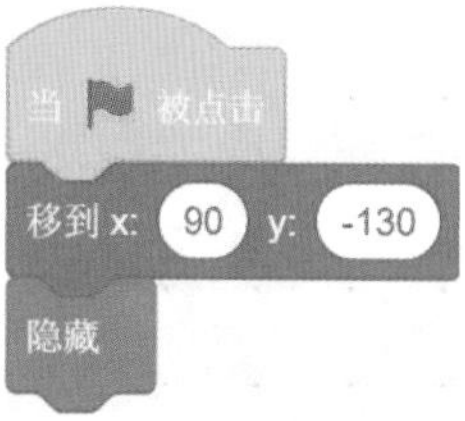

图12.43　Donut的第1组积木

图12.44　Donut的第2组积木

（15）为甜甜圈角色 Donut 添加第 3 组积木，实现角色被点击后广播 Donut，并切换为隐藏状态，如图 12.45 所示。添加第 4 组积木，用于接收消息 Muffin，并切换为隐藏状态，如图 12.46 所示。

（16）为苹果角色 Apple、香蕉角色 Banana、橙子角色 Orange、草莓角色 Strawberry 添加第 1 组积木，实现角色被点击后克隆自己，并移动到 Bowl 中，如图 12.47 所示。添加第 2 组积木，用于接收消息“回家”，并切换为隐藏状态，如图 12.48 所示。添加第 3 组积木，用于当背景切换为 Blue Sky 2 后，切换为显示状态，如图 12.49 所示。

图12.45　Donut的第3组积木

图12.46　Donut的第4组积木

图12.47　三个角色的第1组积木

（17）为苹果角色 Apple 添加第 4 组积木，用于初始化位置与隐藏状态，如图 12.50 所示。

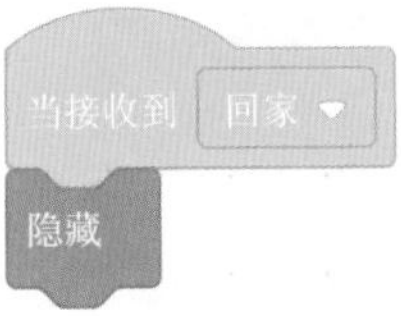

图12.48 三个角色的第2组积木

图12.49 三个角色的第3组积木

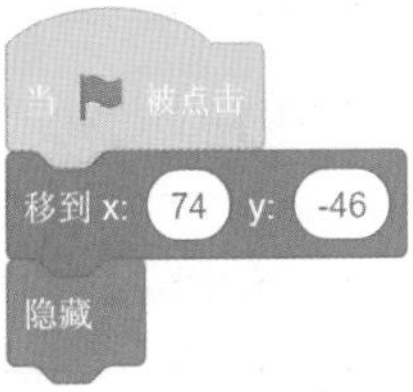

图12.50 Apple的第4组积木

（18）为香蕉角色 Banana 添加第 4 组积木，用于初始化位置与隐藏状态，如图 12.51 所示。

（19）为橙子角色 Orange 添加第 4 组积木，用于初始化位置与隐藏状态，如图 12.52 所示。

（20）为草莓角色 Strawberry 添加第 4 组积木，用于初始化位置与隐藏状态，如图 12.53 所示。

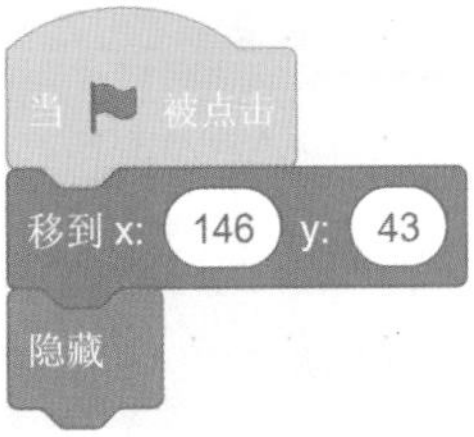

图12.51 Banana的第4组积木

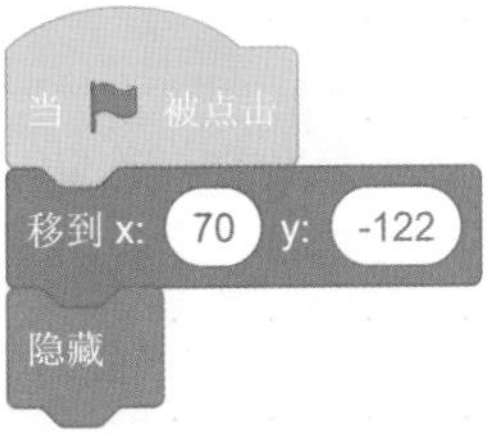

图12.52 Orange的第4组积木

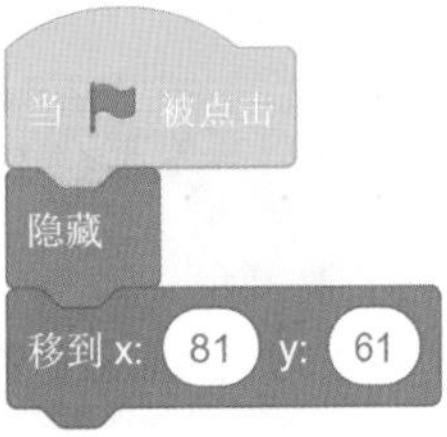

图12.53 Strawberry的第4组积木

（21）为第 2 个甜甜圈角色 Donut2、第 2 个杯子蛋糕角色 Muffin2 添加第 1 组积木，实现角色被点击后，克隆自己并移动到 Bowl 中，如图 12.54 所示。添加第 2 组积木，用于接收消息“回家”，并切换为隐藏状态，如图 12.55 所示。

图12.54 Donut2、Muffin2的第1组积木

图12.55 Donut2、Muffin2的第2组积木

（22）为第 2 个甜甜圈角色 Donut2 添加第 3 组积木，用于初始化位置与隐藏状态，如图 12.56 所示。添加第 4 组积木，如图 12.57 所示。该组积木实现当背景切换为 Blue Sky 2

后，判断购物清单是否包含甜甜圈。如果包含，就切换为显示状态。

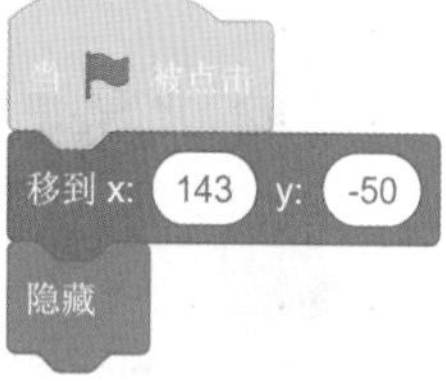

图12.56 Donut2的第3组积木

图12.57 Donut2的第4组积木

（23）为第 2 个杯子蛋糕角色 Muffin2 添加第 3 组积木，用于初始化位置与隐藏状态，如图 12.58 所示。添加第 4 组积木，如图 12.59 所示。该组积木实现当背景切换为 Blue Sky 2 后，判断购物清单是否包含杯子蛋糕。如果包含，就切换为显示状态。

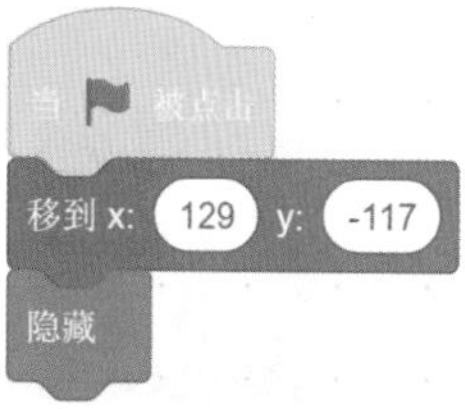

图12.58 Muffin2的第3组积木

图12.59 Muffin2的第4组积木

（24）为购物筐角色 Bowl 添加第 1 组积木，用于初始化位置、大小、图层以及隐藏状态，如图 12.60 所示。添加第 2 组积木，用于接收消息“回家”，并切换为隐藏状态，如图 12.61 所示。

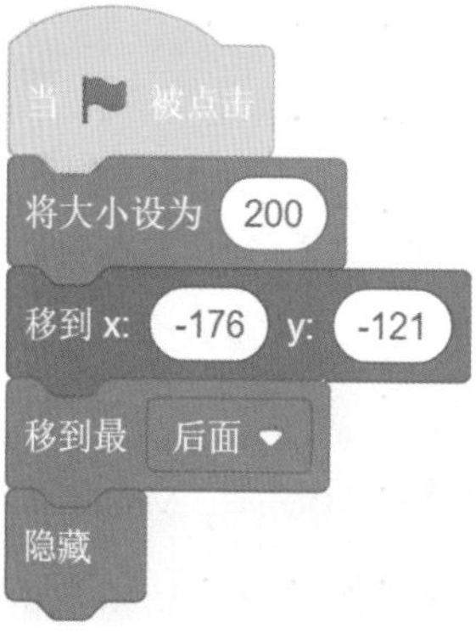

图12.60 Bowl的第1组积木

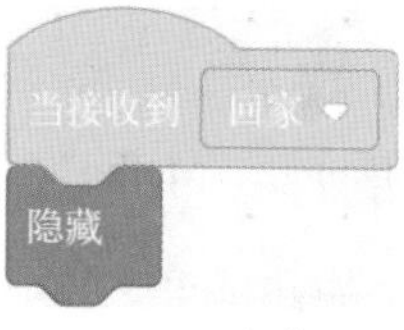

图12.61 Bowl的第2组积木

（25）为购物筐角色 Bowl 添加第 3 组积木，如图 12.62 所示。该组积木实现当背景切换为 Blue Sky 2 后，切换为显示状态，并判断购物清单是否为 0。如果为 0，则广播消息“购物完成”。

（26）为购物筐角色 Bowl 添加第 4 组积木，如图 12.63 所示。该组积木实现当背景切换为 Blue Sky 2 后，切换为显示状态，并根据移动到购物筐中的角色，删除购物清单中对应的项目。

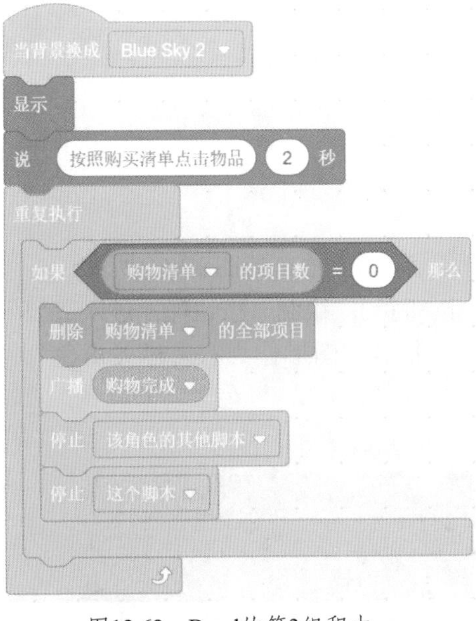
当背景换成 Blue Sky 2
显示
说 按照购买清单点击物品 2 秒
重复执行
如果 购物清单 的项目数 = 0 那么
删除 购物清单 的全部项目
广播 购物完成
停止 该角色的其他脚本
停止 这个脚本

图12.62　Bowl的第3组积木

当背景换成 Blue Sky 2
重复执行
如果 碰到 Apple ? 那么
删除 购物清单 的第 购物清单 中第一个 苹果 的编号 项
如果 碰到 Bananas ? 那么
删除 购物清单 的第 购物清单 中第一个 香蕉 的编号 项
如果 碰到 Orange ? 那么
删除 购物清单 的第 购物清单 中第一个 橙子 的编号 项
如果 碰到 Strawberry ? 那么
删除 购物清单 的第 购物清单 中第一个 草莓 的编号 项
如果 碰到 Donut2 ? 那么
删除 购物清单 的第 购物清单 中第一个 甜甜圈 的编号 项
如果 碰到 Muffin2 ? 那么
删除 购物清单 的第 购物清单 中第一个 杯子蛋糕 的编号 项

图12.63　Bowl的第4组积木

（27）运行程序。妈妈会让儿子帮忙买东西，并给了儿子一张购物清单，如图 12.64 所示。儿子选好自己想买的东西后进入超市购买产品。每购买一样产品，对应地，会在购物清单删除一样产品的名字。例如，购买苹果后，购物清单会删除苹果项，如图 12.65 所示。

图12.64　购物清单

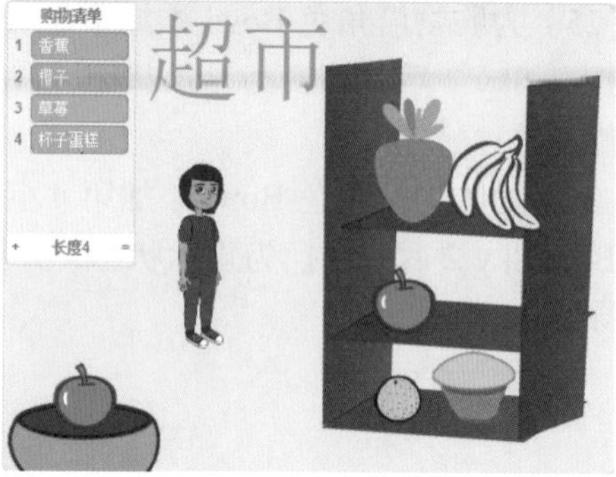

图12.65　删除购物清单中已经购买的东西

扫一扫，看视频

实例99　钻石矿工

在厚实的大地中埋藏了很多的矿产，这些矿产都需要辛勤的矿工使用各种工具将它们挖出来。本实例中将实现一个挖钻石的矿工游戏，使用画笔组件与“朝向随机位置”积木实现挖矿功能。在该例子中会使用到以下内容。

画笔组件与“朝向随机位置”积木混合使用：通过朝向随机位置瞄准钻石，使用画笔组件让工具挖取钻石。

下面实现钻石矿工游戏。

（1）选择背景1。在其背景界面中，使用矩形工具□绘制土地，如图12.66所示。

（2）在角色窗口中，依次单击“选择一个角色”按钮 |“绘制”按钮，进入造型界面。使用矩形工具□、文本工具T、变形工具绘制一张卡片图形作为恭喜过关角色，将角色Monet的造型复制到该卡片，并调整位置，如图12.67所示。

图12.66　背景1

图12.67　恭喜过关角色

（3）将矿工角色 Monet、挖矿钩角色 Arrow1、钻石角色 Crystal 以及恭喜过关角色添加到背景 1 中，并调整大小与位置，如图 12.68 所示。

（4）选择挖矿钩角色 Arrow1。在其造型界面中，复制一个造型 arrow1-a，命名为 arrow1-a2。复制一个 Crystal 的造型 crystal-a，粘贴到 Arrow1 的 arrow1-a2 造型中，调整位置如图 12.69 所示。

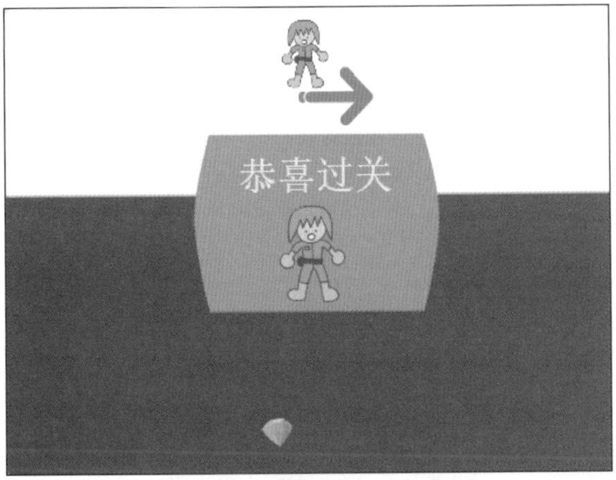

图12.68　角色与背景

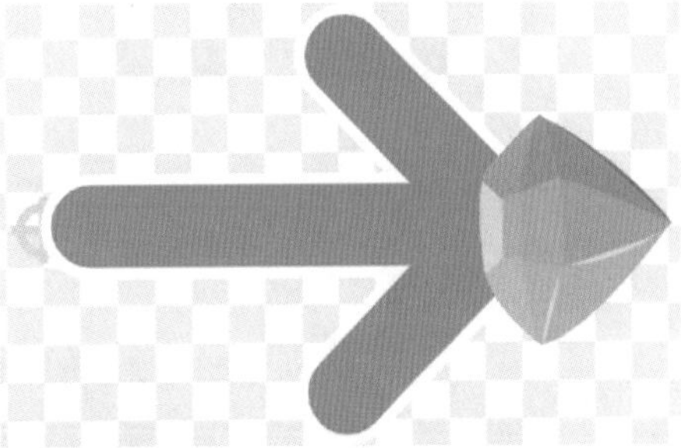

图12.69　Arrow1的arrow1-a2造型

（5）创建变量“得分”，如图 12.70 所示。

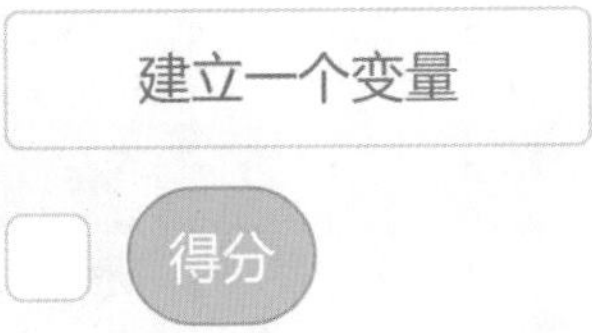

图12.70　变量得分

（6）为挖矿钩角色 Arrow1 添加第 1 组积木，如图 12.71 所示。该组积木首先清空画板，并设置画笔相关属性。然后，重复检查是否按下空格键。如果按下，就让钩子向指定方向移动并绘制路径。同时，在钩子移动过程中，检测是否碰到舞台边缘。如果碰到舞台边缘，钩子收回。如果碰到钻石，钩子切换造型后收回，同时广播“消息 1”。

（7）为挖矿钩角色 Arrow1 添加第 2 组积木，如图 12.72 所示。该组积木用于接收“消息 1”，依照钩子所处背景颜色，设置钩子的画笔颜色，从而擦除钩子挖矿时绘制的红色路径。

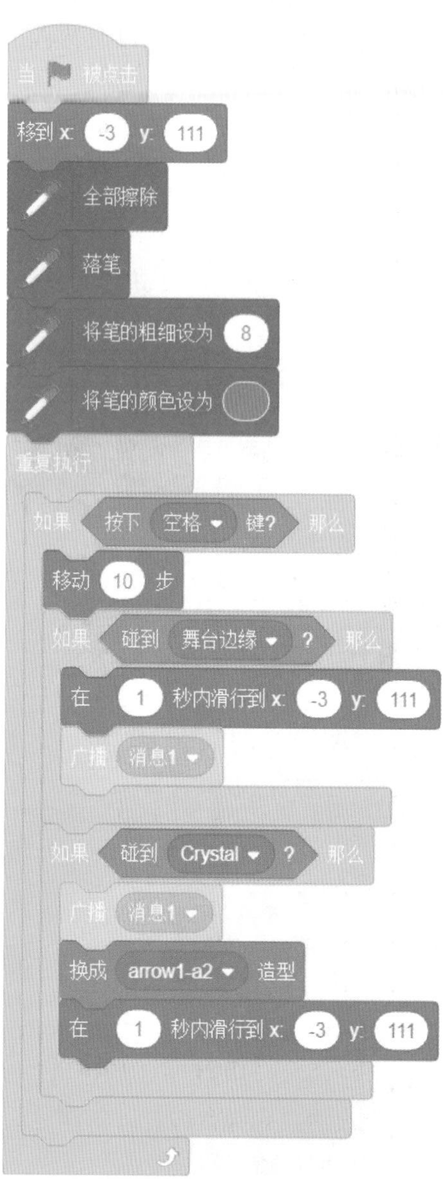

图12.71　Arrow1的第1组积木

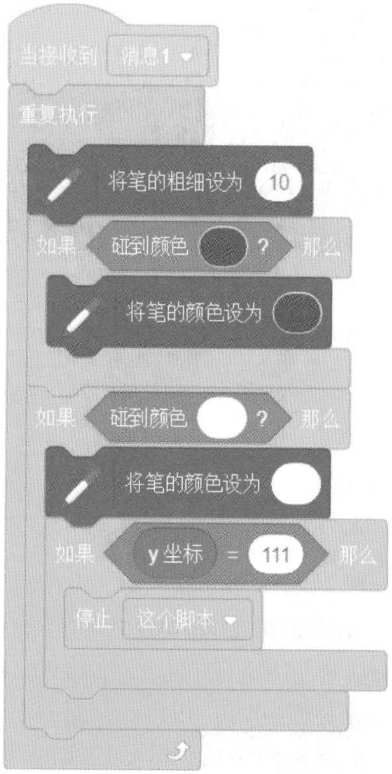

图12.72　Arrow1的第2组积木

（8）为挖矿钩角色 Arrow1 添加第 3 组积木，如图 12.73 所示。该组积木用于判断钩子是否在初始位置。如果在初始位置，对钩子进行初始化设置，并朝向鼠标。同时，检测是否按下空格键。如果按下空格键，则停止这个脚本。并且，判断变量得分的值是否等于 10。如果等于，就广播消息“游戏结束”。

（9）为钻石角色 Crystal 添加第 1 组积木，用于初始化位置，并切换为隐藏状态，并克隆 10 个钻石，如图 12.74 所示。添加第 2 组积木，用于将克隆的钻石移动到随机位置，并检查是否碰到钩子，如果碰到，就删除该克隆体，如图 12.75 所示。

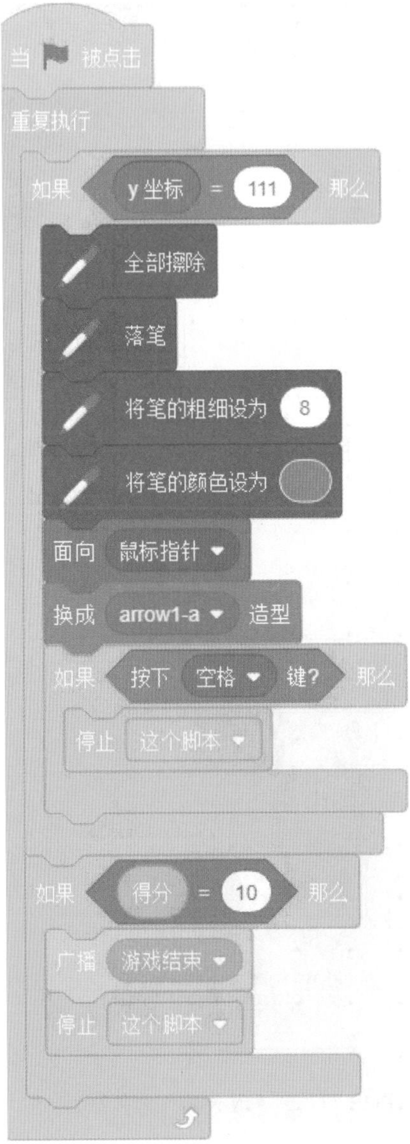

图12.73 Arrow1的第3组积木

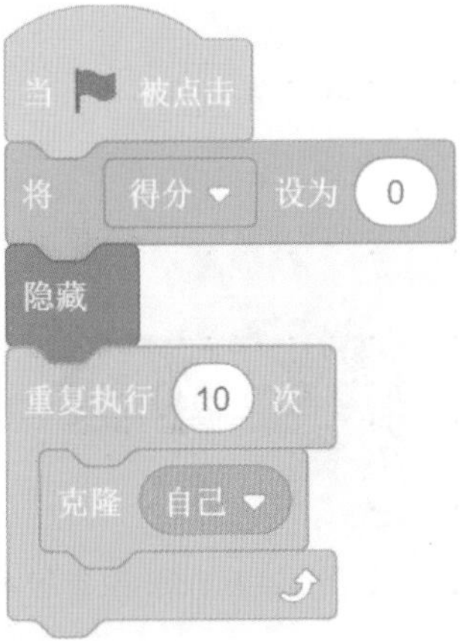

图12.74 Crystal的第1组积木

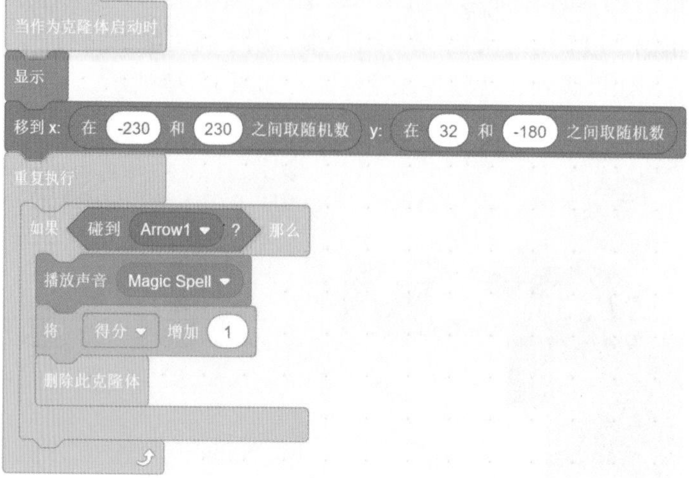

图12.75　Crystal的第2组积木

（10）为恭喜过关角色添加第1组积木，用于初始化位置，并切换为隐藏状态，如图12.76所示。添加第2组积木，用于切换为显示状态，并以淡入效果出现，如图12.77所示。

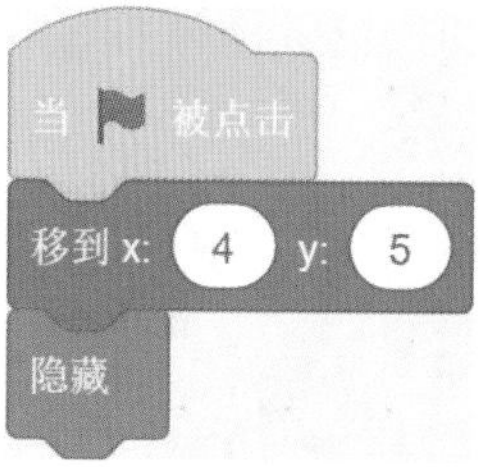

图12.76　恭喜过关角色的第1组积木

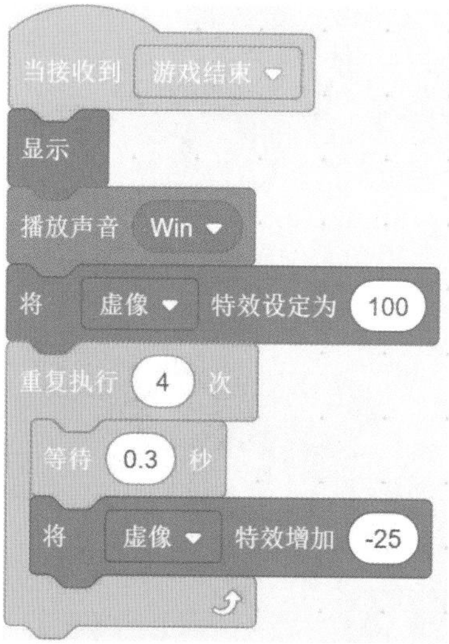

图12.77　恭喜过关角色的第2组积木

（11）在积木库中找到变量得分，选中该变量前的复选框。运行程序，会显示所有的钻石与得分，如图12.78所示。挖矿钩会朝向鼠标所在方向，瞄准钻石后，按住空格键不放，实现挖矿。当挖到钻石时，收回挖矿钩，得分增加，如图12.79所示。当所有钻石被挖完，

弹出恭喜通关提示卡片，如图 12.80 所示。

图12.78 初始化所有钻石

图12.79 挖到钻石，增加分数

图12.80 挖完钻石，提示过关

实例100 贪吃蛇

扫一扫，看视频

贪吃蛇游戏是一款好玩的经典游戏。本实例使用列表与画笔，实现贪吃蛇功能。在该例子中会使用到以下内容。

画笔组件与列表组件混合使用：通过画笔组件绘制贪吃蛇的尾巴，使用列表组件记录贪吃蛇的路径，并将多余路径擦除。

下面实现贪吃蛇游戏。

（1）选择角色 Paddle，设置其造型，如图 12.81 所示。该角色用作蛇头部分。

（2）将蛇头角色 Paddle、篮球角色 Basketball、红心角色 Heart 添加到背景 Blue Sky 2 中，并调整位置，如图 12.82 所示。

图12.81　调整蛇头部分角色Paddle

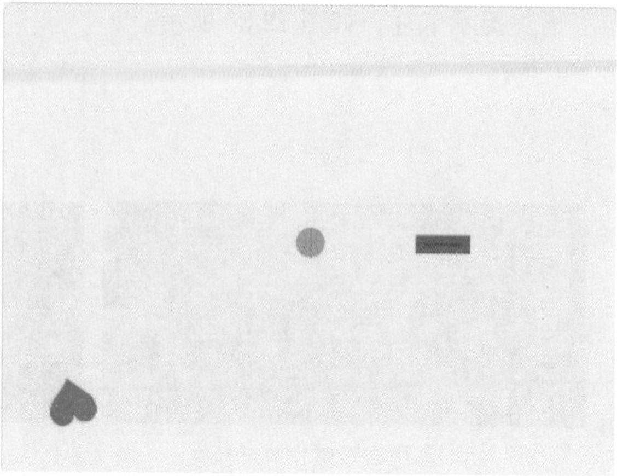

图12.82　角色与背景

（3）为红心角色 Heart 添加第 1 组积木，用于初始化角色大小，并定时移动到随机位置，同时切换造型，如图 12.83 所示。添加第 2 组积木，如图 12.84 所示。该组积木用于检测是否与蛇头角色 Paddle 发生碰撞。如果发生碰撞，则立即移动到随机位置。

图12.83　Heart的第1组积木

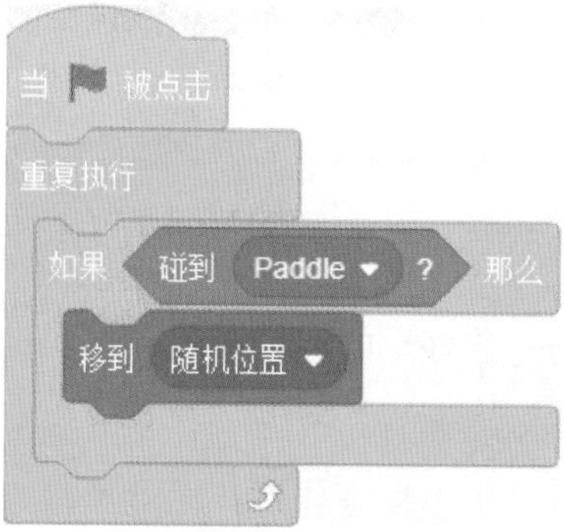

图12.84　Heart的第2组积木

（4）新建变量长度，用于存放蛇身体的长度，如图 12.85 所示。新建两个列表位置信息 X 与位置信息 Y 用于存放蛇头走过的所有坐标点，如图 12.86 所示。

（5）为蛇头角色 Paddle 添加第 1 组积木，如图 12.87 所示。该组积木实现让蛇头不断移动，并通过方向键改变移动方向，同时使用画笔功能画出蛇的身体，并将蛇头走过的坐标值存放到位置信息 X 列表与位置信息 Y 列表中。

图12.85 长度变量

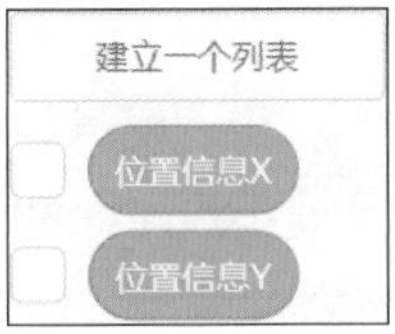

图12.86 位置列表

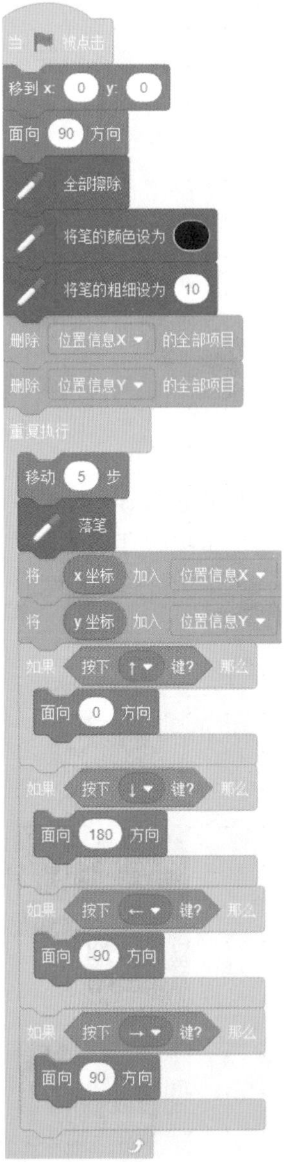

图12.87 Paddle的第1组积木

（6）为蛇头角色 Paddle 添加第 2 组积木，如图 12.88 所示。该组积木实现判断蛇头是否与红心发生碰撞，如果碰撞，就让蛇身体增加 5 个单位长度。同时判断蛇头是否与舞台边缘、Basketball（蛇尾）以及黑色（蛇的身体）碰撞，如果碰撞，则停止该角色的其他脚本，并提示游戏结束。

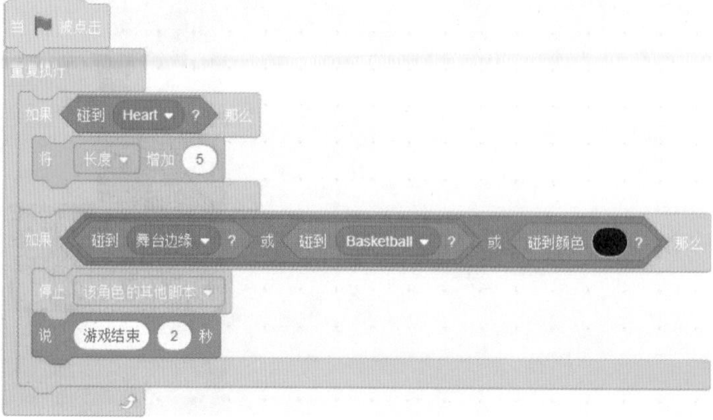
当 被点击
重复执行
如果 碰到 Heart ? 那么
将 长度 增加 5
如果 碰到 舞台边缘 ? 或 碰到 Basketball ? 或 碰到颜色 ? 那么
停止 该角色的其他脚本
说 游戏结束 2 秒

图12.88 Paddle的第2组积木

（7）为蛇尾角色 Basketball 添加积木，如图 12.89 所示。该组积木根据蛇身体的长度，从列表中读取指定项中存放的位置信息，并将位置信息设置为当前蛇尾所在位置，从而跟随蛇头的路径，在保留蛇身长度的前提下，用背景色覆盖蛇身的其他部分。

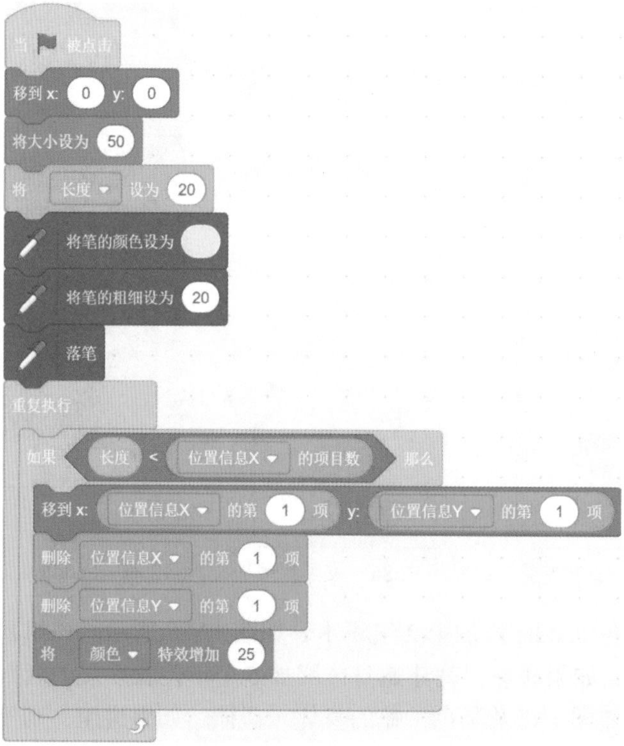
当 被点击
移到 x: 0 y: 0
将大小设为 50
将 长度 设为 20
将笔的颜色设为
将笔的粗细设为 20
落笔
重复执行
如果 长度 < 位置信息X 的项目数 那么
移到 x: 位置信息X 的第 1 项 y: 位置信息Y 的第 1 项
删除 位置信息X 的第 1 项
删除 位置信息Y 的第 1 项
将 颜色 特效增加 25

图12.89 Basketball的积木

（8）运行程序。使用方向键控制贪吃蛇移动方向。当贪吃蛇碰到红心后，身体会加长5个单位。当贪吃蛇碰到舞台边缘、蛇身体或蛇尾后会结束游戏，如图12.90所示。

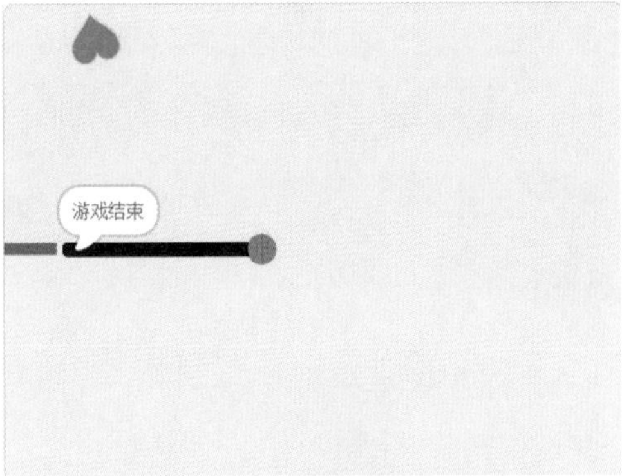

图12.90 碰到舞台边缘，游戏结束